U0033343

環球尋味 **250** 道

解鎖 **世界**

最長壽飲食

配方與食材

Grace.O

葛蕾絲·歐 —— 著

楊雅琪 —— 譯

增強免疫力、改善膚質、促進長壽、
降低炎症和排毒食譜

環球尋味250道

解鎖 **世界**
最長壽飲食

配方與食材

Grace.O

葛蕾絲·歐

「食養」® 創辦人

馬克・羅森堡（Mark A. Rosenberg）醫學博士親筆寫序

環球尋味250道
解鎖世界最長壽飲食配方與食材

作　　者／葛蕾絲‧歐
譯　　者／楊雅琪
企畫編輯／王瀅晴
特約編輯／劉素芬
封面設計／李岱玲
內頁排版／李岱玲

發 行 人／許彩雪
總 編 輯／林志恆
出 版 者／常常生活文創股份有限公司
地　　址／106台北市大安區信義路二段130號

讀者服務專線／ (02) 2325-2332
讀者服務傳真／ (02) 2325-2252
讀者服務信箱／ goodfood@taster.com.tw

法律顧問／浩宇法律事務所
總 經 銷／大和圖書有限公司
電　　話／ (02) 8990-2588（代表號）
傳　　真／ (02) 2290-1628

製版印刷／龍岡數位文化股份有限公司
初版一刷／ 2024 年 1 月
定價／新台幣 850 元
ISBN ／ 978-626-7286-12-8

國家圖書館出版品預行編目 (CIP) 資料

環球尋味250道 解鎖世界最長壽飲食配方與食材 /
葛蕾絲 . 歐 (Grace O) 著；楊雅琪譯 . -- 初版 . -- 臺
北市 : 常常生活文創股份有限公司 , 2024.01
　　面；　公分
譯 自：Anti-Aging Dishes from Around the
World
ISBN 978-626-7286-12-8(平裝)

1.CST: 食譜 2.CST: 健康飲食

427.1　　　　　　　　　　　　112021922

FoodTrients Registered Trademark ˚ and copyright © 2022 by Triple G
Enterprises, d.b.a. Grace O.
Published by arrangement with Skyhorse Publishing, Inc
through Andrew Nurnberg Associates International Limited

FB ｜常常好食　　網站｜食醫行市集
著作權所有‧翻印必究 (缺頁或破損請寄回更換)

目次

謝辭

我懷著滿滿的愛和感激，將這本書獻給我的父母，他們在營養、醫學和烹飪藝術領域的工作點燃我的熱情，讓我投入畢生心力，利用健康、美味、抗老的食材來烹調料理。我也要將這本書獻給我的丈夫魯伯特，他無盡的支持讓我在生活和廚房中都有了依靠。

這是我的第三本「食養」®（FoodTrients®）食譜書，這本書的創作歷經數年，動員一支才華洋溢的團隊日以繼夜地付出，甚至常常得在週末工作，才讓這本書得以誕生。首先，我要感謝「食養」®食譜書和 FoodTrients.com 網站的編輯芭芭拉·威勒（Barbara Weller）。她幫忙發想這本書的概念，書首和書尾所有精彩的營養指南、故事和實用圖表，都出自她的構想。南西·庫欣－瓊斯（Nancy Cushing-Jones）負責跟天馬出版社（Skyhorse Publishing）的協調工作，書中許多內容也是由她校閱。

安潔拉·佩特拉（Angela Pettera）為這本書做了很多功課，她幫忙調整料理的呈現方式，處理拍攝的擺盤裝飾。她也是編輯團隊的重要成員。馬修·弗里德（Matthew Fried）和羅伯·科伊（Robert Khoi）為料理拍下美麗的照片。主廚凱文·拉尼洛（Kevin Ranillo）測試所有的食譜，並在主廚尚－保羅·「波羅」·德洛薩（Jean-Paul "Polo" Dellosa），以及羅伯·克里斯·莫亞（Robert Chris Moya）和莫伊拉與馬里亞諾·韋萊茲（Moira and Mariano Velez）等廚師的協助下，製作這些料理提供拍攝。我的廚房支援小隊成員有曼蒂·蒂姆·米·昆（Mandy Thiem My Cun）、瑪麗亞·桑德拉·桑切斯（Maria Sandra Sanchez）、瑪麗亞·維拉托羅（Maria Villatoro）、丹尼·仁吉福（Danny Rengifo），以及我的助手珊迪·馬塔拉佐（Sandy Matarazzo）。

營養師暨 FoodTrients.com 撰稿人金潔·胡爾廷（Ginger Hultin，理學碩士，註冊營養師暨營養專家）檢查這些食譜是否符合我們的飲食方針、審核書中所有營養資訊，並為這本書撰寫有研究依據的健康資料。

雪莉·凱爾（Shelly Kale）很認真地進行手稿校對工作，也參與本書的設計和製作。琳恩·弗萊舒茲（Lynn Fleschutz）為這本書做了美麗的設計和版面。「食養」®團隊成員艾美·索爾森·蘭德斯（Amy Sawelson Landes）和蜜雪兒·克拉克（Michelle Clark）也參與製作，讓這本書得以完成。

我也要感謝所有的朋友和同事貢獻食譜和想法，讓這本書更臻完美。當然，我還要感謝我的醫療照護機構、公司辦公室和「葛蕾絲·歐基金會」的管理團隊，感謝他們幫忙試菜，並在我追求熱情的道路上一直給予我支持。

序

馬克・羅森堡（Mark A. Rosenberg）醫學博士

十年前我認識葛蕾絲・歐時，就對她的食療知識和在老化人口方面的工作留下深刻印象。

那時的我還不知道她會進一步創立 FoodTrients.com 並撰寫三本食譜書，介紹各種有助於對抗老化相關疾病的食物。身為一位整合醫學醫師，我畢生都在探索老年相關疾病，尤其是癌症。葛蕾絲的得獎著作，可以幫助大家發掘各種充滿風味又有健康益處的食譜。

葛蕾絲走遍世界各地尋找有益健康又美味的食物。她熱衷於探索藍區等地區的食物珍寶，這份熱情是推動「食養」®和這本新食譜書的動力。

她也深知蛋白質對健康老化的重要性。蛋白質是所有健康飲食的基礎，因為它能讓人感到飽足，同時有助於建構肌肉。不過隨著年齡增長，我們必須更認真地攝取足夠的蛋白質。

你可能跟我很多四十歲以上的病患一樣，努力讓自己在年齡增長的同時，仍保持健康有活力。這樣很棒！不過，很多人可能不知道，一旦過了四十歲大關，你可能每十年會流失多達 8% 的肌肉量。這表示到了六十歲，你流失的肌肉量可能多達 16%！而且七十五歲之後，流失的速度還會加快。不過，如果採取防範措施，就不會發生這種狀況。

肌肉之所以會隨年齡增長而減少，常見原因是每日優質蛋白質攝取不足。蛋白質是身體的主要組成部分，如果日常蛋白質攝取量不足以用於生命維持過程，身體就會開始從你的肌肉吸取蛋白質，導致肌肉量和肌力下降。

葛蕾絲在這本書中收錄大量使用優質蛋白質的食譜，例如野肉、扁豆、海鮮、小羊肉、牛肉、雞肉、火雞肉、蛋和燕麥。她也用白菜、菠菜和地瓜來做料理，這些食物富含維生素 A、維生素 C、鈣和鐵，能提供運動能量，還能對抗可能造成肌肉退化的炎症。

如果攝取過多糖分、酒精或碳水化合物，也會在血液中創造酸性環境，而過多的酸可能會分解肌肉組織。那要如何阻止肌肉分解？答案是從每餐都吃對的食物開始做起。

抗氧化劑、健康脂肪、維生素、礦物質和纖維，能從各個方面支持身體，讓你健康長壽。葛蕾絲・歐這本新食譜書中所用到的各種食物，都富含這些營養素。

即使沒有住在藍區，你也可以獲得健康長壽的祕訣。你只需要把這些地區的人所吃的各種食物加進飲食中就行了。撒丁尼亞島的居民食用蠶豆、杏仁、番茄、橄欖油和柑橘水果，這些在你當地的超市都很容易買到。以素食為主的加州羅馬琳達地區，會使用酪梨、核桃、羽衣甘藍和柿子入菜。哥斯大黎加尼科亞的居民食用大量的豆類、南瓜、藜麥、木薯和辣椒。日本沖繩的居民食用味噌、豆腐、天貝、芝麻和芝麻油、紫地瓜和海鮮。在希臘的伊卡利亞島，人們喜歡吃小羊肉、蒔蘿、檸檬和優格。葛蕾絲將所有這些藍區的代表性食譜，都收進這本書中。

多年以來，營養專家和許多醫師都告訴你不可以碰特定的食物，因為它們可能防礙減重、影響最適合的膽固醇水平或其他健康狀況。你也常聽很多人說要吃其他標榜「健康」，但事實上可能並不健康的食物。

這些年來，我都告訴我的病患無論是為了減重，或只是為了讓自己整體而言更健康，你真的不必遵照單調乏味、無法讓人享受吃的快樂的飲食方案。這本食譜書證實了我的說法。

最後，用一句義大利俗諺祝福大家：「身體健康，長命百歲！」（Salute buona, vita lunga!）

馬克・羅森堡是健康老化研究所（The Institute for Healthy Aging）主席暨美國抗衰老醫學科學院（American Academy of Anti-Aging Medicine）整合癌症治療研究計畫（Fellowship in Integrative Cancer Therapies）主任。

前言

我傾注畢生之力，投入我所熱愛的兩件事情——美食和健康。我周遊世界各地，尋找能夠幫助我們延續老化的食物。我喜歡探索來自藍區等地區的美味珍寶，這些地區的人們過著更健康長壽的生活。

這份熱情是推動 FoodTrients.com 和我的第三本最新食譜書《環球尋味250道：解鎖世界最長壽飲食配方與食材》的動力。憑藉三十五年來在經營餐廳、※管理長照機構和研究食療特性的經歷，我寫下這本書，跟你分享我學到的知識。

《環球尋味250道：解鎖世界最長壽飲食配方與食材》結合我前兩本抗老食譜書的所有重點，也新增了許多內容。這本新書介紹超過250道常見和來自異國超級食物所製作的美味簡易食譜，另外也收錄了豐富的健康飲食資源，以及有研究佐證的祕訣，讓你不只長壽，更要「健康的長壽」。

給充滿好奇心的美食主義者

如果你對五十大長壽食物感到好奇，或是想要了解益生元和益生菌的區別；哪種食用油最好；哪種鹽比較健康；哪種茶具有寧神、補充能量或對抗流感的作用，這本書裡全部都有。書中也有各種實用指南，向你介紹各國的香草和香料、健康的甜味劑、有療癒作用的茶飲、替代麵粉和穀物等等。

《環球尋味250道：解鎖世界最長壽飲食配方與食材》歷經多年的努力才製作完成。為了這本食譜書，我蒐羅更多方法，將最好的營養融入一道道令人垂涎、又能促進健康和美容效果的料理中。這本書呈現各種新的食材、抗老食譜，同時提供新的吸引力，滿足美食愛好者兼具美味和卓越健康益處的料理需求。

※「前言」與書末「關於作者」所描述之作者資歷年數有所出入（前者為三十五年，後者為二十九年），推估前言是在本書出版時所撰寫，而作者簡介內容未更新，故有此差異。——譯者註

我透過簡單的步驟，為許多經典食譜注入國際風味，打造出更有趣的餐點。舉例來說，我運用亞洲、法國、希臘、中東、墨西哥和印度等各地的食譜，變化出別具世界風味的雞湯，相信你會喜歡。我也透過同樣的方法，對基礎醬料、大蒜蛋黃醬、青醬、義大利麵、蛊類料理、餅乾和派等，進行巧妙變化。我的食譜還使用了來自非洲、亞洲、拉丁美洲、玻里尼西亞、澳洲、歐洲、中東、印度、墨西哥、俄羅斯、斯堪地那維亞和美國的超級食物和香料。

雖然受到全球各地烹飪風格的啟發，不過這本書中的所有食譜都遵循「食養」®的原則，融入一系列促進健康、幸福和長壽的營養成分。從特定的食材到香草和香料，這些基本材料都能讓你保持年輕，幫助預防老化相關疾病，並增加你的能量和活力。

如何才能健康老化

我們設計的每道食譜，都提供你健康老化所需的營養，可以滿足你在口味上的要求，同時提供相關技巧，讓你享受美麗又健康的人生。每道食譜都經過「食養」®團隊反覆測試，並通過營養師的認可，確保你能從預防疾病和和老化領域的專業知識中受惠。

每道食譜也會介紹該道料理的起源和部分替代食材（尤其是比較少見的異國食材），同時搭配特別的符號標示，讓你了解該道料理的健康和美容益處。下一頁的符號表會介紹每個符號所代表意義。

尋找味蕾的冒險

在接下來的內容中，你將會發現多不勝數的簡單食譜，裡面使用各種你熟悉的「食養」®食材，以及我在尋找抗老營養的過程中所發現的異國新奇食材。這對我來說，是另一趟令人興奮的旅程，也希望它能帶來令你滿意的餐點和全新的味蕾冒險。

本書收益將捐贈給「葛蕾絲‧歐基金會」，該基金會致力推廣營養教育，除了跟其他食物相關非營利組織合作，也參與食物和老化相關疾病的研究。

以下九個特別符號標示每道食譜的健康和美容益處，類別如下：

Ai 抗發炎
降低全身問題性的慢性發炎，幫助身體優雅老化，同時降低罹患
疾病和感染的風險。

Ao 抗氧化
預防並修復由自由基引起的細胞氧化損傷。

B 美容
促進肌膚和頭髮活力，幫助維持眼睛健康。

Dx 排毒
支持體內排毒系統，包括支持肝臟功能和健康。

DP 預防疾病
降低常見退化性和與年齡相關的疾病風險因素（例如癌症和糖尿病）。

GH 腸道健康
促進消化健康，維持腸道內活躍的微生物群。

IB 增強免疫力
支持身體對抗感染的能力，加強免疫的警戒和應對功能。
具有抗菌作用。

M 心智
改善情緒、記憶力和注意力。

S 體力
保護骨質密度和關節，幫助修復和建構肌肉組織。

抗老「食養」® 指南
第332-337頁的圖表列出我的食譜中的「食養」®食材、營養來源，以及其對
你的健康福祉的益處。

歡迎光臨
──風味世界──

我喜歡味道豐富的食物。我也了解到我家的香料櫃其實就是醫藥箱。正如馬克・羅森堡博士所說：「你知道了可能會很驚訝，你家廚房調味料架上擺的，可能都是一些功效強大的抗氧化劑，你只需要拿來入菜，就能獲得它們的健康益處！」因此，每當我著手設計食譜時，都會選用對身體有益的油、香草、香料和甜味劑。

一般來說，香草是指植物的新鮮葉子，例如鼠尾草、奧勒岡和羅勒。香料通常是指植物的種子、漿果、樹皮、根部或根莖（匍匐根）。普遍來說，新鮮香草經過乾燥之後就可以算是香料。我在料理風味美食時，會用「香料」（spice）一詞來泛指各種香料、香草和其他風味添加劑。

幾乎在整個人類歷史中，人們都很推崇香料和香草的藥用特性，如今大家更注重它們在促進健康、抗老防病方面的功效。調味料用對了，就能大大提升菜餚的益處和滋味。所以我喜歡研究各種香料，並跟「食養」®（FoodTrients）團隊的實驗廚房合作，一起設計各種味道豐富的抗老化食譜。

說到香料和香草，你要了解它們分為不同種類，而且各有不同益處。舉例來說：

具有增強免疫力功效的香料，包括薑黃、孜然、丁香、全香子、柑橘皮和八角。

具有淨化功效的香料和香草有助於排毒，包括肉桂、迷迭香、奧勒岡、月桂葉和洛神。

具有修復功效的香料有助於增強身體機能，包括大蒜、小豆蔻、石榴、葫蘆巴和百里香。

具有寧神功效的香料和香草：包括鼠尾草、羅勒、番紅花、薄荷和香茅。

使用綜合香料來發揮料理創意不但簡單，還能享受來自世界各地的各種風味。你可能還沒發現原來自己家的櫥櫃竟然有這麼多種香料。來自各個文化的綜合香料種類多不勝數，而且大多都很容易製作，只要使用家裡現有的材料，或到超市、傳統市場、網路上買材料就能調配。

在這本食譜書中，我研發了一些使用比較少見的香料入菜的食譜，像是來自非洲的發酵香料非洲刺槐豆（dawadawa）；來自墨西哥的香菜近親刺芹（culantro）；以及南薑（galangal），一種薑的品種。我還開發了來自世界各地的十三種綜合香料。我的非洲綜合香料配方添加柏柏爾香料（Berbere，第318頁），有助於增強腦力。印度恰特瑪薩拉綜合香料（Chaat Masala mix），（第318頁）具有美膚作用。來自埃及的杜卡綜合香料（Dukka Spice Blend，第320頁）有助於支持心臟健康。想要抗發炎，可以使用牙買加咖哩粉（Jamaican Curry Powder，第321頁）。想要增強免疫力，可以選擇日式七味粉（7-Spice Blend，第322頁）。想要抗癌，西南綜合香料（Southwestern Spice Blend，第323頁）是不錯的選擇。我的食譜大部分都經過現代改良，融入來自世界各地的風味。我特別注重使用營養密度高的健康食材。書中許多非傳統食譜的靈感都是來自世界五

大藍區（以長壽人口著稱的地區）。

以下是我在這本書中重點介紹的國家和地區（包括藍區）。每個地區下面列出二到三道我為該區設計的食譜。並非每道食譜都包含在內；書裡還有介紹更多飲料和醬料等等。我特別挑出這些地區的代表性香料，希望這些食材在提供你的健康之餘，也能激發你嘗試新風味的興趣。

非洲大陸與北非（摩洛哥和埃及）

非洲料理從南非、中非到北非之間存在極大差異。大蕉、木薯、米飯和薯蕷，是相當普遍的澱粉食物。菠菜、秋葵、花生和豆類也被廣泛使用。在衣索比亞和厄利垂亞，人們會用苔麩麵粉（teff flour）製成的蓬鬆薄餅因傑拉餅（injera）當成盛裝食物的容器，柏柏爾綜合香料在當地也很受到歡迎。南非人喜歡吃咖哩肉末（bobotie），這是一道用肉末和香料製成、上面淋上蛋汁的菜餚。非洲刺槐豆（又稱薩姆巴拉〔sumbala〕），是西非烹飪中使用的一種發酵香料。

幾個世紀以來，商人、旅人、入侵者、遷徙族群和外來移民，都為北非料理帶來影響。摩洛哥料理無論甜鹹都會使用肉桂、薄荷和薑。摩洛哥堅果油也是料理中的關鍵成分，其他食材還有醃漬檸檬、番紅花和芝麻。知名的北非綜合香料（ras el hanout）是用二十七種香料調配而成。

使用非洲、摩洛哥和埃及食材入菜的食譜包括：非洲刺槐豆蛋糕（第258頁），衣索比亞米豆（第217頁），馬拉喀什肉丸（第58頁），以及南非咖哩肉末盅（第167頁）。

美國（美洲原住民居地、美國南部、美國西南和夏威夷）與加拿大

美國料理相當多元，從以海鮮為主的東北部、南部的寬葉羽衣甘藍和米豆，再到西南部的辣椒節，以及夏威夷的熱帶風味都有。美國最早的居民是美洲原住民，他們除了種植玉米、豆類和南瓜，也有蔓越莓、鼠尾草和藥蜀葵根。加拿大料理深受英國和法國影響。當地阿卡迪亞人創造了美國的肯瓊文化。[1]加拿大人喜愛原生鮭魚、培根和楓糖漿。

使用美國和加拿大食材入菜的食譜包括：美式草莓杏仁蛋糕（第255頁），夏威夷菠蘿蜜辣醬（第223頁），美洲原住民地瓜佐火雞和蔓越莓（第204頁）。

澳洲、紐西蘭和玻里尼西亞

澳洲和紐西蘭料理深受世界各地和早期原

請參見第326頁的「各地區香料表」。

1. 肯瓊（Cajun，又譯卡津或肯郡）文化，以美國路易斯安納州紐奧良市為代表的一種文化特色。在臺灣較為人所知的美國紐奧良肯瓊醬就是源自這個文化。——譯者註

住民的多元影響。歷史上有許多來自歐洲等地的人民到這裡尋求庇護或尋找黃金，所以義大利、希臘和黎巴嫩菜餚才會這麼普遍。除了小羊肉，夏威夷豆、奇異果、綠唇貽貝和鼠尾草在這裡也相當常見。這個地區有一種麥盧卡蜂蜜，據傳擁有藥用特性。鄰近的玻里尼西亞飲食以海鮮為主，許多菜餚也都使用菠蘿蜜和椰奶等熱帶水果入菜。

使用澳洲、紐西蘭和玻里尼西亞食材入菜的食譜，包括：澳洲鴕鳥排（第123頁），紐西蘭小羊肉馬鈴薯（第205頁），玻里尼西亞烤箱燉牛肉（第170頁）。

加勒比海島嶼（古巴、牙買加、波多黎各和巴哈馬）

在某段時期，包括非洲、拉丁美洲、印度、東南亞、中東和中國等各個文化在內的烹飪風格，似乎都對加勒比海料理產生影響。這些島嶼常見的食材包括米飯、大蕉、豆類、木薯、香菜、甜椒、哈瓦那紅辣椒、蘇格蘭圓帽辣椒、鷹嘴豆、番茄、地瓜、椰子、洛神花和全香子。

使用加勒比海和熱帶食材入菜的食譜包括：古巴黑豆玉米沙拉（第103頁），牙買加咖哩玉米飯（第242頁），熱帶烤雞佐芒果哈瓦那紅辣椒莎莎醬（第128頁）。

中國與喜馬拉雅山區

這片幅員遼闊的地區是許多獨特料理的發源地，不過各種料理之間還是有一些共通性。中國文化注重生活平衡，在食物方面也很講究平衡。食物一般分為主寒的陰性食物和主熱的陽性食物。米飯是很重要的主食，人們一日三餐常吃米飯，搭配蔬菜和豬肉、雞肉等肉類。飲料則以茶為主，通常每餐都有茶。中國料理根據地區可以分為四大菜系：粵菜（南部）、京菜（北部）、上海菜（東部沿海）和川菜（內陸）。不過中國歷史豐富、文化多元，所以當然不是只有這幾種菜系。中國的香料包括五香、黃耆、薑、花椒、芝麻、八角和白胡椒。喜馬拉雅山區則有富含礦物質的粉紅色喜馬拉雅鹽、富含蛋白質的辣木葉，以及富含抗氧化劑的枸杞。

使用中國與喜馬拉雅食材入菜的食譜包括：北京串烤（第157頁），中式茶香飯佐鴨胸（第133頁），喜馬拉雅辣木青醬（第51頁）。

法國

法國以其優雅獨特的料理聞名世界。除了食物之外，葡萄酒也是法國文化重要的一環。法國葡萄酒揚名全球，以葡萄酒佐餐是該國文化的一部分。事實上，法國人愛喝葡萄酒這件事，有一部分也解釋了「法國悖論」（French Paradox）這個現象，那就是法國人明明吃得很油，心臟病的比例卻不高。不過，也不是所有法國菜都很油膩，很多菜餚也都使用橄欖油、新鮮蔬菜、扁豆、番茄、洋蔥、大蒜、酸豆，甚至是葡萄酒。各種法國香草和香料，如薰衣草、洛神和薄荷，都具有藥用特性。

使用法國食材入菜的食譜包括：法式烤蔬菜佐綠色沙拉（第114頁），諾曼第洋蔥雞湯（第83頁），聖特羅佩迷迭香蘋果棒（第269頁）。

大不列顛

這個地區涵蓋蘇格蘭、英格蘭和威爾斯的多元料理，這些料理融合許多文化的影響。雖然每個地區各有各的烹調傳統，不過由於氣候多雨陰涼，因此菜餚都以豐盛鹹香為主。燉菜和肉派等菜餚通常會添加辣根、黑胡椒、肉豆蔻和肉桂等溫熱屬性的香料，不僅可以調味，還具有藥用特性。這個地區擁有廣闊的海岸線，因此海鮮也是料理中重要的一環。

使用英國食材入菜的食譜包括：英式蕁麻青醬（第55頁），甜豌豆蕈菇燕麥粥佐焦糖洋蔥（第230頁），英式烤鴨佐雪莉肉汁（第130頁）。

希臘伊卡利亞島（藍區）

希臘的伊卡利亞島是位於愛琴海的美麗島嶼，許多居民高齡九十多歲，因此這裡也被列為藍區。島上幾乎沒有失智症的案例。伊卡利亞人通常只能依靠自家可以栽種的食材，因此飲食多以蔬果為主，他們飲用羊奶和葡萄酒，烹飪時也會使用具有藥用特性的香草，例如蒔蘿、大蒜和迷迭香。此外，他們的生活步調緩慢，注重社交互動和戶外勞動，這對他們的整體健康可能也有幫助。

使用希臘和西西里食材入菜的食譜包括：希臘檸檬雞湯（第80頁），伊卡利亞核桃青醬（第51頁），西西里寬帶麵佐青醬科夫塔肉丸（第183頁）。

印度與孟加拉

印度北部地區人民通常食用鹹香濃郁的肉汁、炒菜，以及薄餅。南部地區將米飯、扁豆、番茄和羅望子融入菜餚。沿海居民則是食用海鮮、米飯和椰子類的食物（以上只是一個概括性的區分）。印度有許多人吃素，其他人則習慣吃羊肉和雞肉。不過，印度整個國家的飲食有個共通性，就是在烹飪過程中會使用香料。香料不僅可以提升食物的風味，還具有很高的藥用價值。印度料理以其豐富多樣的香料聞名，包括獨活草籽（印度藏茴香）、羅勒籽（印度羅勒籽）、小豆蔻、丁香、孜然、香菜葉和香菜籽、咖哩葉、葫蘆巴、南薑、大蒜、薑、肉豆蔻、羅望子和薑黃。

使用印度食材入菜的食譜包括：孟加拉小羊肉菠菜香料飯（第155頁），坦都里綜合香料雞（第121頁），印度薄荷青醬（第52頁）。

韓國

韓國料理以米飯、湯品、燉菜和蔬菜為主。食物通常以蒸、燉、炒的方式烹調。韓國飲食多以植物為基礎食材，主要蛋白質來源是豆腐，不過也很常吃紅肉、雞肉和海鮮。許多傳統韓國菜餚都是辣的，添加辣椒、大蒜、人蔘和薑等香草和調味料，味道嗆辣有勁。此外，也有很多像是韓式泡菜等醃製、鹽漬和發酵食物。

使用韓國食材入菜的食譜包括：韓式牛小排（第159頁），韓式銷魂肉丸（第59頁），韓式辣雞（第127頁）。

加州羅馬琳達（藍區）

在加州羅馬琳達（Loma Linda）藍區住著許多基督復臨安息日會教徒，由於信仰的緣故，他們遵循素食主義，社交生活也很活

躍。加州遍地種植新鮮蔬果，因此他們能夠透過飲食充分攝取彩色食物，此外當地氣候溫和，因此他們全年都能從事戶外活動。

使用加州食材入菜的食譜包括：加州大麻籽沙拉佐草莓和羽衣甘藍（第105頁），月亮谷小精靈柑橘拿破崙派（第273頁），藍區墨西哥蔬菜酥餅（第226頁）。

墨西哥

墨西哥料理融合西班牙的影響和原住民的食材，呈現豐富多元的風味。除了胭脂樹紅[2]、洋蔥、豆類、雞肉和豬肉，人們也很常吃一種叫做喬利佐（chorizo）的調味香腸。玉米是墨西哥料理的主食，最常被用來製作墨西哥玉米餅和玉米濃湯，這是一種深受歡迎的玉米燉湯，裡面添加胡椒、辣椒和肉類。餐點裡也經常出現許多當地盛產的蔬果。人們也很常吃綠番茄、酪梨、木瓜和梨果仙人掌莖片，搭配墨西哥辣椒、香菜和南瓜籽味道一絕。

使用墨西哥食材入菜的食譜包括：阿茲特克莓果沙拉佐奇亞籽醬（第113頁），杜蘭戈烤蝦佐仙人掌莖片和梨果仙人掌油醋醬（第143頁），維拉克魯茲街頭玉米盅（第207頁）。

中東與以色列

中東香料包括孜然、香菜、小荳蔻、薄荷，以及摩洛哥綜合香料和薩塔香料（za'atar）等充滿異國風情的綜合香料，為食物注入美妙的風味。阿拉伯香料商人曾經壟斷香料群島[3]、印度、非洲和歐洲的香料交易，因此幾乎所有現存香料都被用於中東料理當中。由於以色列公民來自多個不同國家，因此料理也受到各國影響。以色列菜餚深受中東食材和香料影響，同時帶有一些德國、俄羅斯和波蘭菜餚的風味。

使用中東和以色列食材入菜的食譜包括：鮭魚佐以色列克梅辣醬（第150頁）、黎巴嫩椰棗手指餅乾（第271頁）、中東檸檬香草鷹嘴豆湯（第87頁）、土耳其茄子鑲小羊肉核桃（第173頁）。

哥斯大黎加尼科亞（藍區）與中美洲

藍區尼科亞的居民通常能夠活到一百歲，而且沒有罹患癌症和糖尿病等常見的慢性疾病。雖然他們長壽的祕訣主要來自營養，不過尼科亞人認為心態樂觀、多到戶外、開懷大笑，以及與親友相處也很重要。他們以植物性飲食為主，有時也會吃些肉類和魚類。

---

2. 胭脂樹紅（achiote），從胭脂樹種子萃取出來的物質，一般當成香料和食用色素使用。——譯者註
3. 香料群島（Spice Islands）是十五世紀大航海時期歐洲國家對東南亞盛產香料島嶼的泛稱，正式名稱是摩鹿加群島（Maluku Islands），是印尼其中一個群島。——譯者註

他們以玉米餅為主食。製作之前，他們會將玉米泡在石灰水裡，讓裡面的菸鹼酸（niacin）釋放出來。菸鹼酸是維生素 B 群的一種，已被證實有益心臟健康，也能促進大腦和肌膚健康。除了玉米餅，居民也很常吃豆類、南瓜類和水果，例如香蕉、木瓜，以及桃椰子，一種來自棕櫚科桃果椰屬的果實。

使用哥斯大黎加和中美洲食材入菜的食譜包括：中美洲大比目魚（第148頁），哥斯大黎加木薯條（第236頁），尼科亞木瓜派（第253頁）。

日本沖繩（藍區）

位於日本南方的藍區沖繩島，擁有世界上最長壽的女性人口。這裡的百歲人瑞人數比世界上許多其他地區還多。當地社群緊密團結，相當重視與親友的關係和擁有人生目標。相較於其他大多數國家的人民，沖繩人的癌症、心臟病和糖尿病發病率較低，這可能是因為他們以植物性飲食為主、活到老動到老、參與社群活動，而且擁有社會支持。當地料理以營養豐富的食物為特色，包括根莖類蔬菜、十字花科蔬菜、香菇、魚、蕎麥麵和豆腐。調味料包括醬油、溜醬油[4]、日式高湯、醃薑、山葵、紫蘇葉、明日葉，以及芝麻油和芝麻。

使用日本食材入菜的食譜包括：日式地瓜球（第279頁），京都青花菜佐白味噌醬（第244頁），沖繩紫薯湯（第97頁）。

俄羅斯與東歐

俄羅斯料理影響了東歐部分地區，而東歐豐盛多樣的肉類料理也對俄羅斯菜產生影響。由於國界多次變動，人民不斷往來遷移，使得高麗菜、甜菜、藏茴香、蒔蘿和酸模（sorrel）等美味食物傳到各地。在白俄羅斯、烏克蘭、波蘭，以及波羅的海國家立陶宛、拉脫維亞和愛沙尼亞，都能看到俄羅斯料理的影響。

使用俄羅斯和東歐食材入菜的食譜包括：布達佩斯雞肉（第138頁），波蘭高麗菜佐野菇（第248頁），莫斯科四季豆馬鈴薯湯（第89頁）。

義大利撒丁尼亞島（藍區）

位於地中海中央的撒丁尼亞島是一個藍區社群，當地生活方式注重身體活動和社會支持，因此居民相當長壽。飲食也是一個很重要的因素，許多撒丁尼亞人都吃原型食物，而且經常自己狩獵和採集食物。食物以全穀物為主，其次是山羊和綿山的羊奶和乳酪。菜餚裡也會添加大蒜、羅勒和奧勒岡等香料，除了增添風味，也有潛在藥用益處。

使用地中海食材入菜的食譜包括：地中海鷹嘴豆青醬沙拉（第220頁），羅馬豆腐沙拉（第102頁），撒丁尼亞菠菜（第233頁），野豬波隆那肉醬（第169頁）。

斯堪地那維亞與冰島

這些位於遙遠北歐的文化擁有獨樹一格的烹飪風格，其所使用的香草和香料兼具藥用和美味的特點。儘管冰島、挪威、瑞典、芬蘭和丹麥等國的傳統菜餚差異極大，但在食材上也有一些共通之處。由於該區界於溫和高山氣候到亞北極氣候之間，因此常見的香料包括杜松子、肉荳蔻、藏茴香籽、大茴香和芹菜籽。

使用斯堪地那維亞食材入菜的食譜包括：北歐甜菜沙拉（第111頁），瑞典巧克力豆蛋糕（第260頁），瑞典牛肉汁肉丸（第61頁）。

---

4. 溜醬油是百分之百用黃豆釀造的醬油，不含小麥，味道香醇，是所有日式醬油裡味道最鮮美，顏色最深的醬油。——譯者註

南美洲

南美洲是一片樣貌多元的地區，集結來自不同國家的烹飪傳統，包括墨西哥、西班牙、葡萄牙和歐洲其他地區。在歐洲人抵達當地，並引進小麥、杏仁和肉類之前，南美洲的飲食一直是以玉米、豆類、馬鈴薯、辣椒、酪梨和巧克力[5]等食物為主。如今比較普遍的南美洲料理包括玉米、辣椒、水果、乳酪和木薯，這裡說的木薯是木薯（樹薯）植物的根部，可以研磨成粉。常吃的肉類包括雞肉、牛肉和豬肉，由於加了辣椒，因此風味辛辣。

使用南美洲食材入菜的食譜包括：阿根廷奇米丘里醬烤鮭魚（第144頁），拉丁黑米盅佐酪梨芒果（第209頁），祕魯檸檬汁醃生魚（第73頁）。

東南亞（菲律賓、泰國、越南、寮國和印尼）

這個地區所涵蓋的地理範圍相當遼闊。東南亞實際上包括十一個國家：泰國、印尼、汶萊、緬甸、柬埔寨、東帝汶、寮國、馬來西亞、新加坡、越南和菲律賓。儘管這些國家和文化之間存在重大差異，但在料理上也能找到共同主題。這個地區氣候濕熱，因此是以蔬菜、米飯和高湯簡單烹調的料理為主要特色。在調味料方面，則以柑橘、薄荷、南薑、香茅和香菜等香草，為當地美食增添芬芳香氣。

使用東南亞食材入菜的食譜包括：菲律賓椰子派（第251頁），潘帕嘉芭樂湯（第95頁），寮國豬肉丸（第65頁），越南蝦仁米線沙拉佐沾醬（第99頁）。

西班牙

位於歐洲和非洲之間的西班牙受到多種文化影響。希臘、北歐、義大利和北非等地所引進的橄欖、葡萄酒、肉派、燉菜和蜂蜜等食物，也被融入西班牙的烹飪當中。西班牙的海岸線綿長遼闊，因此魚類等海鮮成為飲食中重要的一環。由於土壤肥沃且氣候相對乾燥，因此橄欖和葡萄等食材很容易生長，也常被拿來入菜，其他食材還有豆類、乳酪、麵包，以及喬利佐香腸和火腿等肉類。

使用西班牙食材入菜的食譜包括：巴塞隆納紅葡萄和藍紋乳酪薄餅（第197頁），瓦倫西亞橄欖油柳橙蛋糕（第257頁），天貝佐羅曼斯可醬（第215頁）。

---

5. 此處原文雖為 chocolate（巧克力），但南美洲古文明食用的並非固體狀的巧克力，而是將可可豆磨成可可漿後製成的可可料理，固體狀巧克力則是歐洲人引進可可後發明的。——譯者註

五十種
長壽食物

想要活出更健康長壽的人生嗎？

當然想囉！不管哪個文化的人都在尋找青春之泉，但卻很少有人知道他們大可不必遠赴千里去找，因為青春之泉可能就在我們自家廚房裡！健康飲食有助於延長壽命，在年齡增長過程中也能保持細胞健康。想要健康老化，我們需要的是能夠支持身體——包括大腦和心臟的食物。這類食物通常含有抗氧化劑和抗發炎物質，能從最根本的細胞層次讓我們保持最佳健康狀態。這裡介紹「食養」®團隊的五十大終極長壽食物，從全方面的角度分析有助於我們健康優雅老化的各種因素。

注意：建議盡量購買有機、非基改的食物。可以參考美國環境工作組織（Environmental Working Group, EWG）的「十二種農藥殘留最多和十五種農藥最少的蔬果」清單（Dirty Dozen and Clean Fifteen），隨時了解哪些農產品是安全的，哪些應該盡量只買有機栽種的。

1 杏仁

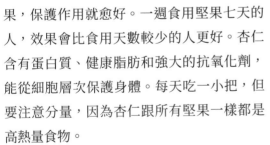

一項大型研究指出，食用堅果與男女死亡率降低有關。最棒的是，愈常食用堅果，保護作用就愈好。一週食用堅果七天的人，效果會比食用天數較少的人更好。杏仁含有蛋白質、健康脂肪和強大的抗氧化劑，能從細胞層次保護身體。每天吃一小把，但要注意分量，因為杏仁跟所有堅果一樣都是高熱量食物。

2 蘋果

別看蘋果長得普通就以為它沒什麼了不起，它可是超強的抗老化食物。蘋果是最普遍的水果之一，含有強大的抗氧化劑維生素C，而部分研究則顯示阿茲海默症患者體內的維生素C水平較低。一個中等大小的帶皮蘋果含有4.4克的纖維，有助於降低總膽固醇和低密度脂蛋白（壞膽固醇〔LDL〕），進而改善並維持心血管健康。吃顆蘋果當點心還能攝取具有強大抗癌功效的抗氧化劑槲皮素（quercetin）。

3 鰻魚

有些人特別愛吃鰻魚，不過如果你對健康老化感興趣，或許該考慮食用這種魚。

一項針對六百多人進行的大型研究發現，在冠狀動脈疾病患者中，體內健康的Omega-3脂肪酸EPA和DHA水平較高的人，其端粒縮短（telomere shortening，染色體末端縮短）程度明顯少於水平較低的人。端粒是人體細胞的老化時鐘，是衡量老化過程的標準。鰻魚富含礦物質和健康的Omega-3脂肪酸，你可以用鰻魚搭配全穀物蘇打餅或加進沙拉裡當點心吃，有助於促進健康老化。

4 酪梨

這種充滿健康脂肪的水果富含不飽和脂肪酸和抗氧化劑，例如維生素E、維生素C和鉀，以及維生素B群，例如維生素B_5、葉酸和B_6。酪梨有助於心臟健康，研究顯示它能減少罹患心臟病的風險、降低低密度脂蛋白（壞膽固醇），以及減少對身體血管系統的壓力。無論你在哪個年齡階段，都可以將酪梨納入飲食，加進沙拉、沾醬、三明治裡或直接食用。

5 羅勒

這種常見的香草具有某些重要的抗老化益處。研究顯示，羅勒含有能夠保護肌膚免受紫外線傷害的抗氧化劑。另有研究特別使用新鮮羅勒萃取物，結果顯示其對肌膚抗老化有正面的作用。羅勒富含多種抗氧化劑，包括抗氧化的酚類物質和類黃酮。下次拌沙拉時加點羅勒，把羅勒夾進三明治裡，甚至加到蔬果昔中一起打，為你的健康注入新鮮活力。

6 甜菜

甜菜含有某些促進長壽的重要物質，以及一種稱為甜菜素（betalains）的獨特抗氧化植化素，這種物質具有抗癌和抗發炎效果。此外，甜菜也是膽鹼（choline）的來源。研究指出膽鹼可以增加大腦的血流量，進而提升表現。此外還有額外的好處，甜菜葉富含維生素 B 群中的核黃素（riboflavin）和多種礦物質，使用全株甜菜可以一次獲得所有益處，讓你健康老化。

7 黑豆

所有豆類的葉酸含量都很高，對大腦、認知能力和記憶相當有益，這在我們年齡增長時尤其重要。黑豆含有獨特的抗氧化劑，例如各種花青素（anthocyanins），包括矮牽牛素（petunidin）、飛燕草素（delphinidin），以及錦葵素（malvidin），這些都有助於減少發炎。此外，黑豆也富含有助於心臟健康的鉀、鎂、鐵、鋅和蛋白質，能夠降低血壓。你可以用黑豆搭配玉米餅、沙拉、湯品，甚至加進布朗尼中享用！

8 藍莓

藍莓富含重要的抗老化營養素，例如維生素 C 和葉酸。動物研究發現，藍莓裡的抗氧化劑特別有助於延長壽命，並延緩老化過程。雖然還得針對人類受試者進行更多研究，不過把這種甜美的莓果納入飲食，可能是健康老化的關鍵因素，對肌膚和大腦來說尤其重要。

9 麥麩

富含纖維的麥麩等全穀物是健康食物，主要是因為其中含有維生素、礦物質和纖維。一項針對多個研究所進行的分析發現，攝取全穀物食物有助於降低冠心病、心血管病、呼吸道疾病、傳染病、糖尿病，以及各種原因所造成的死亡率風險。你可以將麥麩加進馬芬蛋糕、麵包卷裡，或撒在麥片上，以增加麥麩攝取量，獲得它的健康益處。

10 青花菜

青花菜是一種十字花科蔬菜（與高麗菜類植物有關），含有許多促進健康老化的重要營養素。食用十字花科蔬菜有預防癌症、糖尿病、哮喘和阿茲海默等健康益處。事實上，研究顯示多吃青花菜的人，在做記憶測試時有更好的表現。此外，青花菜含有一種有助於肝臟排毒的物質，叫做硫代葡萄糖苷（glucosinolates），能夠幫助維持肝臟健康，對身體的排毒功能非常重要。所以說「多吃青花菜！」是一句明智的建議。

11 球芽甘藍

這些小巧的球芽甘藍（孢子甘藍）跟

青花菜一樣同屬十字花科蔬菜家族，含有促進健康的特殊物質：硫代葡萄糖苷和異硫氰酸酯（isothiocyanates）。一直以來，人們都在研究這兩種物質，主要是因為它們具有抗癌特性。球芽甘藍也含有能夠抗發炎和清除自由基（free radicals）的獨特代謝物（metabolites），有助於身體排毒，讓你優雅老化。你可以把球芽甘藍切半放進烤箱烘烤，或切一切加進沙拉裡。

12 胡蘿蔔

隨著你的年齡增加，無論食用胡蘿蔔或胡蘿蔔汁，都能支持你的大腦健康並維持記憶。胡蘿蔔富含 β- 胡蘿蔔素和維生素 A 等抗氧化劑，同時含有提升腦力的維生素 C，以及緩解壓力的維生素 B 群。它也幫助維持免疫系統運作順暢，對於預防可能危及整體健康和長壽的疾病非常重要。研究顯示，深橙色和黃色蔬菜在保護心血管健康方面的效果最好。

13 腰果

我們看到的腰果一般都是出現在鹽味綜合堅果裡面，不過可以的話，選擇原味或烘烤腰果對心臟健康比較有益。一項針對堅果攝取與慢性病和死亡率進行的研究發現，每天食用腰果等樹堅果的人，死於癌症、心臟病和呼吸道疾病的可能性較低。事實上，在整個研究過程中，每天食用堅果的人比沒有食用的人，死亡風險降低了 20%。每天把腰果加進麥片、沙拉，或是直接當點心吃，就能獲得健康益處，延年益壽。

14 花椰菜

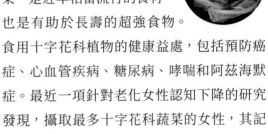

屬於十字花科的花椰菜，是近年相當流行的食材，也是有助於長壽的超強食物。食用十字花科植物的健康益處，包括預防癌症、心血管疾病、糖尿病、哮喘和阿茲海默症。最近一項針對老化女性認知下降的研究發現，攝取最多十字花科蔬菜的女性，其記憶退化速度比其他所有研究組都來得慢。你可以把花椰菜做成「花椰菜飯」、烘烤、做成菜泥，甚至做成披薩餅皮變成低碳食物。

15 櫻桃

研究發現攝取櫻桃裡面稱為花青素的抗氧化劑，有助於增強記憶和大腦功能，進而促進健康老化。除了有益大腦之外，櫻桃還含有多種維生素和礦物質，能讓身體保持最佳營養狀態。此外，櫻桃也富含稱為多酚（polyphenols）的抗氧化劑，這種成分不但讓櫻桃呈現鮮豔色澤，而且可能有助於血管健康。無論是新鮮或冷凍的，盡量每天都吃一些櫻桃。

16 奇亞籽

奇亞籽富含 Omega-3 脂肪酸和纖維（每 2 大匙就有 11 克纖維！），能從各個方面促進長壽。從降低膽固醇、平衡血糖，促進心臟健康，到緩解炎症，都難不倒這些小種子。你可以把奇亞籽撒在沙拉或麥片上增加口感，或是拌進液體裡，讓種子膨脹並融合其中。

17 可可

可可含有的抗氧化劑酚類物質（phenolic compounds）比大部分的食物都還要多。這種帶有苦味的粉末也含有高密度的抗氧化劑類黃酮（flavonoids），包括兒茶素（catechin）、表兒茶素（epicatechin），以及原花青素（procyanidins）。我們吃的巧克力大多加了糖和脂肪來增加香甜濃郁的風味，不過這些成分對長壽和健康不利。相較之下，烘焙過的苦味可可粉含有抗氧化劑，又沒有不好的添加物。可可能保護神經免受損傷和發炎，減少肌膚受紫外線傷害，也有增加飽足感、提升認知功能和提振情緒等有益作用。

18 蔓越莓

一直以來，人們都在研究蔓越莓的長壽功效，也取得了相當正面的研究成果。最近一項研究顯示，餵食蔓越莓萃取物的年輕果蠅，其壽命比只餵食糖的果蠅多出25%。如果將這種萃取物餵給中老年果蠅，其壽命甚至延長了30%！蔓越莓富含維生素 C 等特定的抗氧化劑，在實驗室環境中，它還可能抑制乳癌等多種癌細胞株的生長。

19 鷹嘴豆

在世界各地針對不同百歲人瑞族群所進行的長壽研究中，發現他們的飲食有一個共通點，那就是他們都吃豆類。鷹嘴豆又稱雞豆，不僅可以用於各種不同料理，而且富含關鍵營養素。這種小豆子含有多種抗氧化劑，包括維生素 C、維生素 E 和 β- 胡蘿蔔素。此外，鷹嘴豆也特別含有植化素，例如槲皮素（quercetin）和山奈酚（kaempferol）等類黃酮物質，以及阿魏酸（ferulic acid）、綠原酸（chlorogenic acid）、咖啡酸（caffeic acid），以及香草酸（vanillic acid）等酚酸（phenolic acids）。將鷹嘴豆加進沙拉、三明治或湯品中，可以為你提供健康豐富的營養素和纖維。

20 大蒜

大蒜能支持心血管系統，也能預防糖尿病，控制這些疾病對於長壽來說非常重要。研究顯示這種蔥屬（allium）蔬菜，可以降低心臟病和中風的風險。大蒜含有硫化物（sulfur-containing compounds），研究顯示這種抗氧化劑對記憶有益。你可以把大蒜加進醬汁或沙拉醬裡，淋在蔬菜或塗在麵包上，或是烤過之後搭配餐點食用，讓今晚的晚餐美味升級，同時讓你延年益壽。

21 薑

薑是一種非常有益健康的香料，它含有薑辣素（gingerol）和其他酚類物質，具有強大的抗發炎作用，能舒緩身體炎症。用薑來幫食物調味，可以減少鹽等不健康調味料的用量。薑可以用在甜點和鹹食裡，也可以加到醬汁和醬料中，不僅增添風味，還有益健康，不過要選不含糖的薑類製品。

22 葡萄

葡萄以其抗老化的抗氧化劑著稱，特別是白藜蘆醇（resveratrol）。說到白藜蘆醇，大家想到的都是葡萄酒，不過紫葡萄也是這種抗氧化劑的優質來源。葡萄皮的白藜蘆醇含量最多，而紅葡萄和紫葡萄的含量又比綠葡萄的多。研究指出白藜蘆醇可以延緩癌細胞生長，在實驗室環境中也能抑制淋巴、肝

臟、胃和乳房細胞形成腫瘤。如果你想尋找延年益壽的食物，那麼葡萄就是一種完美的點心。

23 綠茶

綠茶經證實擁有許多健康和長壽益處。近年一項針對40,530名參與者所進行的研究發現，攝取綠茶有助於預防各種原因所引發的死亡率，包括心血管疾病。這些益處在女性身上比男性還更為明顯。參與研究的人每天飲用一到五杯不等的綠茶，結果顯示喝愈多綠茶愈好。綠茶富含抗氧化劑，尤其是強效多酚──表沒食子兒茶素沒食子酸酯（epigallocatechin gallate, EGCG），是幫助我們健康老化的好朋友。

24 大麻籽

除了奇亞籽以外，大麻籽也有許多營養益處，可能是長壽的關鍵。這些帶有堅果風味的小種子是重要的抗發炎物質 Omega-3 脂肪酸的天然來源，除了可以舒緩身體發炎，對大腦健康也很重要。把大麻籽撒在麥片、燕麥上，或是加入穀麥裡都很適合。

25 蜜瓜

所有蜜瓜都富含營養，它們本身不含脂肪、鈉或膽固醇，卻含有豐富的維生素、礦物質、抗氧化劑和纖維。蜜瓜含有能強化免疫力的維生素 C 和維生素 B 群，能支持心血管和神經系統。蜜瓜也是很棒的水分來源，有助於體內隨著年齡增長而變差的補水作用。不管是當成健康點心，或是切碎當成早餐，都能盡情享受甜美的綠色蜜瓜。

26 辣根

這種嗆辣的根莖蔬菜與芥末有著密切關係，它含有一種稱為異硫氰酸丙烯酯（allyl isothiocyanate）的強大抗氧化劑，這種物質已被證明能夠抑制害菌和真菌滋生。辣根還具有不可思議的清除自由基和抗癌特性，有助於健康老化和預防疾病。如果你敢吃辣，可以磨些辣根撒在食物上當裝飾，或添加到醬料或沙拉醬中，增添風味。

27 羽衣甘藍

除了一般綠色沙拉都有的益處之外，羽衣甘藍還有更多益處。這種深綠色葉菜是重要的護眼抗氧化劑──葉黃素（lutein）和玉米黃素（zeasxnthin）──最豐富的來源之一，有助於視力健康和長壽。一杯羽衣甘藍可以提供 70% 所需維生素 C 和所有維生素 B 群（B_{12} 除外）。羽衣甘藍分為卷綠羽衣甘藍、嫩羽衣甘藍和恐龍羽衣甘藍，可以挑選你最喜歡的品種。

28 扁豆

心血管疾病長年名列致命疾病排行榜榜首，因此在飲食中納入豆科植物等有益心臟健康的食物，對心血管健康非常重要。扁豆等豆科植物含有豐富的纖維，有助於調節膽固醇並支持消化健康。扁豆還含有對神經系統有益的維生素 B 群，對老化過程至關重要。事實上，一杯扁豆就能提供高達 90% 日常所需的維生素 B 葉酸。你可以將扁豆加進沙拉或湯品中，或打成泥做成沾醬。

29 萵苣

蘿蔓萵苣、紅葉萵苣、奶油萵苣，甚至結球萵

苣，都與人類長壽有關。一項針對 27,000 名參與者進行的研究發現，即使是將性別、吸菸、年齡和慢性病史等因素納入考量，吃綠色沙拉的人在全因死亡率[6]方面仍明顯較低。所以說一定要吃沙拉喔！

30 綜合葉菜

綜合葉菜是由各種萵苣和嫩綠蔬菜混合而成，是很棒的綠色沙拉。在綜合葉菜中拌入胡蘿蔔、甜菜、蘑菇、橄欖、堅果和洋蔥等其他抗老化食材，就是一道延年益壽的超級料理。研究發現綠色沙拉與人類長壽有關，指出食用這類沙拉的人在全因死亡率方面明顯較低。用你自己最喜歡的綠色蔬菜來做不同嘗試，好好享受它們帶來的益處吧。

31 味噌

沖繩人的壽命幾乎比世界上所有其他地方的人都還要長，針對這個地區所做的長壽研究發現，味噌是當地人日常飲食的一部分。這種發酵黃豆醬一般是做成湯來食用，此外人們也會吃地瓜和海藻等健康食物。沖繩人吃各種富含抗氧化劑的黃豆製品，包括豆腐。味噌除了有助於延長壽命，也含有能夠促進腸道健康的益生菌。

32 菇類

菇類含有一些有助於長壽的特殊物質，特別是 β- 葡聚糖（beta-glucans），這是一種多醣物質，也是碳水化合物的一種。研究指出 β- 葡聚糖有助於膠原蛋白（collagen）生成細胞的再生，能夠支持肌膚，保護其不受環境傷害。β- 葡聚糖也以其免疫支持和抗癌活性著稱。雖然這方面的證據還在初步階段，不過愈來愈多研究顯示舞菇和香菇等食用藥用菇類，在預防阿茲海默症和巴金森氏症等年齡相關神經功能障礙上，具有重要作用。

33 橄欖

橄欖是完美的鹹味點心，對健康好處多多。橄欖富含不飽和脂肪酸，能夠支持心血管系統，也是健康的地中海飲食主要食材。橄欖含有抗氧化多酚和大量不飽和脂肪，可以保護大腦神經細胞，研究證實可以提升大腦的神經可塑性（靈活度）。橄欖裡的抗氧化劑，經證實可以逆轉與年齡和疾病相關的學習和記憶缺陷。

34 洋蔥

研究顯示洋蔥裡的硫化物具有抗氧化作用，對於記憶很有幫助。洋蔥跟大蒜一樣都是蔥屬蔬菜，富含抗氧化劑槲皮素，研究指出這種物質能夠促進排毒和心血管健康，有助於達到最佳老化狀態並延長壽命。你可以按照個人喜歡的料理方式食用任何種類的洋蔥（黃洋蔥、紅洋蔥、甜洋蔥），像是煮熟、生吃、做成醬料，或是加進沙拉或三明治裡。

35 巴西里

巴西里是一種功效強大但被低估的香草，含有神奇的抗老化特性。巴西里富含強大的抗氧化劑，例如維生素 C，以及類黃酮，像是木犀草素（luteolin）。維生素 C 是膠原蛋白（collagen）的前驅物（precursor），而膠原蛋白能讓肌膚緊實有彈性。此外，維生素 C 還具有清除超氧化物自由基（superoxide radicals）

---

6. 全因死亡率（all-cause mortality）是指在特定期間內因各種原因所導致的總死亡率。──譯者註

的強大功效，可以保護細胞免於發生 DNA 損害。這個禮拜就把切碎的巴西里加進沙拉裡，或撒一大把到湯品或燉菜上吧。

36 花生

花生是抗氧化劑含量最高的堅果之一，其中包括知名的抗老化物質白藜蘆醇。花生也含有有益心臟健康的植物固醇（phytosterols），這可能是研究顯示含有花生的食物可以降低 10% 血液總膽固醇，或 14% 低密度脂蛋白（壞膽固醇）的原因。可以的話每天都吃花生，不過要仔細看你選的花生製品成分標籤，免得吃下一堆糖、鹽或油。

37 紫地瓜

地瓜含有維生素和礦物質，是一種健康的食物。不過，某些品種還含有豐富的抗氧化劑，讓健康益處更提升一個層次。紫地瓜尤其含有花青素，這種抗氧化劑存在於紫色和紅色食物裡，研究顯示可能有助於保護肝臟免受損害，同時清除體內具有破壞性的自由基。

38 藜麥

這種帶有堅果風味、不含麩質的全穀物，富含維生素、礦物質和抗氧化劑，包括維生素 E 生育醇（tocopherol）家族的幾種成員，有助於支持肌膚和神經系統。部分研究顯示阿茲海默症患者體內缺乏維生素 E，因此在飲食中納入藜麥等全穀物非常重要，對健康老化來說尤其如此。藜麥的額外好處是，它是膳食纖維含量最高的全穀物之一，一杯就有近 5 克的膳食纖維，在年齡增長過程中有助於心臟和腸道健康。

39 覆盆子

覆盆子富含維生素 C，有助於支持免疫系統和肌膚，同時含有稱為鞣花酸（ellagic acid）的獨特抗氧化劑，這種物質具有清除自由基的強大功能，可以保護細胞免於發生 DNA 損害。覆盆子也含有花青素家族裡的幾種特殊抗氧化劑，有助於減輕身體發炎和刺激。覆盆子含有各種有益健康的物質，是逐漸老化的身體必不可少的食物，因此把它納入日常飲食中是很重要的。

40 紅酒

雖然過多的酒精可能對長壽不利，不過適度攝取可能有助於延長壽命。事實上，最近一項研究顯示，每天最多飲用半杯葡萄酒可能會讓預期壽命增加五年。如果你可以喝酒，飲用少量紅酒可能是有益心臟健康的選擇。部分研究證實紅酒裡的兩種抗氧化劑——白藜蘆醇和兒茶素——可以保護動脈管壁。此外，酒精也可以增加高密度脂蛋白（HDL），也就是好膽固醇。

41 鮭魚

鮭魚富含礦物質和健康的 Omega-3 脂肪酸，有助於達到最佳營養和心臟健康狀態。針對冠狀動脈疾病患者所進行的研究顯示，體內 Omega-3 EPA 和 DHA 較高的人，比較不會出現端粒受損的問題，這可能代表體內 Omega-3 愈多，對 DNA 的保護作用愈大。端粒是衡量老化速度快慢的一個指標。美國心臟協會（American Heart Association）建議每週攝取 2 份鮭魚。

42 菠菜

像其他綠色蔬菜一樣，透過飲食食用菠菜已被證實與人類長壽有關。這種深綠色葉菜提供豐富的營養，包括抗氧化的維生素 C 和 E，以及葉黃素、玉米黃素和鋅，有助於保持免疫系統健康。你可以將柔軟甜美的菠菜加入蛋、煲菜和燉菜中，甚至可以打成蔬果昔。

43 豆芽菜

嬌嫩的豆芽菜包括：嫩苜蓿芽、黃豆芽或其他豆類的芽菜。豆芽菜以其高密度營養價值著稱，富含維生素和礦物質，有助於維持體內細胞健康和抗氧化，對老化過程尤其重要。你可以將豆芽菜撒在沙拉、三明治和飯上來增加營養。不過，由於種植和加工方式的關係，豆芽菜存在食源性疾病（food-borne illness）的風險，免疫系統較弱的人可能要避免食用。

44 草莓

這種美味的紅色漿果每一份所含的維生素 C，比某些柑橘類水果還多。在飲食中納入草莓已被證實與心臟健康和免疫力提升有關。草莓裡含有能清除自由基的強大抗氧化劑，對健康老化非常重要。食用這種美味又有益健康的食物，不僅可以補充維生素、礦物質、抗氧化劑和纖維，還能享受可口精緻的風味。

45 菊芋

這種嬌小的根莖蔬菜又稱耶路撒冷朝鮮薊，可能透過腸道為逐漸老化的大腦提供健康支援。菊芋是最豐富的益生元（prebiotics）來源之一，這是一種有益腸道益菌的物質。菊芋也含有稱為寡醣（oligosaccharides）的物質，這種物質是下消化道益菌最喜歡的食物。愈來愈多研究顯示腸道對整體健康相當重要，因此為腸道益菌提供健康的食物 —— 也就是益生元，可能是健康老化的方法之一。

46 豆腐

豆腐是一種著名的植物性蛋白質來源，含有礦物質、纖維、抗氧化劑和多元不飽和脂肪（polyunsaturated fats）等多種物質，有助於體內許多系統。研究發現黃豆裡一種稱為金雀異黃酮（genistein）的抗氧化異黃酮（isoflavone），有助於保護細胞免於發生 DNA 損害，可能是促進人類長壽的因素之一。豆腐也是磷脂醯絲胺酸（phosphatidylserine）的天然來源，這種物質可能有助於強化大腦功能，在老化過程中有助於提高認知功能。部分人口研究也證實豆腐與骨骼健康有關，所以豆腐和天貝（發酵後的豆類製品），都有許多有助於健康老化的物質！

47 番茄

色彩鮮豔的蔬果，通常代表它們含有豐富的維生素、礦物質和抗氧化劑，番茄就是如此。番茄富含抗氧化劑維生素 C 和茄紅素 (lycopene)，有助於抑制大腦中的自由基，同時也富含鉀，有助於控制血壓。還有一點也很重要的是，番茄是葉酸的優質來源，能夠降低心血管風險，只要 170 cc 的番茄汁，就能提供 9% 每日所需的葉酸。

48 薑黃

薑黃是一種著名的抗發炎食物，可以用於料理來支持健康老化。薑黃裡的酚類物質薑黃素 (curcumin) 已被證實具有延長壽命的機制，包括抗氧化、抗發炎和抗癌活性。這種香料在預防和治療阿茲海默症方面可能具有潛在作用，而且經證實可以改善認知功能下降病患的認知能力。一定要把薑黃這種美味的香料納入飲食，享受它的抗老化益處。

49 核桃

研究顯示一週五天每天都吃一份核桃（14瓣），有助於降低 19% 心血管疾病風險，以及 21% 冠狀動脈疾病風險。核桃富含 α- 亞麻酸 (alpha-linolenic acid, ALA)，這種 Omega-3 脂肪酸可能有助於抑制炎症。

50 麥仁

研究顯示全麥、麥麩和麥仁等全穀物是強大的健康食物，主要是因為它們含有維生素、礦物質和纖維。一項針對多個研究所進行的分析發現，攝取全穀物與冠心病、心血管疾病、呼吸道疾病、傳染性疾病、糖尿病，以及各種原因所導致的死亡風險降低有關。麥仁是整顆麥粒，保留麥麩、胚芽和胚乳。你可以將麥仁加進沙拉或配菜，或當成早餐麥片。

特約營養專家金潔・胡爾廷（Ginger Hultin），理學碩士，註冊營養師暨營養專家，腫瘤學認證專家

每道菜都有
—— 最適合自己的油 ——

為了保持健康，你每天都要攝取一些脂肪，不過哪種脂肪對我們最好呢？油是你所能攝取最有效率的能量營養素，有助於打造健康的細胞膜，對神經系統機能至關重要。油能幫助消化道吸收維生素 A、D、E 和 K，同時有助於調節荷爾蒙，保持肌膚柔嫩有彈性，並對器官發揮緩衝作用。油和脂肪能為食物增添令人愉悅的滋味和口感。

世界不同地區流行使用的油各有不同，根據煎炒或製作醃料等用途，也有不同的油品選擇。我在東南亞地區長大，在那裡我們常用椰子油和棕櫚油來烹飪。

儘管棕櫚油是世界上最廣泛使用的食用油，不過目前椰子油也愈來愈受到關注。椰子油富含飽和脂肪，因此很多人一直以來都不敢使用。然而，椰子油能夠增加體內的高密度脂蛋白，也就是好膽固醇，而且這種脂肪更容易被身體當成能量來利用。椰子油還含有有助於維持免疫系統的抗氧化劑，而且已被證實具有抗菌和抗病毒作用。椰子油裡的月桂酸（lauric acid，也稱為十二酸）可以幫助對抗鏈球菌和葡萄球菌感染，使病毒失去活性，同時有助於維持健康的腸道環境。椰子油的發煙點較高，大約是攝氏230℃，所以在高溫下拌炒也不會分解或觸發煙霧報警器，而且我覺得椰子油非常美味！

市面上的油種類繁多，各有不同程度的健康特性和風味，像是酪梨油、堅果油、芝麻油、橄欖油等等。雖然嘗試不同種類的油很有趣，不過還是別在家裡擺太多種油。除了芥花油等高度加工的油（你也應該避免買這種油），其他的油放久了容易變質，不僅會味道變差，還會失去營養價值。最好只放幾種特定用途的油就好。

以下大概介紹幾種最健康的油和其烹飪方法。

高溫烹調
用於油炸、油煎、燒烤、拌炒或烘烤

酪梨油

酪梨油的氣味香甜，發煙點也相對較高，可以拿來炒菜，用來製作沙拉醬也很適合。

無水奶油／酥油

無水奶油／酥油（Clarified Butter / Ghee）已經去除乳固形物和水分，因此可以承受高溫。不過一定要適量使用，因為它仍含有奶油裡的飽和脂肪。無水奶油非常適合拿來炒蛋或製作奶油醬。

橄欖油

高溫烹調請用淡橄欖油或精煉橄欖油，特級初榨橄欖油留給離火烹調使用，例如用於沙拉（詳見下方介紹）。橄欖油富含強大的抗氧化劑酚類物質，以及有益心臟的油酸（oleic acid）。橄欖油是地中海飲食的重要材料，這種飲食大量使用水果、蔬菜、魚類和不飽和脂肪。

精煉棕櫚油或椰子油

這種油的發煙點高，而且多元不飽和脂肪含量低，非常適合烤肉和烤蔬菜、烘焙甜點，以及烹煮水果。

中溫烹調

用於清炒、拌炒、燉煮或滷製（前面介紹的油也很適合）

過濾橄欖油

過濾掉固形物（橄欖果實顆粒）的橄欖油穩定性比未過濾的油更好，也更能延長保存果香。它的耐溫性比特級初榨橄欖油的好（請參見下方），而且保有同樣的健康特性。

芝麻油

芝麻油含有芝麻酚（sesamol），這是一種強效的抗氧化劑，另外也含有芝麻素（sesamin），這種與芝麻酚有關的化合物似乎有抑制體內炎性物質的效果。也有研究指出芝麻油能降低血壓。拿來拌炒風味絕佳。

離火烹調

用於調製沙拉醬或淋在煮好的菜餚上時，選用未過濾特級初榨橄欖油，或是未精製或烤堅果種子油，可以達到最佳風味和健康益處。這種油要冷藏保存，以免變質

杏仁油

杏仁油有獨特的堅果風味，而且只有7%的飽和脂肪，是飽和脂肪含量最低的油之一。

特級初榨橄欖油

特級初榨橄欖油是用純橄欖冷壓製成，是加工最少的橄欖油。它具有與過濾橄欖油相同的益處，特別是在多酚抗氧化劑（phenolic antioxidants）方面。主要的差別在於它的風味。特級初榨橄欖油雖然可以用於烹調，不過高溫可能會影響它的風味，因此最適合用於能夠展現其風味的菜餚，例如沙拉、沾醬、調味料，以及淋在剛煮好的菜餚上。

榛果油

榛果油含有豐富的單元不飽和脂肪，飽和脂肪含量也很低，而且帶有濃郁的堅果風味。

夏威夷果油

夏威夷果油的單元不飽和脂肪含量豐富，甚至高於橄欖油，油酸含量也很高，能增加 Omega-3 脂肪酸的吸收，對心臟有益，此外它的風味也相當醇厚。

核桃油

核桃油的飽和脂肪含量很低，是 Omega-3 脂肪酸的優質來源，而且風味可口溫和，非常適合用於沙拉。

替代麵粉
———— 的崛起 ————

近幾年來人們對替代麵粉的需求之大，可謂前所未見，各家食品公司於是紛紛推出這類產品。我認為這有幾個原因，其中一個原因是很多人不能食用麩質（gluten），也就是小麥麵粉裡的蛋白質。有些人食用麩質可能引發腸胃不適，其他人則可能導致整體活力和健康狀況變差。

在猶太教的逾越節裡，傳統上這個為期八天的節日，必須避免食用發酵麵包和其他小麥製品。不過，世界各地的猶太廚師自有辦法用符合教規的麵粉來改良餅乾和蛋糕。在慶祝復活節時，我會拿各種包括無麩質飲食和原始人飲食[7]的美食來招待客人。

另一個造成替代麵粉需求激增的原因，是愈來愈多人採用特殊飲食法，無論他們是出於自願或遵照醫師處方才這麼做的。由於食物過敏和敏感的問題趨於普遍，許多人選擇維根[8]或原始人生活方式。此外，減少食用肉類的人對蛋白質的需求增加，而比起傳統的小麥類麵粉，替代性麵粉能提供更好的蛋白質來源。

杏仁、榛果、椰子和白豆麵粉等堅果、豆科和根莖類所製成的麵粉，成功填補這個缺塊，滿足了不吃穀類、但又不想犧牲掉蛋白質或美味的人的需求。每一種替代麵粉，都為這個族群所使用的食譜和食材帶來獨特的風味和口感。而且許多喜歡創新的廚師開始嘗試製作民族風味美食，因此包括製作油炸鷹嘴豆餅的鷹嘴豆粉等替代麵粉，就變得很重要了。

---

7. 原始人飲食（paleo diet）是一種強調食用天然未加工食物的飲食法，就像遠古時代狩獵採集社會的飲食方式。——譯者註

8. 維根主義（veganism）又稱純素主義，是一種強調不傷害動物的生活方式。這種生活方式不只體現於飲食，還落實在其他面向，禁止食用或使用任何動物製品。——譯者註

　無論是什麼原因造成替代麵粉的需求增加，總之市面上有各種美味的新型麵粉和粉料，可以取代傳統的小麥類麵粉。以下介紹一些比較熱門或少見的替代麵粉。請記住，這類麵粉大多得和其他麵粉混合使用，有些則須按照特殊作法進行烹調。請你仔細照著食譜使用，等到每次都能做出預期成果之後，再來嘗試各種變化和用量。

杏仁粉

　杏仁粉是無麩質和低碳烘焙食品，以及原始人飲食和其他無穀類烘焙食譜的重要食材，也很適合用來製作逾越節吃的果仁蛋白餅。這種麵粉能為蛋糕和麵包增添獨特的堅果風味。

莧菜籽粉

　莧菜籽粉是由莧菜植物製成，這種葉菜的種子蛋白質含量很高。用莧菜籽粉取代烘焙食譜中25%的麵粉，不但可以增添甜美的堅果風味，而且營養價值比小麥麵粉更高。

葛根粉

　這種麵粉是用一種稱為葛鬱金的熱帶植物的根製成，味道並不明顯，很適合用來幫醬料和肉汁芶芡。葛根粉也是原始人飲食烘焙用粉的成分之一。葛根粉又稱葛根澱粉或葛粉。

蕎麥粉

　儘管名字裡有「麥」字，但蕎麥並不是一種麥類，而是與大黃這種植物有關。這種錐狀小種子研磨製成的麵粉有很濃厚的堅果味，因此通常會跟其他麵粉混合使用。把它加進鬆餅或麵包中，可以做出營養豐富的深色製品。蕎麥粉是纖維、蛋白質和鈣質的優質來源。

鷹嘴豆粉（雞豆粉）

　鷹嘴豆含有豐富的蛋白質、膳食纖維和鐵，通常用於油炸鷹嘴豆餅等中東菜餚和印度料理中，也很適合用來烘焙無麩質餅乾、披薩餅皮和麵包。

椰子粉

椰子粉富含健康脂肪、蛋白質（2大匙就有5克蛋白質！）和纖維，因此很好消化。椰子粉的含糖量低，升糖指數也低。這種適合原始人飲食的麵粉味道輕淡溫和，適合用來烘焙甜點和鹹食，也可以取代麵包粉來裹在雞肉或魚類上。

馬鈴薯澱粉

這種細緻的白色麵粉是由乾燥的馬鈴薯澱粉製成。別把它跟馬鈴薯粉搞混了，馬鈴薯粉是用整顆帶皮的馬鈴薯製成，拿來烘焙可能會讓食品變硬。用馬鈴薯澱粉製成的烘焙食品質地輕盈蓬鬆。許多逾越節吃的猶太潔食[9]都是用馬鈴薯澱粉製作。由於它沒什麼味道，因此適合用來取代玉米澱粉加入醬料和肉汁中。

高粱粉

與小米類似的高粱是美國第三大穀類作物。高粱是非洲和印度料理中的主食，被用來製作薄餅。用高粱粉製作無麩質麵包，能為麵包增添蛋白質和濃郁風味。在綜合麵粉中添加15%到20%的高粱粉，可以用來製作美味的蛋糕、餅乾和其他烘焙食品。

木薯粉

木薯粉是用木薯植物的根製成，磨碎之後會變成柔軟細緻的白色粉末。木薯粉不含碳水化合物，是適合製作無麩質、維根，以及原始人飲食的優質食材。木薯粉也是很棒的增稠劑，能讓烘焙食品帶有很棒的嚼勁和淡淡的甜味。

白米粉

白米粉是由精米研磨而成，因此沒有什麼味道。雖然白米粉不是特別營養，不過很適合需要輕盈口感的食譜。

---

9. 猶太潔食（kosher）是指符合猶太教規的食物，猶太教根據《舊約聖經》內容，對於可食用的食物種類，以及備料和烹調方式有著嚴格的規定。——譯者註

穀物
對你也好棒

大約一萬年前，由於穀物栽種的發展，新石器時代的人類祖先從狩獵採集者轉變為耕作者。屬於禾本植物家族的穀物是世界各地飲食的一部分，為人類提供複合碳水化合物、蛋白質、維生素和礦物質。下面要介紹的健康穀物有些可能你有聽過，有些可能對你來說完全陌生。其中幾種古老的穀物品種，人們直到近年才重新發現新的益處，並用創意美味的方式將之融入飲食。這些穀物的特點是它們未經精製，因此口感較硬，味道也比高度加工的穀物來得濃郁。

莧菜籽：這種營養豐富的穀物已有超過八千年的栽種歷史，而且不含麩質。一杯莧菜籽含有9克蛋白質和91%一日所需的錳，而錳有助於身體消化和利用蛋白質和胺基酸（amino acid），同時有助於代謝膽固醇和碳水化合物。你可以在天然食品商店和部分加勒比海和亞洲市場找到莧菜籽和莧菜籽粉。莧菜的綠葉和莖略帶甜味，可以用來烹煮和做沙拉。

大麥：這是其中一種最古老、最被普遍食用的穀物。每份大麥含有24%一日所需纖維、25% 硒（selenium，有助於預防細胞損傷），以及12% 鐵。大麥富含 β–葡聚醣（beta glucans），這種水溶性纖維可以大幅降低低密度脂蛋白（壞膽固醇），並提高高密度脂蛋白（好膽固醇）。用大麥煮湯、當作配菜、製作沙拉或餡料都很美味。但要注意，大麥並非無麩質穀物。

黑米：這種無麩質的米經過烹煮，會呈現漂亮的紫色。就跟其他天然紫色／藍色食物一樣，黑米是抗氧化劑花青素的優質來源，有助於保護心血管健康，同時具有抗癌和抗微生物特性。黑米跟糙米一樣帶有堅果風味。中國黑米帶有淡淡的甜味、果香和花香，是古代進貢給皇帝的米，所以又稱「貢米」。

蕎麥：儘管名字裡有「麥」字，蕎麥其實是一種原產於俄羅斯的無麩質古老主食。人們一般認為蕎麥是穀類植物，其實它是一種草本植物！三角形的蕎麥種子磨成粉後會散發明顯的堅果味，可以增添鬆餅、俄羅斯布林餅（Russian blinis），以及日本蕎麥麵的風味。蕎麥仁是去殼碾碎的核仁，可以當成米飯烹煮。東歐菜餚蕎麥蝴蝶麵，就是用蕎麥仁製成的。蕎麥是天然的抗氧化劑來源，也是錳、鎂和纖維的優質來源。

布格麥：布格麥（Bulgur）又稱碎小麥，是中東地區的主要穀類。布格麥富含蛋白質、錳、鎂和銅，帶有堅果味，而且烹煮迅速快熟（通常是以半熟方式出售），是米飯的絕佳替代品。你可能很熟悉塔布勒沙拉（tabouli）這道用布格麥、巴西里、大蒜和檸檬汁製作的料理。布格麥也可以做成熱食，跟炒菇、洋蔥和堅果一起做成香料飯（pilaf）。不過很抱歉，布格麥是小麥製品，所以不是無麩質的。

單粒小麥：這種古老的穀物是現代小麥的祖先，最早是於西元前八千年在今天的土耳其培育出來。它所提供的蛋白質比現代小麥多，一般認為它更有營養。儘管單粒小麥（Einkorn）含有麩質，不過由於組成結構的關係，它對有麩質不耐症的人來說毒性較小。單粒小麥曾經遍及世界各地的野外，但跟許多其他原種穀物一樣，它也遭到農民剷除，

黑麥麵粉

單粒小麥

翡麥

以種植產量更高的現代作物。這種古老的穀物因含有大量抗氧化維生素而受到重視，包括 β-胡蘿蔔素 (beta carotene)、葉黃素、核黃素和維生素 A。與許多現代小麥品種不同的是，單粒小麥沒有經過基因改造。你可以在天然食品商店和網路上找到這種穀物。

法老小麥： 原產於古美索不達米亞的法老小麥 (Farro) 其實包括三種古代小麥：單粒小麥、二粒小麥 (emmer)，以及斯佩爾特小麥 (spelt)。在歐美地區，法老小麥一般是指二粒小麥。二粒小麥是古埃及人的主要種植穀物，羅馬占領埃及期間，就將這種小麥當作主要軍糧。每四分之一杯二粒小麥含有 6 克蛋白質，含量與藜麥相似，但高於糙米和全穀小麥。這三種法老小麥品種都不是無麩質的。

福尼奧米： 福尼奧米 (Fonio) 是一種古老的無麩質穀物，在西非已有數千年的栽種歷史，顏色和質地與沙灘的沙子類似。這種植物被稱為「宇宙的種子，一切存在的根本穀物」，本身非常耐旱，是一種永續作物。每半杯煮熟的福尼奧米熱量 170 大卡，含有 4 克纖維和 2 克蛋白質，是鐵和鋅的優質來源，而且富含甲硫胺酸 (methionine) 和胱胺酸 (cystine) 等胺基酸。一般認為甲硫胺酸有助於身體組織成長和修復，胱胺酸則能促進身體自然排毒。福尼奧米烹煮快熟，帶有堅果味，可以用來製作沙拉和庫斯庫斯米 (couscous) 等配菜。

翡麥： 翡麥 (Freekeh) 是中東料理的主要食材，是用未成熟的杜蘭小麥 (durum wheat) 製成，含有各種營養素和強大的類胡蘿蔔素 (carotenoid)，包括葉黃素和玉米黃素，有助於眼睛健康。翡麥跟糙米一樣帶有濃厚的土壤和堅果香氣，口感也很有嚼勁。雖然在超市很難買到，不過你可以上網訂購，或到中東市場去找。有乳糜瀉（麩質不耐症）的人要小心：翡麥和其他小麥品種一樣含有麩質。翡麥加進湯品、燉菜和沙拉裡都很美味。

卡姆小麥（高拉山小麥）： 有「穀物始祖」稱號的卡姆小麥 (Kamut/Khorasan Wheat) 是蛋白質含量很高的小麥品種，最早是在埃及栽種。與大多數商業化小麥不同的是，卡姆小麥並未經過雜交育種，它的麥粒大小是西方已知小麥品種的兩倍。卡姆小麥不僅具有獨特的堅果味，而且比現代小麥營養密度更高，每份含有 10 克蛋白質、30% 每日所需纖維、100% 硒，以及 29% 鋅，有助於免疫系統對抗細菌和病毒入侵。鋅也是身體製造蛋白質和 DNA（細胞遺傳物質）所需的營養物質。卡姆小麥也能降低血糖和低密度脂蛋白（壞膽固醇）。這種有堅果味又有嚼勁的小麥適合加進湯品和煲菜中，增添美味和口感。由於含有麩質，所以並不適合有麩質不耐症的人。

小米：愛鳥人士都知道，小米是高品質鳥飼料的主要成分，不過對世界上三分之一的人口來說，小米是一種穀物主食，尤其是在亞洲和非洲地區。小米的品種很多，每種都含有豐富的蛋白質，以及大量的錳、鎂和硫胺素（thiamin，維生素 B_{12}）。小米也含有緩解炎症、降低心臟疾病風險，以及幫助控制血糖的營養素。小米用途多廣而且不含麩質，可以當成早餐麥片熱熱地吃，也可用來替代米飯、庫斯庫斯米或藜麥。

藜麥：這種來自南美洲的古老穀物在美國已經流行好幾年了。這是因為藜麥不含麩質，而且含有完整的蛋白質，代表它包含所有八種胺基酸，也就是蛋白質的組成要素，因此藜麥是植物性蛋白質的優質來源。比起其他穀物，藜麥的不飽和脂肪含量較高，而且碳水化合物含量較低。藜麥還有槲皮素和山奈酚（kaempferol）等抗氧化劑，動物研究顯示這兩種物質具有抗發炎和抗癌特性。藜麥煮起來比米快熟，體積可以膨脹到原本的四倍。藜麥很適合跟切丁的甜椒和黑豆一起做成高蛋白沙拉，也可以在上面配上雞肉、雞蛋和蔬菜一起食用。

黑麥：同屬小麥家族的黑麥比普通小麥品種含有更多的礦物質和維生素，而且碳水化合物含量較低。黑麥富含纖維，因此有助於降低特定疾病的風險，例如乳癌和大腸直腸癌。如果用於烘焙，使用100%黑麥麵粉的麵包無法好好膨脹，因此通常會跟中筋麵粉或全麥麵粉混合使用。歐式酸種麵包是以黑麥麵粉製成，因此口感扎實富有嚼勁。黑麥並非無麩質穀物。

高粱：高粱是世界上其中一種最被普遍食用的穀物。在美國，高粱是主要的穀類作物之一，大多用於製作動物飼料。但在世界各地，高粱是人們的主食，因為它營養豐富，含有大量維生素和礦物質（錳、鎂、銅和硒），也是花青素和酚酸等強大的植物多酚物質的優質來源，這些抗氧化劑可以中和自由基並減少細胞損傷。高粱味道溫和，天然無麩質，可以研磨成粉，用於各種烘焙食物，適合對麩質敏感的人食用。

斯佩爾特小麥：原產於南歐和東歐的斯佩爾特小麥，是一種帶有柔和堅果味的古老穀物。這種小麥好消化又營養，而且蛋白質含量比小麥高，但仍含有麩質，對麩質敏感的人要謹慎食用。斯佩爾特小麥麵粉是一般麵粉的優質添加物，能為麵包和其他豐盛的烘焙食物增添纖維、維生素和礦物質。

苔麩：苔麩（Teff）是一種原產於北非的小巧穀物，也是衣索比亞的主食。現在美國也有種植這種穀物，主要產地在愛達荷州，因其營養密度而受到重視。苔麩富含蛋白質和複合碳水化合物，是鈣和鐵的優質來源，也是少數含有維生素 C 的穀物之一。一項研究發現衣索比亞孕婦罹患貧血的案例相當少見，這是因為她們每天食用苔麩。苔麩可以煮成粥，不過由於它帶有土壤、堅果和甜美風味，因此特別適合做成烘焙食品享用，加入可可粉、抹茶和榛果尤其美味。苔麩也不含麩質。

有益腸道的
益生菌和益生元

「吃什麼像什麼」是一句大家都耳熟能詳的格言。這句話套用在健康上也一樣適用，尤其是腸道健康。含有益生元（prebiotics）和益生菌（probiotics）的食物和營養補充品是良好健康的兩大要素。

雖然人們對益生元和益生菌這兩個專有名詞愈來愈熟悉，不過有些人仍分不清楚兩者的區別。有個簡單的記法就是：益生菌是人類腸道裡的好菌，益生元則是為益生菌提供能量的燃料，讓益生菌能有效維持人體健康。

以下介紹為什麼這兩種成分都很重要。

為什麼我們需要益生元？

益生元是一種支持腸道好菌（益生菌）的碳水化合物。它們自然存在於食物中，是不可消化的成分，意思是它們無法被分解。益生元食物物質未經消化就通過小腸，雙歧桿菌（bifidobacteria）和乳酸桿菌（lactobacilli）等益生菌會在那裡對這些物質進行發酵。不用擔心，發酵是一件好事，也是體內一個自然過程。

益生元就像纖維；事實上，所有益生元都是纖維，不過不是所有纖維都是益生元。益生元也稱為功能性纖維，意思是它們對人體健康有特定的功能。從科學角度來看，益生元稱為果寡糖（fructooligosaccharides），包括菊糖（inulin）和半乳寡糖（galactooligosaccharides）。不用特別去記這些正式名稱，講益生元大家就明白了。

你可以從香蕉、洋蔥、大蒜、韭蔥、蘆筍、菊芋（耶路撒冷朝鮮薊）、黃豆、燕麥、菊苣，和全麥製品等常見食物中吃到益生元。含有益生元的食物富含纖維、維生素、礦物質和抗氧化劑。它們已被證明有助於腸道健康，可能還有助於緩解旅行者腹瀉或便祕問題。

益生元食物會在大腸發酵，進而帶來健康益處，例如促進健康排便、改善大腸的酸鹼平衡，以及產生短鏈脂肪酸。這些特殊的脂肪酸像膳食纖維一樣有降低膽固醇的作用，是益生元為心臟帶來的附加健康益處。現在還有研究指出，益生元可能有助於預防大腸癌，不過還需要更多這方面的研究。發酵作用還有助於防止害菌進入消化道。

如果你常食用健康蔬菜和穀物，應該每天都可以攝取到益生元。雖然吃營養補充品也可以攝取到益生元，不過除非這是醫師根據你的腸道健康需求建議食用的，不然最好是在日常飲食中納入原型食物，藉此獲得益生元的益處。最棒的是，含有益生元的食物都是營養豐富的健康原型食物。

有些人食用益生元果寡糖可能會引起不適或消化問題，例如脹氣、打嗝、腹痛和／或是腹脹。有一種稱為低腹敏飲食[10]的流行飲食法去除富含益生元的食物，有助於解決這個問題。如果你有脹氣、腹脹、腹瀉或便祕等慢性問題，一定要尋求醫療協助，因為這些問題可能跟其他健康因素有關。

雖然關於益生元還有更多有待探討之處，不過目前的研究相當看好益生元對消化道健康、心血管健康、免疫系統、預防癌症和炎症的影響。

---

10 低「腹敏」飲食是取自原文 Low "FODMAP" Diet 的諧音，FODMAP 是 Fermentable Oligo-, Di-, Monosaccharides And Polyols 的縮寫，意思是可發酵的寡糖、二糖、單醣和多元醇。——譯者註

益生菌可以改善生活品質

科學證實益生菌與人體健康息息相關,這使得益生菌成為近年來的熱門話題。益生菌食物中的微生物,例如乳酸桿菌、雙歧桿菌和酵母菌(saccharomyces),能增加下消化道的好菌,有助於預防消化問題。雖然益生菌食物在現代飲食中愈來愈受歡迎,不過數百年來,世界各地文化早已把這類食物納入飲食。

許多可能你本來就有在吃的食物都有益生菌,例如優格、克菲爾發酵乳(kefir)和熟成乳酪。不過,許多非乳製食物也是豐富的益生菌來源,例如韓式泡菜、德國酸菜、味噌、天貝、醃製食物和非乳製發酵優格。

請記住,不是所有這類食物都含有益生菌。請看商品標籤上有沒有「活性益生菌」(active live cultures)的字樣,在超市購買時也請選擇冷藏保存的品項。現在有愈來愈多專門生產這類產品的發酵食品公司,研究發現這些產品可能有助於緩解腸胃不適。另外,也要看益生菌濃度標示,這種標示是以菌落形成單位(colony-forming units, CFUs)呈現,藉此顯示每顆膠囊裡的微生物數量。你也可以吃營養補充品來攝取益生菌。

科學證據顯示,乳酸桿菌、凝結芽孢桿菌(*bacillus coagulans*)、雙歧桿菌、釀酒酵母(*saccharomyces cerevisiae*),以及布拉酵母(*saccharomyces boulardii*)等益生菌,有助於改善多種消化道問題,包括腹痛、腸躁症、克隆氏症(Crohn's disease),以及潰瘍性結腸炎等發炎性腸道疾病、便祕、小腸菌群過度增生(SIBO)和腹瀉。

人們服用益生菌食品或食用益生菌食物,最常見的兩個原因是腹瀉和便祕。針對臨床研究的分析顯示,使用乳酸桿菌進行益生菌

治療可以降低36%到44%由抗生素所引發腹瀉的風險。這類益生菌還被證實，可以減少旅行者的腹瀉問題。不要以為只有服用營養補充品才有用，臨床證據顯示食用乳酸桿菌發酵的優格食品，也能大幅減輕因服用特定抗生素而引發的腹瀉、胃痛和脹氣症狀。

除了改善胃部問題，相關研究也列舉其他令人信服的理由，顯示在飲食中納入益生菌的好處。例如，一項針對患有草類花粉過敏症的成年人進行的生活品質研究顯示，雖然都有接受氯雷他定（loratadine）[11]等藥物治療，但是比起只吃安慰劑的人，連續五週每天攝取二十億CFU乳酸桿菌的人，生活品質改善近18%。研究也針對乳酸桿菌等益生菌在治療異位性皮膚炎等皮膚症狀上的效果。

許多人不知道藥物和益生菌之間可能產生交互作用，因此在食用益生菌 —— 益生菌補充品時，要特別謹慎。特別是，如果你正在服用免疫抑制劑或抗生素、正在接受消化系統方面的手術、免疫功能受損，或是患有短腸症候群（short bowel syndrome），更應謹使用並尋求醫師或藥師同意。另有證據顯示，透過導管接受藥物治療或免疫抑制治療的人，可能會有真菌感染等感染風險。再次提醒你要謹慎使用，如有疑慮請諮詢醫師。

雖然攝取含有益生菌成分的食品一般來說相當安全，不過服用益生菌補充品需要醫學專家的同意和評估。透過食用發酵食物來增加益生菌的攝取既健康又安全。無論採用哪種方式，在飲食中增加益生菌前，請務必先諮詢醫師。

特約營養專家金潔‧胡爾廷，理學碩士，註冊營養師暨營養專家，腫瘤學認證專家

11.Loratadine 商品名，一種強力的長效型三環抗組織胺。——編者註

發酵食物來了！
發酵吧！

　　發酵是將糖轉化為乙醇的過程，是歷史悠久的作法。發酵有助於食物保存，因此數千年來，人們一直成功實踐這種作法。發酵可以消滅造成食物腐敗的病菌。人們會用這種作法製造啤酒、葡萄酒、蘋果酒和清酒等酒精飲料。有些食譜也會搭配使用發酵和鹽漬或醃製，以增加防腐效果。

　　我媽媽在她位於菲律賓的廚藝學校教授食物保存技術課程，其實許多文化都有發酵食物配方，例如在菲律賓很受歡迎的醃木瓜（atchara），這是一種用青木瓜絲製成的醃菜。

　　法國人和義大利人自古就有把乳酪和香腸放在陰涼洞穴裡熟成的作法。德國人擅長醃漬蔬菜，包括酸菜和醃菜。希臘人最早學會如何製作醃橄欖。韓國人創造韓式泡菜，這是用發酵的大白菜和紅辣椒製成的辛辣菜餚，傳統作法是將韓式泡菜埋在地下進行發酵（我的韓式泡菜是用大白菜、岩鹽、薑、蔥和辣椒製作）。日本人製作味噌，一種由黃豆、米和大麥製作，經過數年陳化的糊狀醬料。英國人發明伍斯特醬（Worcestershire sauce），一種由鯷魚、麥芽醋、羅望子、糖蜜和香料釀造，放在木桶裡陳化的醬料。土耳其、印度和伊朗將優格引進世界各地。美國則獻上塔巴斯科辣椒水（Tabasco sauce），一種將發酵的紅辣椒和醋混合，放在蘇格蘭酒桶裡陳化的醬料。

　　不過，發酵的好處遠不止於保存食物。原因詳述如下。

益生菌和酵素

　　發酵會產生抗菌劑乳酸（lactic acid），以及一般稱為益生菌的乳酸菌（lactic-acid bacteria），有助於促進腸道內的健康微生物群（microflora）生長。微生物群是指分布在消化道內壁的細菌和其他物質所組成的蓬勃群體，有助於維持人體健康。

　　哈佛大學陳曾熙公共衛生學院（Harvard T.H. Chan School of Public Health）營養學教授大衛・路德維希（David S. Ludwig）博士表示，人體消化道裡充滿大約一百兆個細菌和其他微生物。當這些微生物的平衡被破壞時，致病微生物的數量可能會增加，超過好的腸道菌群數量，導致慢性發炎並損害腸道內壁。身體發炎也可能導致肥胖症、糖尿病，甚至神經退行性疾病等狀況。

　　腸道是人體免疫系統的主要部分，因此當腸道微生物群處於最佳平衡狀態時，我們會更健康。當前許多研究都在熱烈探討擁有多樣和健康的腸道微生物群（腸道菌群）的重要性。

發酵食物的益處

　　許多發酵食物——尤其是含醋的食物，pH值較低（酸度較高）。酸性食物對消化很好，對老年人來說尤其如此，因為隨著年齡增長，胃產生的酸也會減少。這種酸有助於分解胃中的食物，可以釋放更多營養並減少胃灼熱。食用富含醋的食物也會減慢胃的排空速度，不用吃太多就會感到飽足。

　　巴氏滅菌或加熱會破壞發酵食物中的有益微生物，因此生吃這種食物是最健康的。外面賣的橄欖和醃菜大多經過巴氏滅菌，所以很可惜的是裡面的益生菌都沒了。傳統的希臘橄欖和自製醃菜，是比較好的益生菌來源。

食用發酵食物可以提供多種益處，包括：

- 提供重要的營養素。有些發酵食物是維生素 K_2 等必須營養素的重要來源，有助於預防動脈斑塊堆積和心臟病。

- 優化免疫系統。據估計人體80%的免疫系統都在腸道裡。益生菌有助於消化道的內襯黏膜發展，對增強免疫系統具有重要作用。

- 提供益菌。發酵食物中的益菌（例如嗜酸乳桿菌〔*Lactobacillus acidophilus*〕和比菲德氏菌〔*Bifidobacterium bifidum*〕等）是相當強大的排毒劑，有助於改善免疫系統。

- 提供自然多樣的微生物群。多吃各種不同發酵食物所攝取到的健康菌群，會比服用營養補充品更多樣。腸道菌群是指存在於人體腸道內的微生物世界，包括酵母和真菌，但以細菌為主。

另外也請注意，發酵過程一般不會破壞食物中原有的維生素、礦物質或營養素，只會讓辣椒、高麗菜、黃瓜、橄欖、米或牛奶等本來就很健康的食材，多了有益的益生菌和酵素。

文化改變

你可能會想，如果人們數千年來一直都很依賴發酵，為什麼現在關於健康的討論話題還要強調這種食物製作過程。原因在於大約一百年前，現代製冷技術問世，人們不再需要透過發酵來保存食物。此外，人們的飲食習慣發生改變，尤其是近幾十年來大量食用加工食品。減少食用發酵食物加上食用加工食品，使得人們消化道裡的益菌和害菌之間出現不平衡。這種不平衡可能導致慢性健康問題。

那我們如何利用發酵來提高食物的營養價值呢？

發酵食物的來源

我認識一位發酵專家，她是來自加州帕薩迪納市（Pasadena）的伊萊娜‧露德（Elaina Luther），她建議為了保持最健康和營養狀態，每餐都應該吃一大匙發酵食物（注意：在改變任何飲食習慣前，請先諮詢醫師）。想在飲食中增加發酵食物，其中一個方法是自己製作，像是自製醃菜、酸菜和醬菜，在網路上都可以找到不錯的食譜。

露德解釋，由於每種生鮮食物各有不同的酵素，所以幾乎任何食物都能發酵。她說只要處理得當，「發酵食物比熟食更安全。」她建議使用在農夫市集買的有機農產品進行發酵，因為裡面仍然含有足夠的細菌來啟動發酵過程。

但並不是每個人都喜歡或有時間自製發酵食物。現在許多販賣高營養密度食物的食品店，除了有賣放牧飼養肉類、生乳、非黃豆飼養雞隻的雞蛋，以及低麩質或無麩質麵包和糕點之外，也供應富含益生菌的天然發酵

食品，例如酸菜、康普茶、味噌、自然發酵醬料、克菲爾和其他特色產品。路德維希博士建議選擇標示上有「自然發酵」字樣的商品，確保你買到的發酵食品是含有益生菌的。

優格可能是最容易加進飲食中的發酵食物，很多人本來就有在吃優格。你還可以把醃菜加進生食和熟食中、當作配菜，或加進沙拉。你也可以在三明治裡夾一點酸菜，在餐點裡添加味噌和天貝，這兩種都是發酵黃豆的來源。

發酵 VS. 醃製

發酵食物和醃製食物是不一樣的。像是美式酸黃瓜等泡在醋裡的食物，是沒有經過發酵的。在一九四〇年代前，醃漬食物都是自然發酵處理。後來加工廠開始使用帶有酸性的醋和巴氏滅菌法（一種加熱過程）來穩定食物。用這種方法製作出來的醃漬食物優點是不易腐壞，但也失去大部分的營養價值，包括維生素 C，以及直接用生食下去發酵的食物裡所含有的活性乳酸菌。

使用發酵食材烹飪

高溫會破壞發酵食物裡兩種有益健康的成分：益生元和益生菌。益生元是為益生菌（腸道好菌）提供能量的燃料，讓益生菌能有效維持人體健康。因此，為了保留這些成分，最好直接食用發酵食物，不要烹煮。（關於益生菌和益生元的更多資訊，請參見29-31頁。）你會發現每次我在食物中添加優格時，

例如希臘優格或冰島優格，我只會在烹調完成、準備上菜時才會添加，就像我的布達佩斯雞肉（第138頁）。

我喜歡在沙拉醬中，使用未經巴氏滅菌的蘋果醋、巴薩米克醋、調味米醋和紅酒醋。我的無國界薑黃—中東芝麻醬沙拉（第109頁）使用未經巴氏滅菌的蘋果醋，北歐甜菜沙拉（第111頁）使用巴薩米克醋。

魚露和伍斯特醬這兩種發酵液體能為菜餚增添美妙的鮮味，例如我的越南蝦仁米線沙拉佐沾醬（第99頁）和泰式青芒果沙拉（第107頁）。鮮味能為菜餚增添一種鹹味，就像帕瑪森乳酪、海藻、味噌和菇類中的味道。我也喜歡使用辣椒水（hot sauce）和辣椒醬（chile sauce）。[12]

味噌醬這種發酵食物也可以為各種菜餚增添鮮味，從魚類、烤蔬菜到沙拉都很適合。想要知道怎麼使用味噌入菜，請參見京都青花菜佐白味噌醬（第244頁）和東京大蒜味噌烤蔬菜（第240頁）食譜。

比起豆腐，我更喜歡在食譜中使用天貝，因為它是發酵食物，可以提供更多健康益處。我的素食菜餚，例如天貝佐羅曼斯可醬（第215頁）、天貝佐印度菠菜醬（第214頁），以及天貝佐澳洲咖哩醬（第213頁）都有使用天貝，天貝也是優質蛋白質的良好來源。

我很喜歡喝普洱茶這種發酵綠茶，我還用它入菜，例如中式茶香飯佐鴨胸（第133頁）。

最後還有一種發酵食物也很重要，那就是非洲刺槐豆。我的非洲刺槐豆蛋糕就有用到這種非洲發酵香料（第258頁）。

---

12. 在英文裡，hot sauce 泛指以辣椒為主要材料所製作的辣調味料，質地較稀；chile/chili sauce 偏向以番茄為基底的辣調味料，質地較稠。譯文以「水」和「醬」來做區別。——譯者註

茶
的各種功效

數百年來，東方醫學一直將茶用於治療多種疾病和病症，同時也用於養生用途。近幾年來，西方醫學終於了解喝茶可以帶來許多健康益處，不論是紅茶、有咖啡因或無咖啡因的茶，或是草本茶都很有益。

茶含有類黃酮，這種類似抗氧化劑的物質有助於預防癌症和心臟病等疾病。類黃酮也含有咖啡因和茶胺酸（theanine），這些物質對大腦有正面作用，有助於思緒清晰。

抗老醫學專家馬克·羅森堡醫學博士表示：「綠茶中含有最強大的類黃酮表沒食子兒茶素沒食子酸酯，經研究證實能根除幽門螺旋桿菌（*H. pyloria* bacteria）並預防胃癌。此外，其他針對綠茶、紅茶、白茶等茶的研究也顯示，茶有助於治療糖尿病、降低膽固醇、殺死細菌和病毒、平衡荷爾蒙，以及改善睡眠等多種益處。醫學研究最常用的茶是紅茶、綠茶、白茶和普洱茶。」

喝茶有許多健康益處，但也有一些缺點。茶裡的單寧（tannins）或許具有抗氧化和抗發炎特性，但可能也會妨礙某些消化過程。單寧可能會影響身體吸收植物性食物裡的鐵，空腹飲用也可能引起噁心。為了避免這些問題，盡量別在食用富含鐵的食物或營養補充品時喝茶。此外，也要注意攝取過多的咖啡因，不過整體來說，茶是一種沖泡方便、又能提供許多健康益處的飲料。

如果你的生活習慣本來就很健康，例如規律運動、睡眠充足、充分攝取水分，以及均衡飲食，那麼在日常生活中喝茶可能可以提升你的能量。此外，請先諮詢醫師或營養師，確認草本療法對你是否安全有效。

以下介紹幾種優選茶和草本茶，以及它們的健康益處。

十大寧神、助眠、舒緩焦慮茶飲

你是不是正面臨工作或家庭上的壓力？難以控制焦慮、久久無法入睡，或是半夜一直醒來？你家廚房可能已經有一種可以大幅改善這些問題的自然療法：那就是茶！除了具有緩解炎症、提升能量，甚至支持免疫系統的特性，茶還有寧神作用，有助於減輕焦慮。它有助於強化你在壓力期間已經採取的自我保健工作，像是尋求身邊的人支持、尋求治療師或諮詢師的專業協助、均衡飲食、補充水分、注重睡眠和運動。

睡茄茶

睡茄（Ashwagandha，南非醉茄）是原產於印度的小型綠色灌木的藥草。睡茄被歸類為一種適應原（adaptogen），適應原是指各種有助於身體抵抗生理、化學和心理壓力的寧神植物。

睡茄一般用於傳統阿育吠陀醫學（Ayurvedic medicine），已被證實可以減輕壓力和焦慮。此外，睡茄還有其他健康益處，例如維持腎上腺健康、降低血糖、降低皮質醇（cortisol），甚至增加大腦功能和提升注意力。雖然睡茄對大部分的人來說很安全，但若你已懷孕、正在哺乳，或患有自體免疫疾病，在考慮使用適應原藥草前，請諮詢醫師。

洋甘菊茶

洋甘菊茶是最受歡迎的助眠放鬆草本茶之一。它是一種溫和的鎮靜劑，有助於鎮定神經、減輕焦慮，以及減少惡夢、失眠等睡眠問題。洋甘菊的香氣可以降低促腎上腺皮質素（adrenocorticotropic hormone），進而產生溫和的鎮靜效果。促腎上腺皮質素是調節皮質醇的荷爾蒙，而皮質醇則是人體主要的壓力荷爾蒙。若你已懷孕，請避免飲用洋甘菊茶。

神聖羅勒茶

神聖羅勒茶又稱圖爾西茶，這種羅勒與常用於烹飪的泰國打拋葉和歐洲羅勒有關。神聖羅勒含有適應原的特性，可以減輕壓力。它還可能具有抗菌、降低血糖，以及抗氧化特性，能從各個方面促進健康。這種茶不含咖啡因，白天在學校或上班時都能飲用，甚至可以在考試或報告前把它當鎮靜飲料。

薰衣草茶

薰衣草以其幫助放鬆的特性和舒暢的花香著稱，具有鎮定感官的作用。薰衣草一般會做成精油，用於按摩和沐浴，如果是「食品級」的品種，也可以當作茶來飲用。薰衣草茶是用開花植物薰衣草的紫色小花苞製成，這種花苞味道芬芳宜人。研究顯示飲用薰衣草茶，特別是在睡前聞薰衣草的香氣，能夠幫助放鬆，讓你更好入睡，早上更有活力。

香蜂草茶

香蜂草是薄荷家族的植物，帶有清新的柑橘香氣，數百年來一直被用於減輕壓力和改善睡眠。研究顯示香蜂草可以當作溫和的鎮靜劑，有助於緩解造成睡眠中斷的失眠相關症狀，同時減少壓力、焦慮，甚至是憂鬱感。香蜂草可能也有助於解決消化不良，而消化不良是干擾睡眠的主要因素之一。若你因為壓力或焦慮導致胃部不適，這種茶對你可能是不錯的選擇。

甘草茶

甘草不但可以做為天然甜味劑和糖果，也常用於感冒或流感時喝的茶飲或做成消化劑。甘草也可以做成茶。動物研究顯示，甘草可以促進腎上腺功能，進而減輕壓力，作用跟這裡列的其他適應原植物一樣。甘草跟香蜂草一樣，是有助於管理腸道炎症和改善消化的熱門香草。如果你因高度壓力或焦慮而出現胃部或消化問題，這種茶可以幫助減輕痛苦的胃痙攣或腹脹。

厚朴茶

厚朴茶主要是由開花植物厚朴的樹皮製成，裡面還包括一些乾燥的花苞和莖。人們普遍認為厚朴具有抗焦慮和鎮靜的效果，不過厚朴味苦辛辣，喝的時候可能需要一些時間才能適應。在厚朴裡所發現的異厚朴酚（honokiol）物質，已被證實有助於改善大腦中的 GABA 受體，因此可能會讓人感覺想睡。動物研究顯示厚朴可以縮短入眠時間，並延長睡眠時間，不過仍然需要進一步的研究，才能確認用在人類身上的效果。如果你有在看傳統中醫，可能最常看到這種茶。

西番蓮茶

西番蓮常被用於製作助眠保健品和草本茶，這是有原因的：西番蓮藤蔓的葉子乾燥之後，可以用於製作具有鎮靜甚至安眠效果的西番蓮茶。傳統醫學早就已將西番蓮（以及用西番蓮製成的茶）用於減少焦慮和改善睡眠的用途。在二〇一一年一項使用安慰劑為對照組的雙盲研究中，相較於服用安慰劑的組別，有 40 名參與研究的人表示，在連續飲用一週西番蓮茶後，他們的睡眠品質變好了。喝這種茶有助於緩解整體焦慮，又不會產生處方鎮靜劑或抗焦慮藥物的副作用。如果你想改善睡眠品質，請在睡前享用一杯西番蓮茶。

玫瑰花茶

玫瑰花茶是用玫瑰花瓣製成的茶，可別把它跟玫瑰果茶搞混了。玫瑰果是玫瑰植物的果實，富含維生素 C，可以支持免疫系統並幫助消化。玫瑰花瓣則有寧神作用，這是因為玫瑰花瓣香氣宜人，也可能是其中含有抗氧化劑的原故。在針對女性所做的研究中，玫瑰花茶既能緩解經痛，又能改善心理健康。儘管相關研究有限，不過玫瑰花茶可能具有減輕壓力和助眠的作用。如果你選擇喝玫瑰花茶，喝之前一定要先聞一下它熱熱的香氣，因為研究顯示玫瑰的香味可以減輕焦慮、疼痛、憂傷，甚至降低血壓。

纈草茶

纈草是現在歐美最受歡迎的草本助眠劑之一。纈草茶是由纈草根乾燥以後製成。研究顯示纈草茶可以縮短入眠時間，並提高整體睡眠品質。使用纈草茶作為助眠劑的另一個好處，是它可能不會干擾你的快速動眼期，也就是說你睡醒之後不會覺得昏沉無力。如果你累了一整天，或想一夜好眠不間斷，請在睡前泡杯纈草茶來喝。

五大提振能量茶飲

茶具有提振能量的神奇能力，如果你希望自己感覺更有活力，在嘗試其他方法之前，不妨先喝杯熱茶。茶跟咖啡一樣是世界上最受歡迎的飲料之一，這不是沒有道理的。有些茶可以讓人感覺有活力、清醒或專注，此外也有其他健康益處。所有茶都有補充水分的作用，可以讓你立刻感覺更有精神。提神效果最好的通常是含有微量咖啡因的茶，以及能刺激感官的草本茶。

紅茶

紅茶來自於茶樹植物（Camellia sinensis），通常會與其他植物或油混合，創造出不同的風味，例如格雷伯爵茶、印度香料奶茶或英式早餐茶等等。紅茶是咖啡因最多的茶類（但仍比咖啡低），也是風味最濃郁的茶類之一。其中的咖啡因和抗氧化劑左旋茶胺酸（L-theanine），能讓人保持清醒和專注。此外，紅茶也含有多酚，這種抗氧化劑家族可能有益心臟健康，降低罹患慢性疾病的風險。早上來杯紅茶，讓你開啟活力滿滿的一天。

銀杏茶

銀杏在英文裡有「少女的髮絲」（maidenhair）之稱，是原產於中國的樹種。傳統中醫幾百年來都用銀杏入藥，現在它也成為西方國家常見的膳食補充品。把銀杏做成茶飲用，可以品嘗到淡淡的香氣和雅緻的味道。一般會將銀杏與甘草、檸檬皮屑或肉桂等香草混合，以凸顯它的風味。部分研究顯示銀杏具有支持記憶和認知能力、維持頭腦清醒，甚至鎮定情緒的效果。雖然銀杏不含咖啡因，不過它能讓你保持清醒冷靜，讓你覺得活力充沛，展開充滿自信的一天。

綠茶

雖然綠茶的咖啡因含量不像咖啡或紅茶那麼多，但它含有左旋茶胺酸這種能夠提振活力和精神的物質。左旋茶胺酸可以減緩身體對咖啡因的吸收，提供更長時間的能量，不會出現喝咖啡時常見的顫抖或能量

薄荷茶

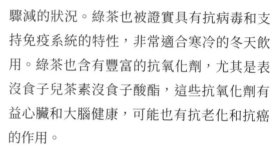

驟減的狀況。綠茶也被證實具有抗病毒和支持免疫系統的特性，非常適合寒冷的冬天飲用。綠茶也含有豐富的抗氧化劑，尤其是表沒食子兒茶素沒食子酸酯，這些抗氧化劑有益心臟和大腦健康，可能也有抗老化和抗癌的作用。

薄荷茶

薄荷茶是一種提神醒腦的清新草本茶。研究顯示它可能具有提振精神和增強記憶力的作用。對於想要避開咖啡因刺激的人來說，薄荷茶是一個很棒的選擇。由於不含咖啡因，因此無論白天還是晚上，任何時候都能飲用，也很適合熬夜讀書或做專案時飲用。在享用薄荷茶時，先聞一下它的香氣，醒腦效果更好。

瑪黛茶

瑪黛茶原產於南美洲，在阿根廷尤其常見，數百年來人們都喝這種茶來提振能量。瑪黛茶還有其他營養素，例如維生素 A、B_1、B_2、C 和核黃素（riboflavin），以及鎂、鉀、鈣和鐵等礦物質。這種茶葉富含單寧，因此茶味稍微苦澀，帶有泥土的香氣。這種茶的咖啡因含量與咖啡的差不多，對於不想

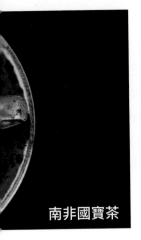

南非國寶茶

甘草茶

洋甘菊茶

要喝咖啡，但又需要一點咖啡因的人來說，瑪黛茶可能是你的最佳選擇！

五大美膚茶飲

你可能會喝茶來助眠、減輕壓力，甚至控制炎症，不過你是否曾經為了護膚美容而喝茶呢？各種茶和草本茶都有補充水分的作用，而保持肌膚健康的關鍵因素，就是保溼。保持肌膚水分有助於減緩肉眼可見的老化過程、提升容貌，甚至可能預防油脂堆積和粉刺。如果你已經透過喝水和食用富含水分的食物攝取到足夠的液體，那麼飲用富含抗化氧劑的茶飲，或許可以進一步提升你的膚況和膚質。

洋甘菊茶

洋甘菊是治療肌膚問題最受歡迎的草本植物之一，不僅可以用於局部肌膚，還可以從內部發揮促進療癒的作用。多年來洋甘菊一直被用於控制紅疹，以及肌膚乾燥、長斑和發炎的狀況。用於局部使用時，洋甘菊花和其精油中的類黃酮抗氧化劑成分具有抗發炎特性，能滲透到肌膚表面以下。將洋甘菊泡成茶，裡面還含錳這種製造膠原蛋白所需的重要礦物質，而膠原蛋白則是讓肌膚保持彈性的重要物質。如果你對許多食物或環境因素過敏，在考慮使用洋甘菊等草本療法前，請先諮詢醫師。如果你懷孕了，則請避免飲用這種茶。

黃金奶

黃金奶又稱薑黃奶，是一種印度傳統飲品，在西方文化中也很快流行起來。黃金奶是用薑黃、肉桂、薑等香料，和其他香草混合製成，色澤鮮黃，性溫，能為肌膚增添光澤！黃金奶是用熱牛奶或植物奶調製，具有降低發炎、減少癌症風險，以及抗菌、抗病毒和抗真菌等健康益處，因此廣受好評。它也具有強大的抗氧化和抗發炎特性，有助於對抗老化現象、粉刺疤痕、乾癬和濕疹。晚上喝杯溫熱的黃金奶有助於放鬆和一夜好眠，對肌膚也有益處。

綠茶

大部分的人都知道陽光會對肌膚造成傷害。綠茶已被證實可以強化 DNA 修復能力，進而預防非黑色素瘤皮膚癌。當然，你每天還是得擦防曬乳來保護肌膚，不過綠茶可以強化這層保護。綠茶也被證實具有抗病毒和支持免疫系統的特性。綠茶富含抗氧化劑，尤其是表沒食子兒茶素沒食子酸酯，有益心臟和大腦健康，同時有助於促進良好的血液循環，對肌膚健康非常重要。早上喝杯綠茶，讓其中微量的咖啡因提供額外的提振精神效果。

洛神花茶

這種具有熱帶風情的植物，不只出現在你家花園，在日常護膚程序中也占有重要地位。洛神花泡成的茶呈現美妙的深紫紅色。粉紅色澤是因為裡面含有花青素，這種強大的抗氧化劑可以降低可能造成肌膚老化的氧化壓力和炎症。洛神花茶有助於身體產生膠原蛋白，因為裡面含有維生素 C，是合成膠原蛋白的必要成分。洛神花茶也富含稱為楊梅黃酮（myricetin）的抗氧化劑，其抗老化特性能延緩膠原蛋白和彈性蛋白（elastin）分解。喝洛神花茶不僅美味，還有助於增加水分攝取，是肌膚保溼最簡單的方法。

南非國寶茶

南非國寶茶來自只在南非生長的路易博士茶灌木（*Aspalathus linearis*），由於抗氧化劑含量極高，因此南非人稱之為美容靈藥。這種植物的抗老化特性可能有助於預防皺紋和肌膚鬆弛，還可以用於局部來舒緩和減少肌膚刺激。南非國寶茶已被證實具有治療潛力，有助於促進傷口癒合，保護肌膚免受陽光中的紫外線傷害。南非國寶茶是變化最豐富的茶飲之一，可以做成熱飲、冷飲，或是加入拿鐵、蔬果昔、雞尾酒，甚至是甜點中！

五大抗感冒流感茶飲

說到增強免疫力，一般常聽到的建議，都是多吃柑橘類水果、大蒜和薑，但你有沒有想過，原來茶也有這方面的功效？研究證實每天喝茶有助於提升免疫系統的特定功能，這對即將進入感冒和流感季節的我們來說非常重要。

雖然你不該只靠喝這些茶來治療感冒或流感，喝了也不代表你在接觸生病的人後不會被感染，不過持續飲用可能有助於建立和提升你的免疫系統，讓你在被感染時有助於更快復原。再怎麼說，至少喝茶可以增加抗氧化劑，也能補充水分。

如果你已經採用健康的生活習慣來避免細菌和病毒感染，例如運動、睡眠充足、飲食均衡、生病時在家休息，以及勤洗手，在日常生活中喝茶可以進一步增加你的免疫系統。草本療法——甚至是茶，可能會與藥物和病情產生交互作用，再說流感是一種危險的疾病，所以如果你感冒或感染流感，在考慮使用草本治療前，請先尋求專業的醫療照護。

洋甘菊茶

洋甘菊是相當受到歡迎的茶飲，是最早用於強化免疫系統的草本療法之一。研究顯示吸入含有洋甘菊萃取物的蒸氣可能有助於減輕一般感冒症狀，不過這還需要進一步的研究。具體來說，洋甘菊的抗發炎特性可能有助於減輕喉嚨痛時的紅腫。洋甘菊也是具有鎮靜作用的草本植物，無論你是生病或健康，都能讓你睡得更好。如果你考慮使用洋甘菊等草本療法，請先諮詢醫師，以免產生過敏反應。如果你已懷孕，請千萬不要飲用洋甘菊茶。

紫錐菊茶

紫錐菊茶是由紫錐菊植物製成，以其抗發炎、抗氧化和抗病毒特性著稱。紫錐菊茶已被證實可以成功縮短流感症狀病程，效果類似抗流感藥物。一項臨床研究將473名顯現初期流感症狀的病患分成兩組，分別接受流感藥物和紫錐菊茶治療。結果顯示紫錐菊茶在緩解咳嗽、頭痛、肌肉酸痛和發燒等症狀方面，與藥物一樣有效。與許多草本補充品一樣，一定要跟信譽良好的公司購買紫錐菊產品，以確保產品品質。請記住，如果你得了流感，請先諮詢醫師，讓醫師根據你的個人需求給予最安全的治療，而不是自行處理。

接骨木漿果茶

接骨木漿果來自接骨木屬植物，這種樹的漿果和花朵可以用於多種藥用和烹飪用途。接骨木漿果萃取物已被證實具有強大的抗病毒特性，有助於控制流感症狀。儘管這些特性還需要進一步的研究，不過一項研究顯示，服用接骨木漿果萃取物可以改善發燒等症狀。此外，在接受接骨木漿果萃取物治療的組別中，近90%的病患在二到三天就完全康復，而服用安慰劑的組別則花了六天才治好。喝接骨木漿果茶可能是提升體內抗氧化劑、甚至抗病毒物質的一種經濟實惠又有效的方法。

綠茶

綠茶是世界上最受歡迎的茶飲之一。數百年來，印度傳統醫學和傳統中醫都用綠茶來減輕甚至預防各種疾病症狀。部分初步研究顯示，綠茶含有抗病毒和抗氧化成分表沒食子兒茶素沒食子酸酯，可能有助於增強動物和人類的免疫系統。綠茶可能具有殺菌和抑制流感病毒等病毒的作用，可能降低你感染發病的風險。

薄荷茶

以提神醒腦作用著稱的薄荷茶含有化學物質薄荷醇（menthol），部分研究顯示薄荷醇具有抗微生物和抗病毒的作用，有助於對抗感冒和流感。如果你已經感冒了，屬性偏涼的薄荷醇也有助於緩解喉嚨痛或暢通鼻道。如果經過醫師確認安全，你除了飲用之外，也可以試試吸入熱薄荷茶的蒸氣來消除鼻塞。

特約營養專家金潔・胡爾廷，理學碩士，註冊營養師暨營養專家，腫瘤學認證專家

普洱茶：
長壽的祕訣？

幾年前，我的上一部食譜書《美麗老化食譜書》（*The Age Beautifully Cookbook*，暫譯）榮獲「世界美食家圖書獎」（Gourmand World Cookbook Award）的「世界最佳創新獎」（Best in the World for Innovation），於是我與「食養」®團隊一同前往中國煙台參加頒獎典禮。典禮過後，我們前往北京，在那裡舉辦下午茶派對來慶祝我丈夫魯伯特（Rupert）的生日。那是我第一次品嘗中國其中一種最珍貴古老的茶：普洱茶。這種獨特的發酵茶栽種於中國西南部的雲南省，具有各種健康益處。

愈來愈多西方愛茶人士開始飲用普洱茶，為了欣賞普洱茶真正的獨特性，這裡有必要簡單回顧一下它的製作過程。首先，茶葉會經過乾燥，然後進行氧化或發酵，有時會同時進行這兩道處理。氧化過程會改變茶葉的顏色，使其由綠轉黑。茶葉經過稍微受熱烹煮之後會停止氧化。普洱茶的製作方法有好幾種，不過大部分都會進行不同時間長度的氧化。

白茶、綠茶和烏龍茶的茶葉乾燥之後，會放在空氣中進行一定時間的氧化。紅茶則不一樣，紅茶的茶葉經過長時間氧化後，會因酵母菌、細菌或黴菌的作用而開始自然發酵。

普洱茶的發酵方式與紅茶或黑茶的都不相同。[13] 在自然的狀態下，未經乾燥的茶葉會開始萎凋。普洱茶的茶葉會先經過萎凋或凋謝，然後堆疊成堆。隨著細菌生長，茶葉會展開進行長時間的發酵。發酵時間通常是好幾年，有時甚至長達二十年以上！然後才能飲用。儘管普洱茶的陳化（aging process）過程已經流傳幾百年了，在一九七○年代，還是有些製茶商開發出熟製和半熟製發酵法，將萎凋的茶葉跟類似自然細菌的培養細菌混合，然後進行氧化，藉此縮短生產時間。陳化過程不僅可以增加茶韻的豐富和複雜層

---

13. 中國茶的傳統分類包括紅茶、綠茶、青茶、黃茶、白茶和黑茶六大類，一般將普洱茶歸類為黑茶，然而普洱茶的原料與製作工藝與黑茶有所不同，故作者在此有此描述。──譯者註

次，還能提升茶的價值和藥用益處。陳化讓茶葉裡的酵素能夠代謝碳水化合物和胺基酸，如此做出來的茶富含多酚，這些多酚以抗氧化活性而聞名。普洱茶裡的抗氧化劑能幫助細胞對付壓力、促進修復，加速新陳代謝。在中國，人們也會喝普洱茶來幫助消化，通常是在吃完大餐之後飲用，而且據說普洱茶還能解宿醉。有些人還信誓旦旦地說它有助於減肥。雖然我不知道普洱茶是否可以讓人減重，不過我覺得它喝起來令人滿足，可以當成健康飲品來品嘗享用。

傳統上會把高品質的陳年普洱茶壓成餅狀，但也會以散茶方式販售。泡茶時先掰開茶餅或舀出散茶，大約是一個約120毫升的茶杯兌一茶匙茶葉。將茶葉放進濾網沖洗，洗掉陳年老茶上的塵垢，順便讓茶葉舒展，方便沖泡。將沖洗後的茶葉放進溫熱過的茶壺，倒入剛煮沸的開水，浸泡1-2分鐘。泡好的茶湯色澤深沉，口感醇厚，帶點土壤的香氣和味道，有點像香菇一樣。如果茶嚐起來有泥味或黴味，馬上把它倒掉，因為這種品質不好。

我個人很喜歡用普洱茶配甜點，尤其是重口味的甜點，就像我們在北京吃的。這種好喝的茶適合用來代替咖啡，單喝也很不錯。我還發明了一道普洱茶麵，這道食譜類似我的綠茶麵佐毛豆的變化版（請參見我第一部食譜書《優雅老化食譜書》〔*The Age Gracefully Cookbook*〕，暫譯，和 FoodTrients.com）。把蕎麥麵放進兩杯普洱茶裡面煮就行了。

從中國返家之後，我就迫不及待地尋找品質好的普洱茶，想把它分享給朋友，但卻不確定要上哪去找。後來我找到位在舊金山的又興行（Red Blossom Tea Company）。三十多年來，這家茶行與中國的茶農和職人建立了密切的關係，進口他們所能找到最棒的永續好茶。位於洛杉磯的茶藝（The Art of Tea）也有販售有機普洱茶。執行長暨創辦人史提夫・史瓦茲（Steve Schwartz）在位於新墨西哥的阿育吠陀學院（The Ayurvedic Institute）鑽研預防醫學，茶藝從此成為有機茶和特色茶的主要供應商。

鹽
———— 的好壞與益處 ————

鹽一直是食物界最為人詬病的物質之一，特別是因為加工食品中的含鹽量很高。美國國家醫學院（National Academy of Medicine, NAM）建議每日鈉攝取量不要超過2,300毫克，相當於5.8克的鹽。

鹽分攝取過多可能導致高血壓、心臟病和中風，也會引起水腫和腹脹。但許多人並不知道，鹽分攝取不足可能帶來更大的危害。低鈉飲食與心臟衰竭患者的死亡風險增加有關，也會增加胰島素阻抗，部分研究發現也有可能造成低密度脂蛋白（壞膽固醇）和三酸甘油酯（triglyceride）升高。

作為一種調味料，鹽可以帶出許多食物的風味，例如肉類或蔬菜，大部分的菜餚煮完也會撒上一些鹽，發揮畫龍點睛的作用。我跟許多人一樣必須注意鈉攝取量，所以我會額外多加香料來增添菜餚的風味，例如薑黃、大蒜、薑和檸檬胡椒。你可能會很驚訝這些香料組合竟然能讓食物變得如此有滋有味！

我在食譜中使用鹽時，比較喜歡使用喜馬拉雅鹽。如果你想要最天然健康的鹽，請挑選來源可靠的喜馬拉雅鹽、海鹽或猶太鹽[14]。

你可以用下列任何一種鹽來烹調，不過如果是煮完才要撒，應該使用鹽之花或片狀海鹽，以保留其獨特的質地。

如今各種美食烹調風格紛紛出現，使得鹽又再次受到關注，不過它也有一段偉大的歷史。在歷史上，鹽一直是一種寶貴的物資，早期的文明甚至把鹽當作貨幣。就連「薪水」的英文 salary 也是源自「鹽」的英文 salt。

食鹽必知資訊

我們現在所說的食鹽主要是從地底鹽礦開採而來，然後經過高度加工，導致健康的礦物質都被去除掉了。我們最熟知的食鹽是將天然鹽加熱到大約650℃製成。這個過程完全改變鹽的化學組成，所有營養益處幾乎都被破壞殆盡。

由於普通食鹽裡容許使用十多種食品添加物，導致最後食鹽含有97.5% 氯化鈉和2.5%其他容許成分，包括：

- 化學抗結塊劑
- 碘
- 味精和／或加工白糖
- 矽鋁酸鈉（sodium silico-aluminate）等鋁衍生物

海鹽的區別

所有的鹽都來自海洋，不是來自古代海洋，就是來自現代海洋。非海鹽的鹽類則是來自某個時期海水所遺留的地下沉積物。

我們所認識的海鹽是由新鮮海水蒸發而成。這種方法是用露天日曬蒸發，或用更快速的真空蒸發製成。許多日曬處理的海鹽價格很高。由於海鹽的加工程度很低，因此可以獲得微量的必需礦物質，此外海鹽具有獨特的風味和品質，能為食物增添有趣的風味。

---

14. 猶太鹽是烹飪傳統猶太潔食所使用的鹽，顆粒較大，質感較粗，不含碘和抗結塊劑等添加物。——譯者註

為什麼海鹽比較好？

你應該很清楚什麼叫做非精製糖吧？而海鹽就是沒有經過精製的鹽。海鹽會因產地和開採發式不同而有不一樣的風味、質地和顏色。除了提供重要的微量礦物質，海鹽還能為健康和福祉帶來許多益處，因為海鹽可以：

- 調節身體水含量
- 促進細胞（尤其是大腦）的健康酸鹼平衡
- 增加身體對胰島素的敏感度，進而幫助調節血糖
- 幫助消化
- 促進電解質平衡
- 支持呼吸道健康，同時具有天然抗組織胺作用
- 預防肌肉抽筋
- 支持甲狀腺功能
- 提升骨骼
- 協助維護血管健康
- 維持水和鉀的平衡，幫助調節血壓

有哪些種類的鹽？

凱爾特海鹽®（Celtic Sea Salt®）

過去二千年來，人們一直沿用古法，在法國告近凱爾特海的布列塔尼地區開採這種海鹽。它具有許多跟喜馬拉雅鹽一樣的健康特性。它的顏色呈現灰色，無論如何存放，都能保持濕潤而沙質的質感。

片狀海鹽

片狀海鹽的結晶體薄而扁平，因此表面積更大，質量較少，可以更快溶解。它可能比其他海鹽更鹹，微量礦物質的含量更少。

鹽之花

鹽之花來自法文名稱 fleur de sel，以其花朵狀的結晶體命名。鹽之花的採集非常耗費人工，方法是將海水引進鹽田，讓風吹乾水分，形成一層脆弱的外殼，再用手工進行耙鹽作業。廚師通常是將鹽之花當成最後的點綴珍惜著使用，而不是當成食材烹煮。鹽之花的礦物質和水分含量更高，而且味道比大部分的鹽更精緻，也比較不那麼鹹。

夏威夷海鹽

夏威夷海鹽的鐵鏽紅色來自天然的火山紅黏土（alae），能讓鹽裡增添一些氧化鐵物質。

喜馬拉雅鹽

喜馬拉雅鹽是在遠離海洋的地方採集，據信這種鹽是由地球原始海洋的乾燥殘餘物組成。它的鹽晶呈現美麗的半透明色，顏色從淡粉紅到深橘色都有。據說它含有人體中所有的八十四種元素。

猶太鹽

這種顆粒粗糙、形狀不規則的鹽不含碘或其他添加劑，是美國超市和食譜中常見的主要鹽類之一。

開胃菜
appetizers

藍區酪梨松子沾醬

由上依順時鐘方向排列分別為：
義式刺棘薊青醬、拉丁美洲蠶豆
青醬、伊卡利亞核桃青醬，以及
喜馬拉雅辣木青醬。

青醬 *pestos*

伊卡利亞核桃青醬 Ikarian Walnut Pesto

Ao | Dx | DP | M

希臘伊卡利亞地區屬於藍區，代表那裡住著一些世界上最長壽的居民。伊卡利亞地區的希臘人會在飲食中加入核桃，難怪許多居民都能活到一百歲以上！核桃的營養豐富，是最棒的食物之一。在這道青醬中，芹菜葉清新淡雅的風味與核桃濃郁的風味非常搭配。請買一把葉子比較多的芹菜。如果芹菜葉不夠，可以使用去莖的水芹來補足分量。

益處：核桃的 Omega-3 脂肪酸含量是所有堅果中最高的，有助於穩定動脈中的斑塊，對大腦功能也有益處。核桃還含有稱為左旋精胺酸（L-arginine）的胺基酸，對血管系統有益。核桃富含抗氧化劑，而且含有許多蛋白質、纖維、鈣、鎂、磷和錳。芹菜葉和水芹富含具有排毒作用的葉綠素（chlorophyll）。

1. 將芹菜葉（或水芹）、大蒜、鹽、核桃、帕馬森乳酪、檸檬汁和檸檬皮屑放入果汁機或食物處理機，打到所有食材大致混合。

2. 在機器運作的同時，慢慢倒入橄欖油，直到青醬變得滑順，必要時暫停機器並刮下容器內側的醬料。

分量：大約2杯

2杯芹菜葉（或西洋菜），鬆散放入杯中

1茶匙蒜末

¼茶匙海鹽

½杯核桃瓣和核桃塊

¼杯帕馬森乳酪，刨絲或刨碎

2大匙新鮮檸檬汁

1茶匙新鮮檸檬皮屑

½杯特級初榨橄欖油

無麩質・生酮・低碳・素食

喜馬拉雅辣木青醬 Himalayan Moringa Pesto

Ai | Dx | DP | IB

辣木樹原生於喜馬拉雅山脈南部，但在泰國、印尼和非洲也有它的蹤跡。你可以在亞馬遜或 Thrive（thrivemarket.com）網站買到乾辣木葉或辣木葉粉，或在 A Healthy Leaf（ahealthyleaf.com）購買新鮮辣木葉。也可以用嫩菠菜替代新鮮辣木葉。

益處：辣木葉有助於平衡血糖水平，而且含有一種稱為 β- 穀固醇（beta-sitosterol）的化學物質，這種物質據知可以阻斷低密度脂蛋白（壞膽固醇），此外也有抗發炎作用。辣木也富含纖維和大量蛋白質、鈣和維生素 C。新鮮翠綠的辣木葉含有葉綠素，有助於身體排毒。

1. 將橄欖油和鹽以外的所有食材放入果汁機或食物處理機。

2. 反覆打到所有食材均勻混合。

3. 在機器運作的同時，慢慢倒入橄欖油，直到青醬變得滑順。

4. 嚐一下味道，必要時加鹽調味。將青醬密封蓋好，冷藏過夜。

分量：大約2杯

½杯新鮮辣木葉或嫩菠菜，去莖（或¼杯乾辣木葉或辣木葉粉）

½杯新鮮羅勒葉（若使用乾辣木，則增加到1杯）

½杯義大利平葉巴西里

¼杯烤松子

1大匙新鮮檸檬汁

2瓣中型蒜瓣，去皮

½杯義大利綿羊乳酪（或羅馬諾乳酪或帕馬森乳酪）

1撮鮮磨黑胡椒

⅓杯特級初榨橄欖油

鹽適量（我用的是喜馬拉雅鹽）

無麩質・生酮・低碳・素食

拉丁美洲蠶豆青醬 Latin American Fava Bean Pesto

分量：2-3杯

1杯新鮮蠶豆（或冷凍皇帝豆）

2瓣中型蒜瓣，去皮

2大匙甜洋蔥，切碎（維達麗雅〔Vidalia〕或毛伊品種〔Maui〕）

1½杯去殼無鹽乾烤開心果（或夏威夷果）

½杯罐裝白芸豆、白腰豆或其他白豆，濾掉豆汁，沖洗豆子

1杯新鮮芝麻菜，壓實放入杯中

¼杯新鮮羅勒葉

2大匙帕馬森乳酪，刨碎

1大匙新鮮檸檬汁

1½杯特級初榨橄欖油

¼茶匙海鹽，適量

鮮磨黑胡椒，適量

　　南美洲、地中海地區、中東、中國和馬來西亞等地，都有種植和食用蠶豆。在拉丁美洲料理中，蠶豆通常是做成蠶豆泥來食用，就像這道食譜的作法。這道青醬既美味又營養豐富。如果找不到新鮮蠶豆，也可以冷凍皇帝豆替代。你可以將這道青醬當成全穀物蘇打餅或歐式烤麵包的抹醬，或當作生菜沾醬享用。

益處：蠶豆含有高濃度的硫胺素（維生素 B₁），有助於細胞產生能量，並提高身體抵抗壓力的能力。蠶豆還含有維生素 K，有助於正常凝血，另外也含維生素 B₆，有助於產生血清素（serotonin），進而調節情緒、食欲和睡眠。生的芝麻菜和羅勒葉含有葉綠素，具有排毒功效。

1. 在水裡加入少許的鹽煮滾，倒入蠶豆（或皇帝豆）川燙2分鐘，然後瀝乾放涼。（使用冷凍皇帝豆時請先解凍。）

2. 將大蒜和洋蔥放入果汁機或食物處理機，打成粗糙糊狀。

3. 加入開心果（或夏威夷果）、蠶豆（或皇帝豆）、白豆、芝麻菜、羅勒葉、帕馬森乳酪和檸檬汁，打到均勻混合，必要時暫停機器並刮下容器內側的醬料。

4. 在機器運作的同時，慢慢倒入橄欖油，直到青醬變得滑順。

5. 加入適量的鹽和胡椒調味。

無麩質・素食

印度薄荷青醬 Indian Mint Pesto

分量：1杯

1杯新鮮薄荷葉，壓實放入杯中

1大匙墨西哥辣椒（Jalapeño peppers），去籽、切碎

1茶匙咖哩粉

2大匙甜洋蔥，切碎（維達麗雅或毛伊品種）

½茶匙新鮮薑泥

1大匙新鮮檸檬汁

2大匙杏仁醬（或¼杯杏仁碎粒）

½杯酪梨油

鹽適量

　　辛辣的印度咖哩和薄荷堪稱完美的組合。這道青醬可以塗在南餅（naan）上、拌進湯裡，或拌入蒸熟的花椰菜和馬鈴薯中，做成一道令人難忘的配菜。

益處：薄荷有助於消化，也能在你精神不繼時提振精神，還能幫助通暢鼻子和鼻竇。新鮮薄荷葉含有葉綠素，具有抗氧化作用和一些抗癌益處。咖哩粉裡則有許多富含抗氧化和抗發炎作用的香料。

1. 將所有食材放入果汁機或食物處理機。

2. 打25-30秒或直到滑順。

3. 加入適量的鹽調味。

無麩質・生酮・低碳・維根・素食

義式刺棘薊青醬 Italian Cardoon Pesto

在美國不容易找到刺棘薊，但我去義大利旅行時很喜歡吃這種蔬菜。刺棘薊的味道介於朝鮮薊、芹菜和西洋牛蒡之間。人們一般是煮刺棘薊的莖來吃，不過有時也會像料理朝鮮薊一樣吃它的球莖。如果找不到刺棘薊，可以試試看使用西芹頭，一般超市幾乎都能買到。這款青醬比大部分的青醬還要濃稠，很適合當成麵包或蘇打餅的抹醬。

益處：刺棘蘇富含鉀、鈣和鐵。鉀有助於維持神經和肌肉的正常功能，鈣可以維持正常的神經信號傳導和血液凝固，鐵是重要的礦物質，有助於將氧氣運輸到全身。

1. 在一小鍋水中加入少許的鹽，放入刺棘薊塊煮沸（如果使用西芹頭，先將球莖徹底刷洗乾淨，修去兩端，用削皮刀去皮，切成大約2.5公分的小塊）。

2. 將火轉小，慢煮30-40分鐘或直到刺棘薊（或西芹頭）變軟。徹底瀝乾並拍乾。

3. 將大蒜和松子放入果汁機或食物處理機，打成碎末。

4. 加入刺棘薊（或西芹頭）、巴西里、檸檬皮屑、1茶匙檸檬汁、鹽和黑胡椒，打到所有食材變成粗糙糊狀，必要時暫停機器並刮下容器內側的醬料。

5. 加入帕馬森乳酪。

6. 在機器運作的同時，慢慢倒入橄欖油，再慢慢倒入剩下的檸檬汁，直到青醬變得滑順。

7. 加入另備的鹽和胡椒調味。

無麩質・素食

分量：2杯

大約453克刺棘薊（或大約2顆西芹頭），去皮、切成大約2.5公分的小塊

1茶匙蒜末

1/3杯烤松子（或杏仁）

¼杯義大利平葉巴西里，壓實放入杯中

½茶匙新鮮檸檬皮屑

2茶匙新鮮檸檬汁，分次使用

¼茶匙海鹽

鮮磨黑胡椒，適量

½杯特級初榨橄欖油

¼杯帕馬森乳酪，刨絲

另備鹽和胡椒調味用

阿富汗開心果青醬 Afghani Pistachio Pesto

Ao DP Dx

阿富汗人是最早開始種植開心果的民族，我們能品嘗到這種美味的綠色堅果都要感謝他們。這道以開心果為基底的簡易青醬不但萬用百搭，而且美味可口。簡單平衡的風味能讓任何鹹味料理更添滋味，從烤雞到烤魚都很適合。你也可以把它拌入軟化的無鹽奶油，變成一道有創意的混合奶油。

益處：開心果跟大部分的堅果一樣含有纖維、蛋白質、維生素和礦物質。開心果也有健康的不飽和脂肪，有益心血管健康，另外也有抗氧化劑葉黃素和玉米黃素，能保護眼睛免受自由基和陽光的侵害。香菜和薄荷葉則富含具有排毒作用的葉綠素。

1. 將所有的乾料和橄欖油放入小碗翻拌。

2. 立即上桌。

無麩質・生酮・低碳・維根・素食

分量：¾杯

¼杯鹽味開心果，切碎

¼杯新鮮香菜葉，切碎

¼杯新鮮薄荷葉，切碎

½茶匙蒜末

1大匙新鮮檸檬皮屑

¼茶匙鹽（我用的是喜馬拉亞鹽）

¼茶匙鮮磨黑胡椒

1大匙橄欖油

義式無國界超能力青醬
Italian Fusion Superpower Pesto

　　我的超級青醬配方在質地上與義大利熱那亞的經典青醬很像，不過我在裡面用了很多強大的超級食物，營養價值滿點。螺旋藻是一種微藻，這些微藻一般稱為海中蔬菜。你可以在健康食品店或亞馬遜上買到螺旋藻粉。將這道維根青醬搭配螺旋蔬菜絲、金線瓜或魚片食用都很美味。請以室溫或加熱之後上桌。

益處：菠菜和羽衣甘藍含有能夠排毒的葉綠素，以及有助於抗癌的吲哚（indoles）和類黃酮。螺旋藻富含蛋白質和 β- 胡蘿蔔素（有益肌膚和眼睛健康），並含有稱為藻藍素（phycocyanin）的色素，具有抗發炎和抗氧化特性。

1. 將大蒜、核桃塊和亞麻籽或亞麻籽粉放入果汁機或食物處理機，打到均勻切碎。

2. 加入菠菜、羽衣甘藍、螺旋藻和檸檬皮屑，打到細碎，必要時暫停機器並刮下容器內側的醬料。

3. 加入檸檬汁、鹽和紅辣椒片。

4. 在機器運作的同時，慢慢倒入橄欖油，直到青醬變得滑順。

無麩質・生酮・低碳・維根・素食

分量：大約3杯

1 ½ 茶匙蒜末

¼ 杯核桃塊

1 大匙亞麻籽或亞麻籽粉

2 杯嫩菠菜葉，鬆散放入杯中

2 杯羽衣甘藍葉或嫩羽衣甘藍，撕成小片，鬆散放入杯中

1 大匙螺旋藻粉

1 茶匙鮮磨檸檬皮屑

2 大匙新鮮檸檬汁

¼ 茶匙海鹽

¼ 茶匙紅辣椒片

½ 杯特級初榨橄欖油

分量：大約1杯

大約226克新鮮或乾蕁麻

2茶匙蒜末

½杯松子或核桃

½茶匙鹽

½茶匙鮮磨黑胡椒

1大匙新鮮檸檬汁

1杯特級初榨橄欖油

¼杯帕馬森乳酪，刨碎，額外準備用於調味的分量

碎紅辣椒片適量

英式蕁麻青醬
British Nettle Pesto

在英國，用蕁麻入菜的作法已有數千年的歷史了。英國最古老的糕類料理——蕁麻糕——可以追溯到西元前六千年。現在蕁麻一般是泡成茶來喝，但也可以做成美味的醬料。千萬不要食用或觸碰新鮮蕁麻，因為那會刺激皮膚和口腔。加熱可以中和蕁麻裡具有刺激性的揮發物質，所以食用前一定要先煮過。如果買不到新鮮蕁麻，也可以在網路上訂購乾蕁麻。

益處： 在過敏季節高峰期，在飲食中加入蕁麻可以稍微舒緩過敏。研究證實使用蕁麻有助於緩解季節性過敏和花粉熱，因為這種植物含有抗發炎和增強免疫力的特性。蕁麻還富含維生素 A 和 C，以及鎂和鉀等礦物質，這些都能降低血壓。

1. 將一大鍋水燒開，將蕁麻直接從袋子裡倒入水中，小心不要摸到，必要的話用手套或夾子。邊煮邊攪拌2分鐘以去除刺激性。將蕁麻瀝乾、備用。

2. 放冷以後，用一條乾淨的擦碗巾包住蕁麻，盡可能地拍乾水分。

3. 將大蒜、堅果、鹽和胡椒放入果汁機或食物處理機，打成糊狀。一次一點慢慢加入蕁麻和檸檬汁，打到細碎。

4. 在機器運作的同時，慢慢倒入橄欖油，直到青醬變得滑順。

5. 加入帕馬森乳酪，用湯匙輕輕混合。用另備的乳酪和碎紅辣椒片調味。

無麩質・生酮・低碳・素食

肉丸 *meatballs*

義式茄汁肉丸 Italian Meatballs with Tomato Sauce

我做這道肉丸時會做小顆一點，以表達對義大利肉丸的尊重。這道菜要用義大利的作法直接單吃，不配義大利麵或麵包。我則喜歡搭配我的番茄沙司一起享用。

益處： 牛肉和豬肉都含有蛋白質，裡面包含胺基酸：離胺酸 (lysine) 能夠修復組織，酪胺酸 (tyrosine) 則可以提升多巴胺水平 (dopamine)，有助於促進大腦健康。此外，牛肉和豬肉還有維生素 B_{12}，可以提供能量。

1. 將烤箱預熱至大約 200℃。
2. 將義大利甜香腸去除腸衣，放入一個大碗。
3. 加入牛絞肉、散蛋、義大利麵包粉、牛奶、帕馬森乳酪和香料。用手充分抓拌，直到香料均勻混合。將混合好的肉泥靜置大約 10 分鐘。
4. 挖 1 大匙肉泥，用雙手將肉泥搓成大約 1.5 公分的肉丸。將肉丸放在塗上或噴上橄欖油的烘焙烤盤上。
5. 烤 15-20 分鐘，或直到肉丸熟透，每 5 分鐘翻面一次。將肉丸放入我的番茄沙司燉煮大約 10 分鐘，直到充分加熱。

生酮 · 低碳

分量：大約 80 顆小肉丸

大約 453 克未煮過的義式甜香腸，磨碎（例如 Johnsonville 品牌）

大約 453 克瘦牛絞肉

1 顆蛋打散

½ 杯義大利麵包粉（我用的是 Progresso 品牌）

¼ 杯牛奶

¼ 杯帕馬森乳酪，刨碎

1 茶匙大蒜鹽

½ 茶匙乾羅勒

½ 茶匙乾奧勒岡

½ 茶匙乾百里香

⅛ 茶匙鮮磨黑胡椒

1 大匙橄欖油或噴霧油（用於塗抹）

1 份番茄沙司（見下方食譜）

番茄沙司 Tomato Sauce

益處： 番茄含有茄紅素，這種抗氧化劑可能有助於降低癌症風險、促進攝護腺健康，並有助於認知功能。用一點健康脂肪（例如橄欖油）烹調番茄，能讓茄紅素更容易被人體吸收利用。

將所有食材放入厚底大湯鍋悶煮 10 分鐘。

無麩質 · 素食

分量：3 ½ 杯

1 大匙橄欖油

1 罐碎番茄（大約 793 公克，我喜歡用聖馬札諾番茄）

½ 茶匙蒜末

½ 茶匙乾羅勒

½ 茶匙乾奧勒岡

½ 茶匙乾百里香

馬拉喀什肉丸
Marrakesh Meatballs

　　每次使用肉桂、孜然、香菜、小豆蔻和紅辣椒等香料時，都會為食物增添一股異國風味，讓人想到熙攘往來的東方市場和市集。

益處：這道食譜裡的香料具有抗發炎作用。番茄經過烹煮，可以提供維生素C每日建議攝取量的38%，有助於增強免疫力，同時提高身體從食物中吸收鐵的能力。番茄的熱量低，而且含有大量的維生素K、鉀、葉酸和茄紅素。番茄的紅色就是來自茄紅素這種強大的抗氧化劑。罐裝番茄的茄紅素濃度很高，對降低男性攝護腺癌風險尤其有益。

1. 將牛肉、蛋、一半的洋蔥、布格麥或亞麻籽粉、香菜、一半的大蒜、孜然、肉桂、小豆蔻粉、紅辣椒片、一半的鹽和一半的黑胡椒放入大碗，用手充分抓拌，直到香料均勻混合。蓋上蓋子，冷藏至少半小時。

2. 挖2大匙肉泥，用雙手將肉泥搓成肉丸，總共可以做出30顆肉丸。

3. 將橄欖油倒入深煎鍋，以中火加熱。加入胡蘿蔔和剩下的洋蔥。拌炒約5分鐘，或直到胡蘿蔔和洋蔥開始變軟。加入剩下的大蒜，再拌炒約30秒。

4. 加入肉丸煮1-2分鐘，或直到稍微上色。

5. 拌入番茄、番茄沙司、高湯、剩下的鹽和黑胡椒煮滾。把火關小，加入葡萄乾。蓋上蓋子，悶煮約15分鐘，或直到肉丸完全熟透。

（如果使用亞麻籽粉，則是無麩質・生酮・低碳料理）

分量：6杯

約453克瘦牛絞肉

1大顆蛋

1大顆洋蔥，切碎，分次使用

½杯布格麥或亞麻籽粉

⅓杯新鮮香菜葉，切碎

1茶匙蒜末，分次使用

1茶匙孜然粉

½茶匙肉桂粉

¼茶匙小豆蔻粉

⅛茶匙紅辣椒片

½茶匙鹽，分次使用

¼茶匙鮮磨黑胡椒，分次使用

2茶匙橄欖油

2大根胡蘿蔔，切成硬幣片狀

1罐（大約395-425克）番茄丁

1罐（大約226克）番茄沙司

1杯牛高湯

¼杯葡萄乾

Ai M

韓式銷魂肉丸
Seoul-Satisfying Korean Meatballs

雖說韓國人是烤肉高手，不過這道肉丸是用烤箱烤的。烘烤過程中，醬油、大蒜和蔥會在肉丸表面形成一層油亮的棕色色澤。你可以在網站上買到人蔘粉，買不到的話，也可以用薑末代替，或直接省略不用。2顆肉丸就能提供一餐所需的蛋白質，配上米飯和新鮮豌豆莢，就是一頓簡單的晚餐了。

益處：韓國人蔘不僅具有抗微生物和抗真菌作用，還有抗發炎和神經保護功效，可以提升大腦運作機能。

分量：12顆大肉丸

½杯青蔥，切粒

2大匙低鈉醬油或溜醬油

2大匙蒜末

½茶匙韓國人蔘粉或薑末

1茶匙鹽

1茶匙鮮磨黑胡椒

½杯日式麵包粉或亞麻籽粉

大約453克瘦牛絞肉

1大匙椰子油或噴霧油（用於塗抹）

1. 將烤箱預熱至大約220℃。
2. 將油或噴霧油以外的所有食材放入大碗，用手輕輕抓拌。
3. 將肉泥搓成12顆鬆散的肉丸，每顆直徑大約5公分。將肉丸放在塗上或噴上椰子油的烘焙烤盤上。
4. 烤大約15分鐘，或直到肉丸金黃熟透，趁熱上桌。

（如果使用溜醬油和亞麻籽粉，則是無麩質・低碳料理）

瑞典牛肉汁肉丸 Swedish Meatballs with Beef Gravy

瑞典肉丸的祕訣是肉泥中加了肉荳蔻、全香子和一撮丁香。這些香料能為肉丸帶來有深度的味道，是其他肉丸料理所沒有的。我喜歡搭配使用鮮磨黑胡椒和白胡椒，但若手邊不是兩種都有，也可以只用黑胡椒或白胡椒。如果想做成一道輕食，可以省略牛肉汁。如果要當成完整的一餐，可以搭配雞蛋麵或馬鈴薯泥，佐上牛肉汁和四季豆。

益處： 肉荳蔻、丁香和全香子含有丁香酚（eugenol），這是一種抗發炎、抗菌、具有麻醉作用的解毒劑。部分研究顯示這些抗氧化劑可能還有潛在的抗癌益處。牛肉中的蛋白質有助於建構肌肉。

1. 將烤箱預熱至大約200℃。

2. 將肉、散蛋、麵包粉、牛奶和香料放入大碗，用手充分抓拌，直到香料均勻混合。將混合好的肉泥靜置大約10分鐘。

3. 挖2大匙肉泥，用雙手將肉泥搓成大約3.8公分的肉丸。將肉丸放在塗上或噴上椰子油的烘焙烤盤上。

4. 烤15-25分鐘，或直到肉丸熟透，每10分鐘翻面一次。佐上特製牛肉汁上桌。

生酮・低碳

分量：28-30顆肉丸

大約453克瘦牛絞肉

大約453克豬絞肉

1顆蛋，打散

$1/2$杯原味麵包粉或無酵餅粉[15]

$1/2$杯牛奶

1大匙大蒜鹽

$1/2$茶匙鮮磨胡椒（黑胡椒、白胡椒或混合皆可）

$1/2$茶匙肉豆蔻粉

$1/2$茶匙全香子

$1/8$茶匙丁香

1大匙椰子油或噴霧油（用於塗抹）

1份牛肉汁（見下方食譜）

牛肉汁 Beef Gravy

1. 將奶油放入厚底醬汁鍋，以中火融化。

2. **製作麵糊（由脂肪和麵粉混合煮製而成）：** 將麵粉加入融化的奶油中充分攪拌。

3. 邊煮麵糊邊攪拌，煮5-7分鐘，或直到麵糊呈現堅果棕色。

4. 一次一點慢慢拌入熱的牛高湯（或牛肉湯塊做成的湯）。加入所有液體後，肉汁應該就會變得濃稠。如果沒有，再煮一段時間，邊煮邊攪拌。

5. 待醬汁變濃稠後，將醬汁離火，拌入酸奶油或優格和黑胡椒。

分量：2杯

4大匙奶油

4大匙麵粉

$1 1/2$杯濃厚牛高湯（或將1塊牛肉湯塊溶於$1 1/2$杯滾水中）

$1/2$杯酸奶油或原味希臘優格

鮮磨黑胡椒，適量

---

15. 無酵餅（matzoh）是猶太教逾越節所吃的未經發酵麵餅，此處是指將無酵餅做成類似麵包粉的食材。——譯者註

德州肉丸 Texas Meatballs

分量：15-20顆肉丸

大約453公克瘦牛絞肉

1顆蛋，打散

¼杯原味麵包粉或亞麻籽粉

¼杯牛奶

½茶匙鹽

½茶匙鮮磨黑胡椒

1茶匙孜然粉

½茶匙大蒜，壓碎或切末

¼茶匙紅椒粉

⅛茶匙卡宴辣椒粉

1大匙椰子油或噴霧油（用於塗抹）

孜然和卡宴辣椒粉賦予這道肉丸獨特的風味。我在這個食譜中使用的是孜然粉，但若你很喜歡孜然的味道，當然可以加幾粒孜然籽。你可以在肉丸旁佐上我的葡式馬德拉醬（見下方）和／或夏威夷醬（見下一頁），放上牙籤，讓大家自助取用。如果是當主菜，可以搭配馬鈴薯泥，或將肉丸壓碎放在披薩或薄餅上。想吃辣一點，就多加一些卡宴辣椒粉。

益處：孜然含有抗氧化劑番紅花醛（safranal），可能有助於殺死癌細胞。這些小種子也含有鐵、銅和鋅。鐵是體內運輸氧氣的必需礦物質，銅有助於形成維持肌膚、骨骼和關節健康所需的膠原蛋白，鋅是支持免疫系統的關鍵營養素。牛肉富含建構肌肉所需的蛋白質。

1. 將烤箱預熱至大約200°C。

2. 將肉、散蛋、麵包粉或亞麻籽粉、牛奶和香料放入大碗，用手充分抓拌，直到香料均勻混合。將混合好的肉泥靜置大約10分鐘。

3. 挖2大匙肉泥，用雙手將肉泥搓成大約3.8公分的肉丸。將肉丸放在塗上或噴上椰子油的烘焙烤盤上。

4. 烤15-25分鐘，或直到肉丸熟透，每10分鐘翻面一次。

（如果使用亞麻籽粉，則是無麩質·低碳料理）

葡式馬德拉醬 Portuguese Madeira Sauce

分量：大約1杯

1½杯馬德拉酒

¼杯有鹽奶油

馬德拉酒是一種加烈葡萄酒。[16] 馬德拉酒的價格不貴，你到超市通常能在放雪莉酒的架子旁找到這種酒。這道醬料較稀，可以淋在肉丸上，或是放在燉鍋裡當成沾醬，無論搭配植物肉丸或我的德州肉丸都很適合。

益處：馬德拉酒含有白藜蘆醇，這種來自葡萄皮的物質可以保護心臟、對抗癌細胞，以及增加大腦的血流量。

將馬德拉酒和有鹽奶油一起放入小醬汁鍋，煮約15分鐘，或是收汁到剩下一半。

無麩質·素食

16. 加烈葡萄酒是指蒸餾過程中加入烈酒的葡萄酒。——譯者註

夏威夷醬 Hawaiian Sauce

IB

鳳梨原產於南美洲，不過說到鳳梨，人們一般會想到夏威夷，因為那裡是最早開始商業化種植鳳梨的地方。這道充滿果味的簡單醬汁適合搭配植物肉丸和我的德州肉丸。

益處： 鳳梨裡的鳳梨酵素（bromelain）可以釋出有助於分解蛋白質的酵素，進而幫助消化。大約226克鳳梨就含有超過100毫克增強免疫系統的維生素C，比成人一日所需的攝取量還高。

1. 將整罐碎鳳梨連同湯汁一起倒入小醬汁鍋。

2. 加入醬油或溜醬油和玉米澱粉水。

3. 邊攪拌邊用小火慢煮5-7分鐘，或直到混合物變稠冒泡。

（如果使用溜醬油，則是無麩質）・維根・素食

分量：1杯

1罐（大約226克）帶汁碎鳳梨

2大匙醬油或溜醬油

1大匙玉米澱粉，用1大匙水溶解

印度火雞肉丸 Indian Turkey Meatballs

咖哩香料為這道肉丸增添獨特的風味。將肉丸插上牙籤，淋上印度芒果甜酸醬（chutney），就是一道自助吧料理了。

益處： 薑黃是著名的抗發炎香料。葫蘆巴可能有助於降低腸道吸收葡萄糖的速度，對糖尿病患者來說是好消息。葫蘆巴和甜茴香可能有助於降低癌症風險，這是因為它們含有抗氧化劑薯蕷皂素（diosgenin）和茴香腦（anethole），可以造成癌細胞死亡。

1. 將烤箱預熱至大約200℃。

2. 將肉、散蛋、麵包粉或亞麻籽粉、牛奶和香料放入大碗。用手充分抓拌，直到香料均勻混合。將混合好的肉泥靜置大約10分鐘。

3. 挖2大匙肉泥，用雙手將肉泥搓成大約3.8公分的肉丸。肉泥會有點黏。

4. 將肉丸放在塗上或噴上椰子油的烘焙烤盤上。這道肉丸容易黏鍋，所以最好使用不沾鍋。

5. 烤15-25分鐘，或直到肉丸熟透，每5分鐘翻面一次。

（如果使用亞麻籽粉，則是無麩質・生酮・低碳料理）

分量：15-18顆肉丸

大約453克火雞絞肉或雞絞肉

1顆蛋，打散

¼杯原味麵包粉或亞麻籽粉

¼杯牛奶

½茶匙鹽

⅛茶匙鮮磨黑胡椒

1茶匙薑黃粉

1茶匙葫蘆巴粉

½茶匙大蒜，壓碎

½茶匙香菜粉

1茶匙甜茴香粉

⅛茶匙小豆蔻粉

1大匙椰子油或噴霧油（用於塗抹）

寮國豬肉丸 Laotian Pork Meatballs

這道肉丸的靈感來自寮國豬肉香腸。可以搭配炒飯，或夾入國王夏威夷甜麵包卷[17]做成小漢堡。你可以增減泰式紅辣椒醬或一般紅辣椒醬的用量來調整辣度。使用新鮮香茅時，請購買底部至少保留幾公分白莖的香茅。切去綠色部分和莖的末端，去除外面的硬葉，然後將白色部分切末或刨碎。中國芹菜葉長在中國芹菜束的頂端，可以在亞洲市場買到。也可以用西洋芹菜葉（同樣長在芹菜束的頂端）取代。若要做成無麩質料理，可以使用溜醬油代替醬油。

益處： 豬肉中的蛋白質含有胺基酸：離胺酸能夠修復組織，酪胺酸則可以提高多巴胺水平，有助於促進大腦健康。此外，豬肉還有維生素 B_{12}，可以提供能量。椰糖（有時也稱棕櫚糖）是由椰子的汁液製成。椰糖的升糖指數比傳統白糖低，用來取代傳統糖類不會造成血糖迅速飆升。

1. 將烤箱預熱至大約 200℃。

2. 將豬肉和油以外的所有食材放入大碗充分混合，注意一定要將辣椒醬混勻。

3. 將豬絞肉加入混合物中，用手充分抓拌，直到香料均勻混合。將混合好的肉泥靜置大約10分鐘。

4. 挖2大匙肉泥，用雙手將肉泥搓成類似小香腸的長條，或搓成大約3.8公分的肉丸。將肉條或肉丸放在塗上或噴上椰子油的烘焙烤盤上。

5. 烤 15-25 分鐘，或直到肉條或肉丸熟透，每10分鐘翻面一次。

（如果使用溜醬油則為無麩質料理）‧生酮‧低碳

分量：15-18顆肉丸

2大匙低鈉醬油或溜醬油

2茶匙大蒜，壓碎或切末

2大匙香茅，切末或刨碎（僅用白色部分）

¼-1 茶匙泰式紅辣椒醬或一般紅辣椒醬（視個人辣度喜好）

¼茶匙紅辣椒片

1大匙新鮮薄荷葉，切末

2大匙新鮮香菜葉，切末

3大匙中國芹菜葉，切末

1大匙椰糖（或紅糖）

1顆蛋，打散

大約 453 克豬絞肉

1 大匙椰子油或噴霧油（用於塗抹）

17. 國王夏威夷甜麵包卷（King's Hawaiian rolls）是一種晚餐麵包，質地蓬鬆、入口即化，味道香甜。——譯者註

由右上依順時鐘方向排列分別為：瑪雅黏果酸漿酪梨醬、阿茲特克煙燻辣椒莎莎醬、熱帶芒果哈瓦那紅辣椒莎莎醬，以及法國風味波布拉諾辣椒莎莎醬

莎莎醬 *salsas*

熱帶芒果哈瓦那紅辣椒莎莎醬
Tropical Mango-Habanero Salsa

這道莎莎醬裡加了芒果，讓醬汁帶有熱帶風味。醬汁的甜味完美平衡醋的酸味和哈瓦那紅辣椒的辣味，搭配雞肉或魚肉都很美味。不想吃那麼辣，可以去掉所有辣椒籽。

益處：芒果跟所有橙色蔬果一樣，含有抗氧化劑類胡蘿蔔素，有助於抑制癌症和腫瘤生長，減少心臟病風險，同時支持健康的免疫功能。芒果裡的維生素 A 有助於肌膚和毛髮健康生長，同時維持眼睛健康。未經巴氏滅菌處理的醋保有各種原本食材的營養素，像是蘋果。部分研究顯示這種醋有助於對抗壞菌並促進消化。此外，這種醋也含有鉀、磷、果膠（pectin）和酵素，以及發酵過程中所形成的益生菌「醋母」[18]，有助於平衡消化道中的微生物，也能增加胰島素敏感度，有助於管理第二型糖尿病並穩定血糖。

1. 將除了醋以外的所有食材放入果汁機或食物處理機，打到滑順。嚐一下味道，根據口味調整鹽和蜂蜜的分量。

2. 將混合物倒入中型鍋中煮沸。將火轉成小火，稍微蓋上蓋子，小火煮15分鐘左右，或直到混合物稍微變稠。每隔幾分鐘攪拌一次，以免黏鍋。

3. 離火，加醋，放涼。根據需求再加點鹽或蜂蜜。

4. 將莎莎醬倒進密封容器中，冷藏至少2個小時（最好放過夜）再上桌。

無麩質・素食

分量：大約2杯

2杯熟芒果，粗切

1根胡蘿蔔，削皮、粗切

2-3根青蔥，粗切

½杯水

2大匙新鮮檸檬汁

1根哈瓦那紅辣椒，去蒂，去掉一半的籽

1大匙蜂蜜

1茶匙海鹽

½杯未經巴氏滅菌的蘋果醋（我喜歡用 Bragg 品牌）

另備鹽和蜂蜜調味用

---

18. 醋母是天然釀醋過程中，在液體表面所形成的白色混濁物質，裡面含有各種益菌。——譯者註

瑪雅黏果酸漿酪梨醬
Mayan Guacamole with Tomatillos

分量：大約 4 1/2 杯

6 顆大的黏果酸漿，去殼、洗淨，切成 4 等份（或 4 顆小的綠色番茄）

3 茶匙蒜末

1 根塞拉諾辣椒（serrano chille），粗切

1/2 顆白洋蔥，切成 4 等份

3 根青蔥，粗切

1/2 杯新鮮香菜葉，壓實放入杯中

3 大匙新鮮萊姆汁

1 顆熟酪梨，去核、去皮

1/4 杯酸奶油

1 大匙蜂蜜

1 茶匙鹽

2 大匙特級初榨橄欖油

在歐洲人來到美洲前，黏果酸漿就已經在墨西哥被馴化，在瑪雅文化和阿茲特克文化中扮演重要的角色。這些帶有綠色外殼的果實屬於茄科植物，味道類似未成熟的綠色番茄，所以如果買不到新鮮的黏果酸漿，也可以用綠色番茄代替。不想吃那麼辣的話，可以去掉所有辣椒籽。這道醬料搭配我的藍區墨西哥蔬菜酥餅（第 226 頁）和阿茲特克煙燻辣椒莎莎醬（第 69 頁）非常適合。

益處：黏果酸漿含有一類稱為醉茄內酯（withanolides）的物質，這些物質具有抗氧化和抗菌作用，能讓免疫系統充滿活力。酪梨含有健康的不飽和脂肪，有助於保護心臟。

1. 將所有食材放入果汁機或食物處理機，打到滑順。
2. 將酪梨醬倒進密封容器中，冷藏至少 2 個小時再上桌。

無麩質・生酮・低碳・素食

法國風味波布拉諾辣椒莎莎醬
Poblano Salsa with a French Twist

分量：5 杯

10 根波布拉諾辣椒，洗淨

1 顆大洋蔥，去皮，切成 4 等份

6 瓣中型大蒜瓣，去皮

1/4 杯橄欖油，分成兩次使用

2 茶匙鹽

1/2 茶匙鮮磨黑胡椒

1 1/2 杯雞高湯，分成兩次使用

4 大匙奶油

3 大匙中筋麵粉

3 大匙玉米澱粉

1-2 大匙蜂蜜

另備鹽、胡椒和蜂蜜調味用

這道香濃滑順的莎莎醬是以法式麵糊（由脂肪和麵粉混合煮製而成）為基底。趁熱搭配墨西哥玉米餅、雞肉、魚肉，或是墨西哥煎蛋享用。

益處：波布拉諾辣椒含有維生素 A 和 C，有助於增強免疫力，此外也含維生素 B_6，有助於產生血清素，並從細胞層次提供能量。波布拉諾辣椒跟其他辣椒一樣含有辣椒素（capsaicin），可能有助於降低餐後血糖水平，並引發特定癌細胞死亡。

1. 將烤箱預熱至大約 220℃。
2. 將辣椒、洋蔥和大蒜用一點橄欖油搓揉，放在鋪上鋁箔紙的烘焙烤盤上，放入烤箱烤約 15 分鐘，烤到一半時翻面一次。
3. 將辣椒等食材從烤箱中取出，放入紙袋中冷卻。

阿茲特克煙燻辣椒莎莎醬
Aztec Chipotle Salsa

　　泡阿斗波醬的煙燻辣椒為這道莎莎醬帶來有深度的獨特風味，在墨西哥超市、大型超市，或是網路上都買得到。煙燻辣椒的歷史可以追溯到阿茲特克，甚至更早以前的文明。這道帶有顆粒的莎莎醬非常適合搭配墨西哥玉米餅、牛肉、豬肉，或是墨西哥煎蛋享用。

益處：墨西哥辣椒含有維生素 A、B₆，以及增強免疫系統的維生素 C，此外還有辣椒素，可能有助於降低血糖水平，並引發特定癌細胞死亡。番茄含有抗氧化劑茄紅素，具有抗癌特性，特別是攝護腺癌，此外可能也對認知功能有所助益。

1. 將番茄丁和紅洋蔥丁放入大碗中，加入鹽、胡椒和蜂蜜，拌勻，備用。
2. 將煙燻辣椒、香菜、紅酒醋和橄欖油放入果汁機打成泥狀。
3. 將打好的泥倒進大碗裡的番茄和紅洋蔥，混合拌勻。
4. 將莎莎醬倒進密封容器中，冷藏至少2個小時（最好放過夜）再上桌。食用前攪拌一下。

無麩質・素食

分量：3杯

8-10 顆李子番茄（大顆的6顆即可），去籽，切丁

2 個大的紅洋蔥，切小丁（約0.3公分）

2 大匙蜂蜜

1½ 茶匙鹽

¾ 茶匙鮮磨黑胡椒

3 大匙浸泡阿斗波醬[19]的煙燻辣椒罐頭

½ 杯新鮮香菜葉

½ 杯紅酒醋

½ 杯特級初榨橄欖油

19. 阿斗波醬（Adobo sauce），一種墨西哥辣椒醬，是用辣椒粉、醋、大蒜、奧勒岡和其他香草和香料調製，用於醃肉和調味。——譯者註

4. 去除辣椒的皮、莖和籽。將5根辣椒切成大約2.5公分的條狀，備用。
5. 把剩下的辣椒、洋蔥、大蒜、鹽、黑胡椒和一半的雞高湯放入食物處理機，打到滑順。
6. 將剩下的橄欖油和奶油倒入厚底鍋，以中火加熱。用木匙拌入麵粉和玉米澱粉製作麵糊。加入步驟5中打好的混合物和剩下的雞高湯，邊攪拌邊煮3分鐘。
7. 將火轉成小火，慢煮2小時，過程中偶爾攪拌（如果變得太濃稠，可以再加一點雞高湯）。
8. 拌入蜂蜜，根據口味多加一些鹽、胡椒和蜂蜜。

素食

墨西哥仙人掌莎莎醬
Mexican Nopales Salsa

梨果仙人掌莖片是梨果仙人掌的葉片部分，在墨西哥隨處可見。在墨西哥的市場可以買到新鮮去刺的莖片，或是罐裝醃製莖片，可以生吃，也可以煮熟來吃。墨西哥奧勒岡的味道比義大利奧勒岡更濃烈，帶有一點柑橘風味。你可以用其中一種奧勒岡來做這道醬料。製作時先把所有蔬菜整個下去烤過，然後再切碎混合。你也可以用炒的取代烤的來處理這些蔬菜。你可以將這道醬料搭配玉米、墨西哥玉米餅，或是烤魚或烤雞享用。

益處：梨果仙人掌莖片富含纖維，有助於降低膽固醇，也可能有助於排除體內的重金屬。此外，也富含維生素C，能夠幫助身體抵抗感染，並促進組織再生。

分量：2杯

4片中型的新鮮梨果仙人掌莖片

2顆洋蔥，去皮、不切

1大匙橄欖油

6-8顆成熟的李子番茄（或12顆大圓番茄）

5根新鮮墨西哥辣椒（或其他辣椒）

½茶匙乾墨西哥奧勒岡

鹽適量

1. **處理梨果仙人掌莖片：**用夾子夾住仙人掌，沿著莖片邊緣修剪，並切掉原本莖片與整株仙人掌連接的鈍端。削掉或刮掉莖片兩面的刺節和皮。

2. 將瓦斯烤爐的烤架以中大火加熱，或點燃木炭，燒到木炭覆蓋白色炭灰為止。

3. 將仙人掌莖片和洋蔥刷上橄欖油，然後放在烤架上。

4. 放上番茄和辣椒一起烤，烤的過程中至少要翻面一次，直到所有蔬菜的每一面都烤到焦香柔軟。仙人掌莖片大約要烤10分鐘，洋蔥、番茄和辣椒大約要烤15分鐘。烤好之後放涼。

5. 墨西哥辣椒去蒂去籽，切成大約1.2公分的大小，放入碗中。

6. 將番茄和仙人掌莖片切成同等大小，放入碗中。

7. 將洋蔥切成大約0.6公分的大小，放入碗中。

8. 撒上奧勒岡拌勻。加入適量的鹽調味。

無麩質・維根・素食

Ai　DP　GH

加勒比海鳳梨黑豆莎莎醬
Caribbean Pineapple–Black Bean Salsa

　　食物絕對可以同時兼具豐富色彩、美味與健康。這道鳳梨黑豆莎莎醬就是一個完美的例子。我最喜歡的鳳梨品種是夏威夷的白錐糖鳳梨（White Sugarloaf），不過用任何一種鳳梨都可以。這是一道萬用莎莎醬，可以搭配墨西哥玉米餅變成一道開胃菜，也可以當作烤豆腐或烤魚的甜辣醬汁。想要節省料理時間，可以使用罐頭黑豆。買不到蒜苗的話，可以使用青蔥。

益處：這道醬料含有鳳梨、黑豆、酪梨和其他營養密度高的食材，可以促進最佳能量水平、幫助消化，並降低炎症。鳳梨裡的鳳梨酵素能夠幫助消化，同時具有抗發炎、抗凝血和抗癌特性。

將所有食材放進大碗拌勻。

無麩質・維根・素食

分量：6-8人份

1顆鳳梨，去皮、切丁（大約2½杯）

1¼杯煮熟黑豆（或罐頭黑豆，濾掉豆汁，沖洗豆子）

1顆酪梨，切丁

1顆橙色甜椒，切丁

1根墨西哥辣椒，切末

¼杯香菜葉，切碎

1根蒜苗（或2根青蔥），切碎

2大匙新鮮萊姆汁

1茶匙萊姆皮屑

鹽適量

其他開胃菜 *more appetizers*

祕魯檸檬汁醃生魚 Peruvian Fresh Fish Ceviche   Dx DP

祕魯的海岸線長達2,414公里,因此擁有悠久的捕魚傳統。此外,一八〇〇年代末期,大批日本移民來到祕魯尋找黃金,為當地帶來烹調海鮮的傳統。這道料理可以當作美味的開胃菜,或是輕盈午餐的主菜。

益處:以85公克分量的熱量來說,海鮮能提供充足的維生素 A、維生素 B_{12}、核黃素和維生素 D;Omega-3脂肪酸;以及一大部分日常所需的蛋白質。以海鮮代替肉類可以降低心臟病發作、中風、肥胖和高血壓的風險。未經烹調的香菜含有具有排毒作用的葉綠素。

1. 用白巴薩米克醋醃製魚塊20-30分鐘,瀝乾。

2. 在等魚醃製的同時,在紅洋蔥片上撒上大量的鹽,靜置15分鐘,或直到洋蔥開始出水(這個步驟可以去除苦味),然後沖洗乾淨、擠乾。

3. 將洋蔥片、大蒜、鹽、黑胡椒、辣椒、番茄、黃瓜、玉米和萊姆汁放入淺碗,輕輕混合,放進冰箱醃製至少15分鐘。

4. 將步驟3與醃製好的魚、香菜、酪梨和橄欖油混合。輕輕翻拌,上桌。

無麩質 · 生酮 · 低碳

分量:4-6人份

大約 453 克鮮魚(海鱸魚、笛鯛、鬼頭刀或吳郭魚),切成大約 1.2 公分的小塊

½杯白巴薩米克醋

½ 顆大的紅洋蔥,切成薄片

1 大匙蒜末

1 茶匙鹽(我用的是喜馬拉雅鹽)

¼茶匙鮮磨黑胡椒

1 根新鮮塞拉諾辣椒或墨西哥辣椒,去籽、切碎

1 杯聖女小番茄或櫻桃番茄,切半(或羅馬番茄,切丁)

1杯英國或波斯黃瓜丁

1 根甜玉米,將玉米粒從玉米棒上切下

1½杯新鮮萊姆汁

½杯新鮮香菜葉,切碎

1 顆剛成熟的硬酪梨,切丁

1大匙橄欖油

約旦香草鷹嘴豆泥
Jordanian Herbed Hummus

分量：大約2杯

¼ 杯橄欖油

¼ 杯中東芝麻醬

¼ 杯新鮮檸檬汁

½ 茶匙新鮮檸檬皮屑

2 瓣中型大蒜瓣

1½ 大匙新鮮現採百里香，外加幾枝裝飾用

1 罐（大約822克）鷹嘴豆罐頭，濾掉豆汁，沖洗豆子

½ 茶匙鹽

½ 茶匙鮮磨黑胡椒，裝飾用

　　無須烹調的料理製作起來應該簡單快速，同時兼具健康。有了這道簡單易做又人人喜愛的鷹嘴豆泥，你就可以隨時招待客人了。鷹嘴豆泥是約旦最受歡迎的菜餚之一，當地人會把新鮮香草加入鷹嘴豆泥，裡面還有中東芝麻醬、新鮮檸檬汁和檸檬皮屑，以及香辣大蒜的風味。你可以將這道快速料理搭配新鮮蔬菜或全穀物蘇打餅享用。

益處：鷹嘴豆（又稱雞豆）含有豐富的蛋白質（包括稱為離胺酸的胺基酸）、纖維、維生素 B₉（葉酸）、鐵和鋅，因此有助於構建和修復組織、提升能量、協助體內氧氣運輸，並維持膠原蛋白和彈性蛋白，保持美麗肌膚。

1. 將所有食材放入果汁機或食物處理機打勻。

2. 用黑胡椒和另備的百里香裝飾。

無麩質・低碳・維根・素食

摩洛哥阿姆盧抹醬 Moroccan Amlou Spread

Ao　B　DP

　阿姆盧（amlou 或 amalou）是一種由烹調用摩洛哥堅果油、烤過的杏仁和蜂蜜製成的摩洛哥沾醬。可以把它想成是超豪華版的花生抹醬或杏仁抹醬。裝入密封容器可以保存長達兩個月，最好冷藏保存。摩洛哥人會將阿姆盧塗在麵包上，但你也可以試試塗在西洋芹、脆蘋果或全穀物蘇打餅上。摩洛哥堅果油來自摩洛哥堅果的果仁，這種堅果樹幾乎只在摩洛哥生長。摩洛哥堅果油價格高昂，因此可以使用50/50摩洛哥堅果油和葵花籽油調合油。盡量不要用橄欖油，因為草味較重。

分量：大約2杯

1 ½ 杯整顆杏仁（或杏仁加核桃）

¾ 杯烹調用摩洛哥堅果油（或摩洛哥堅果油調合油）

4 大匙蜂蜜

1 大匙糖

少許海鹽

少許肉桂粉

益處：烹調用摩洛哥堅果油含有大量維生素 E、酚類、胡蘿蔔素和不飽和脂肪酸。研究指出這種油的脂肪酸有助於保持肌膚水潤健康、減少頭髮損傷，並使秀髮煥發光澤。（你應該看過很多含有摩洛哥堅果油的護膚和護髮產品，因為它以保濕效果著稱。）摩洛哥堅果油還含有其他物質，例如輔酶Q10、褪黑激素（melatonin）和植物固醇，更加強化這種油的抗氧化特性，同時有助於細胞修復。

1. 將烤箱預熱至大約190℃。

2. 將杏仁（或混合堅果）放入烘焙烤盤烘烤，過程中偶爾攪拌，烘烤大約10分鐘，或直到變淺褐色，小心不要烤焦了！ 烤完將堅果放涼。

3. 將堅果放入果汁機或食物處理機打成細粉。

4. 在機器運作的同時，慢慢倒入摩洛哥堅果油。逐一加入蜂蜜、糖、肉桂和鹽，繼續打到滑順。

無麩質・素食

藍區酪梨松子沾醬
Blue Zone Avocado-Pine Nut Dip

分量：2杯

½杯生松子

½杯黃瓜，去籽切碎

¼杯洋蔥，切碎

¼杯西芹菜，切碎

½杯酪梨

1大匙義大利平葉巴西里

1-2大匙新鮮檸檬汁

½茶匙烤大蒜（或大蒜粉或罐裝蒜碎）

½茶匙海鹽

我用烤大蒜來做這道濃郁卻清爽的沾醬，因為生大蒜太嗆了。將大蒜拌入少許橄欖油，以大約200℃烤20分鐘即可。如果沒有時間烤大蒜，可以使用大蒜粉或罐裝蒜碎。你可以將這道沾醬搭配生菜或皮塔脆餅（pita chips）一起享用。

益處： 黃瓜含有維生素K，有助於強健骨骼。黃瓜的補水功效也很不錯，有助於肌膚保持清新年輕。松子和酪梨都含有單元不飽和脂肪，有助於降低低密度脂蛋白（壞膽固醇），減少心臟病發作和中風的風險。

1. 將松子放入碗中，倒入溫水蓋過松子，浸泡20分鐘後瀝乾、備用。
2. 將黃瓜、洋蔥和芹菜放入果汁機或食物處理機，打1-2分鐘，或直到變成液體狀。
3. 加入松子，再打1-2分鐘。
4. 加入剩下的食材，再打1-2分鐘，或直到滑順濃郁。

無麩質・生酮・低碳・維根・純素

熱帶鮮蝦雞尾酒 Tropical Shrimp Cocktail

分量：4人份

½杯新鮮金桔汁或萊姆汁

¼杯蔥末

2茶匙墨西哥辣椒，切片

1-2茶匙海鹽

1-2茶匙辣椒水

2杯熟芒果丁

1½杯羅馬番茄丁

1大匙刺芹葉或香菜葉，切末

2杯中型鮮蝦，清蒸或火烤

你可以根據個人辣度喜好，調整這道熱帶料理的辣椒水和墨西哥辣椒分量。刺芹有時也稱墨西哥香菜，味道比一般香菜更濃，外觀像細長的萵苣葉，在加勒比海和東南亞很普遍使用。如果刺芹的味道對你來說太重了，可以直接使用香菜代替。金桔也稱菲律賓萊姆，我從小到大都是吃金桔、用金桔入菜的。我比較喜歡金桔的味道，但若你買不到新鮮金桔果實或果汁，可以使用萊姆汁。

益處： 刺芹具有抗發炎和鎮痛（緩解疼痛）的特性。金桔和萊姆都富含維生素C，有助於增加免疫力。

1. 將萊姆汁、蔥、墨西哥辣椒、鹽和辣椒水放入玻璃碗中混合。
2. 拌入芒果、番茄和刺芹葉。
3. 小心地拌入蝦子。
4. 冷藏至少2小時。
5. 用湯匙盛入馬丁尼杯中，上桌。

無麩質

日式明日葉 & 酸豆橄欖醬
Japanese Ashitaba & Olive Tapenade

明日葉原產於日本，數百年來一直被用於治療許多疾病，也被譽為長壽草。明日葉主要是在亞洲被用於烹飪和營養補充品，不過由於它的保健效果很好，因此在美國也愈來愈受到歡迎。因為這些種種原因，我每天都會吃一些明日葉。我自己是買了幾盆明日葉盆栽種在戶外。如果你找不到新鮮的明日葉，可以用巴西里代替。你可以用這道醬料搭配全麥皮塔餅、全穀物蘇打餅，或自己喜歡的蔬菜享用。

益處：明日葉含有維生素 A 和 C，還有鈣和鉀。此外，明日葉也有查耳酮（chalcone），具有抗細菌、抗真菌、抗腫瘤和抗發炎特性。生吃明日葉裡的葉綠素可以幫助身體排毒。橄欖含有健康脂肪，而且具有濃濃的鹹味。如果使用巴西里，裡面也有具有排毒作用的葉綠素。

分量：1杯

1 杯卡拉馬塔橄欖，去核

2 大匙酸豆，洗淨

½ 茶匙乾奧勒岡

2-3 片新鮮羅勒葉，撕成小片

3-4 片明日葉（或 10 片巴西里葉）

¼ 茶匙蒜末

¼ 茶匙鮮磨黑胡椒

1 顆檸檬，榨汁

2 大匙特級初榨橄欖油

1. 將前面七種食材放入果汁機或食物處理機，打到大致混合。

2. 將檸檬汁和橄欖油倒入小碗混合，然後倒入果汁機或食物處理機，打到粗略混合。

3. 馬上上桌，或冷藏1小時讓味道融合。

無麩質・生酮・低碳・維根・純素

Ai DP GH

地中海白豆抹醬 Mediterranean White Bean Spread

分量：2½杯

1¾ 杯熟白腰豆（或 1 罐425-450 克罐頭，濾掉豆汁，沖洗豆子）

¼ 杯橄欖油，額外準備用於澆淋的分量

2 大匙白酒醋

2 大匙大蒜，大致切碎

1 大匙新鮮迷迭香葉，大致切碎，壓實放入杯中

1 茶匙海鹽

鮮磨黑胡椒，適量

1 枝迷迭香，裝飾用

這道簡單的地中海風味白豆抹醬完美融合大蒜和迷迭香的味道，適合搭配三明治或生菜沙拉拼盤。

益處：大蒜和迷迭香的營養價值很高。大蒜數百年來一直被當成抗微生物劑使用，裡面的大蒜素（allicin）也有心臟保健特性。大蒜切碎後，靜置 2-10 分鐘使其接觸氧氣，可以促進酶促反應（enzymatic reaction），進而產生大蒜素。迷迭香含有抗發炎物質，能夠提升專注力，幫助消化，增強免疫系統。

1. 將所有食材放進果汁機或食物處理機，打 1 分鐘或直到滑順，必要時刮下容器內側的醬料。小心不要過度攪拌，以免質地變得黏糊。

2. 將抹醬舀進小碟子或罐子裡。上桌前淋上額外準備的橄欖油，擺上 1 枝迷迭香。

無麩質·生酮·低碳·維根·素食

DP

紐約鮭魚炸角 New York Lox Rangoon

分量：20 人份

大約 226 克奶油乳酪或納夏泰勒乳酪（Neufchatel Cheese），微波 30 秒軟化

大約 113 克漬鮭魚末

2 茶匙糖粉

1½ 大匙細香蔥末

少許鹽

20 張餛飩皮

油炸用椰子油（鍋中至少7.5 公分深的油量）

這道跨文化小點心將漬鮭魚和奶油乳酪融入廣受歡迎的亞洲風味開胃菜中。這種小巧美味的炸角通常是用蟹肉製成，不過用漬鮭魚做一點小變化，更符合猶太飲食要求。[20] 如果家裡有氣炸鍋，也可以用氣炸鍋來料理。把這種餡料搭配全麥吐司餅乾、迷你貝果或貝果餅乾也非常好吃。

益處：漬鮭魚是用鮭魚製成，富含有益心臟健康的 Omega-3 脂肪酸。納夏泰勒乳酪的脂肪只有起司乳酪的⅓，吃起來卻一樣美味。

1. 將奶油乳酪、漬鮭魚、糖、細香蔥和鹽放進小碗，攪拌均勻。

2. 將滿滿 1 茶匙奶油乳酪餡料舀到 1 張餛飩皮中央。

3. 手指沾水，將水抹在餛飩皮外緣。

4. 將餛飩皮的兩個尖端摺在一起，變成一個三角狀。

5. 將另外兩端摺在一起，變成一個小包。再沾一點水將皮捏緊，以免餡料外露。

6. 在油炸鍋或厚底鍋內倒入至少約 7.5 公分深的油。加熱到 190°C，將鮭魚角分批下鍋，油炸 2 分鐘左右，或直到呈現金黃色。

7. 用漏勺撈起炸鮭魚角，放在廚房紙巾上瀝乾，然後馬上上桌。

20. 猶太飲食規定，吃海鮮類料理只能食用有魚鰭和魚鱗的魚類。——譯者註

湯品
soups

雞湯，由右上依順時鐘方
向排列分別為：諾曼第洋
蔥雞湯、墨西哥雞湯、咖
哩雞湯、中式烏骨雞湯、
希臘檸檬雞湯

雞湯 *chicken soups*

B IB

希臘檸檬雞湯
Greek Lemon Chicken Soup

這款經典的希臘湯品原文叫做 Avgolemono，直譯就是蛋黃檸檬肉湯，口感濃郁，帶有檸檬風味。傳統作法是用雞肉絲和白米烹煮而成，是一道既療癒又有飽足感的湯品。湯裡加入新鮮香草和清香檸檬，非常適合當成一道春季晚餐。賓客可以依照個人口味擠檸檬汁到湯中。

益處：雞湯可以促進膠原蛋白生成，因此有助於改善肌膚皺紋。此外，雞湯也富含玻尿酸（hyaluronic acid, HA），人體也會產生這種有助於支持膠原蛋白的物質。然而，隨著年齡增長，身體所產生的玻尿酸會愈來愈少，透過雞湯攝取玻尿酸有助於改善這個情況。建議使用有機放養雞肉，因為這種雞隻的飲食較為健康，也有機會運動，產生的玻尿酸會比傳統飼養的雞更多。

分量：4人份

2大匙特級初榨橄欖油
1杯洋蔥，切碎
1杯胡蘿蔔，切碎
1杯西洋芹，切碎
2茶匙蒜末
8杯雞高湯
½茶匙乾百里香
1茶匙乾奧勒岡
猶太鹽，適量
鮮磨黑胡椒，適量
½杯白米（可略）
3杯雞肉絲
3顆大蛋黃
4大匙新鮮檸檬汁
新鮮蒔蘿，裝飾用
楔形檸檬塊，裝飾用

1. 將橄欖油倒入大鍋，以中火加熱。加入洋蔥、胡蘿蔔和西洋芹，煮約5分鐘，或直到蔬菜變軟。加入大蒜，煮約1分鐘，或直到散發香氣。

2. 倒入雞高湯、百里香和奧勒岡，加入鹽和黑胡椒調味，煮沸。（如有使用白米，則將白米倒入，將火轉成小火。不蓋蓋子，煮約20分鐘，或直到白米煮熟。）

3. 加入雞肉絲，將湯再次煮沸。

4. 將蛋黃和檸檬汁倒入中碗攪拌。慢慢拌入¼杯雞高湯。慢慢將混合蛋黃和檸檬汁的湯倒回鍋中，煮約5分鐘，或直到湯變濃稠。

5. 用蒔蘿和檸檬塊裝飾。

無麩質・（如果沒加白米，則是生酮及低碳料理）

 Ai　IB

墨西哥雞湯
Caldo de Pollo (Mexican Chicken Soup)

香菜、墨西哥辣椒和酪梨為這道雞湯增添墨西哥風味。

益處：雞湯具有抗發炎作用，能在得到感冒和流感時幫助支持免疫系統，也能幫助緩解鼻塞和喉嚨痛。雞肉中的鋅有助於滿足你的每日需求，讓你獲得這種增加免疫力的關鍵營養素。

1. 將雞肉、水和鹽放入大鍋，以中大火煮沸。當表面開始形成泡沫時，撇掉浮渣。

2. 加入洋蔥、大蒜和西洋菜，將火轉成小火，稍微蓋上蓋子，慢慢燜煮30分鐘。

3. 加入胡蘿蔔、香菜和櫛瓜或佛手瓜，繼續燜煮15分鐘，或直到雞肉熟透。取出雞肉，放涼備用。

4. 繼續煮湯約10分鐘，或直到胡蘿蔔變軟。

5. 待雞肉放涼，將其切成適口大小或切絲。將蔬菜從鍋中取出，與雞肉一起放著備用。

6. 用大型濾網濾湯，然後將湯倒回鍋中。不蓋蓋子，以小火下繼續慢煮約8-10分鐘。用大湯匙撇去浮在表面上的油脂。

7. 如有需要，加入另備的鹽調味。擠入萊姆汁增添風味。

8. 把切碎的雞肉和蔬菜放回鍋中，加熱攪拌幾分鐘。

9. 把湯盛入碗中，讓大家根據個人口味加入酪梨、洋蔥、墨西哥辣椒和／或香菜。

無麩質・生酮・低碳

分量：8-10人份

1 隻全雞（大約1.3-1.8公斤），切成8塊

8杯水

2茶匙海鹽

½顆甜洋蔥（維達麗雅或毛伊品種）

4瓣中型大蒜瓣，去皮

3根西洋芹梗

3根大胡蘿蔔，切成0.6公分的硬幣片狀

2條櫛瓜或佛手瓜，切塊

2大匙新鮮萊姆汁

2枝香菜

裝飾

1顆酪梨，切丁或切片

1杯甜洋蔥末（維達麗雅或毛伊品種）

1條墨西哥辣椒，切末

¼杯香菜葉，切碎

咖哩雞湯
Mulligatawny Chicken Soup

這道經典的印度咖哩肉湯是在英屬印度時期所創造的，當時大英帝國殖民者要印度廚子做湯。廚子使用自己最熟悉的食材做出這道湯。這道湯讓我們了解不同文化如將取自其他文化的食材改良成自己喜歡的口味。

益處：一直以來，人們都用雞湯和雞肉來緩解一般感冒症狀。咖哩粉中的薑黃是強大的抗發炎成分。

1. 將奶油和橄欖油放入大鍋，以中大火加熱。加入洋蔥、西洋芹和胡蘿蔔，煮約5分鐘，或直到蔬菜開始變軟。加入月桂葉。加入咖哩粉，攪拌均勻，讓蔬菜都裹上香料。

2. 加入雞腿，攪拌均勻，讓雞腿裹上咖哩混合物。加入雞高湯、水和鹽。將火轉成小火，蓋上蓋子，燜煮20分鐘，或直到雞腿熟透。

3. 將雞腿放到砧板上放涼。

4. 把印度香米和蘋果塊加入鍋中。再次煮沸，然後將火轉成小火。蓋上蓋子，燜煮15分鐘，或直到香米熟透。

5. 在等待的同時，將雞腿切絲，待香米和蘋果熟透時加入鍋中。煮約5分鐘，或直到完全加熱。離火，拌入優格。

無麩質

分量：4-6人份

2大匙奶油

1大匙特級初榨橄欖油

2杯洋蔥，切碎

1杯西洋芹，切碎

1杯胡蘿蔔，切碎

2片月桂葉

4茶匙黃咖哩粉

大約566克雞腿，去骨、去皮，去除看得到的脂肪

2杯雞高湯

2杯水

1茶匙海鹽

1/4杯印度香米

2杯酸蘋果，切碎（澳洲青蘋果或其他青蘋果）

1/4杯原味希臘優格

諾曼第洋蔥雞湯
Normandy Onion Chicken Soup

　　在法國諾曼第地區，人們會將雞肉加到洋蔥湯中，做成一道豐盛的主菜。

益處：雞湯可以提供水分、蛋白質、礦物質和維生素。雞肉含有硒，可以增強對感染的抵抗力。洋蔥則提供有助於提升免疫力的抗氧化劑檞皮素。

分量：6人份

4大匙奶油

4顆甜洋蔥（維達麗雅或毛伊品種），切片

2枝百里香，多準備幾枝裝飾用

½杯瑪莎拉酒

1隻烤雞，切絲，去骨、去皮

1½杯牛高湯

4杯雞高湯

鹽適量

1條酸種麵包，切片

2杯葛瑞爾乳酪（Gruyere cheese），刨絲

1. 將奶油放入大鍋，以中火加熱。加入洋蔥和百里香攪均。將火轉成小火，蓋上蓋子，煮20分鐘。

2. 打開蓋子，將火轉成中大火，繼續烹煮10-15分鐘，或直到洋蔥焦糖化，而且水分蒸發（洋蔥應該會呈現漂亮的深棕色）。

3. 用瑪莎拉酒洗鍋收汁幾分鐘，然後拌入雞肉絲、牛高湯和雞高湯。

4. 不蓋蓋子，以小火燜煮20分鐘，如有需要，可以加入另備的鹽調味。

5. 將麵包（每碗1片）放入烘焙烤盤。每片麵包上放上約¼杯乳酪，然後放進烤箱，烤到乳酪融化並稍微上色。

6. 把湯盛入碗中，每碗湯放上一片麵包。用百里香裝飾，趁熱上桌。

中式烏骨雞湯
Chinese Black Chicken Soup

以前我們感冒時，媽媽都會煮這道療癒湯品給我們喝。烏骨雞是相當難得的美食，因為這種雞非常罕見，不過它的味道和健康益處跟一般的雞一樣。有些烏骨雞有黑色羽毛，肉和骨頭也有不同程度的黑色。你可以在亞洲超市買到。你也可以做點變化，在湯裡加入鮑魚和海參。如果找不到新鮮的，也可以在網路上買到乾燥的。使用之前在熱水中浸泡至少30分鐘，把它泡發。藥材包裡包括各種有助於肺部健康的乾燥香料、水果和蔬菜，像是薑、紅棗、百合根、蓮子、山藥和枸杞。你可以去中藥行買現成的藥材包，或是使用桂圓、枸杞和紅棗等乾燥果實、乾百合根、蓮子、薑和乾山藥。

分量：4-6人份	8杯水
2-3大匙芝麻油	1大匙魚露
2大匙薑絲	4-5朵香菇，新鮮或乾燥皆可
1-2大匙大蒜丁	
1杯洋蔥丁	一包中藥材（或乾燥果實、百合根、蓮子、乾山藥和／或枸杞）（可略）
大約907克烏骨雞，切成10-12塊	
1/4茶匙白胡椒粉，額外準備用於調味的分量	4-6顆鮑魚，新鮮或乾燥皆可（可略）
1大匙海鹽，額外準備用於調味的分量	4-6根海參，新鮮或乾燥皆可（可略）

益處： 雞肉和鮑魚含有蛋白質和硒，這種礦物質有助於支持身體排毒、增強抵抗力，同時能讓肌膚保持彈性。薑含有薑酚，這種抗發炎物質可以緩解噁心。海參富含維生素，像是維生素 B_1、B_2、B_3 和 B_{12}，以及鈣、鎂、鐵和鋅等礦物質。

1. 將油倒入大而深的玻璃、陶瓷，或是琺瑯砂鍋（或是荷蘭鑄鐵鍋）中加熱。加入薑、大蒜和洋蔥，以中火拌炒約5分鐘，或直到蔬菜開始變軟。

2. 加入雞肉、胡椒和鹽。以中大火煮約10-15分鐘，或直到雞肉半熟。

3. 加入水、魚露、香菇和中藥材或乾燥果實（如有使用）。蓋上蓋子，小火燜煮約25-30分鐘，或直到香菇變軟。

4. 加入鮑魚和海參（如有使用），繼續燜煮1小時，或直到鮑魚變軟。

5. 嚐一下味道，如有需要，加入另備的鹽和黑胡椒調味。

無麩質．（如果不用乾燥果實，就是一道生酮及低碳料理）

海法雞高湯 Haifa Chicken Broth

我的朋友阿里來自以色列海法，每當我喉嚨痛或覺得快感冒時，他都會為我做這道雞湯。每次喝了我都會覺得好一點。大頭菜與青花菜有關，吃起來也像青花菜莖。其實你可以使用青花菜莖代替大頭菜。大頭菜在德國、印度、賽普勒斯和美國南部相當普遍。

益處：雞肉中的蛋白質有助於增強體力，維生素 B$_{12}$ 有助於提供能量，硒有助於器官排毒。櫛瓜提供維生素 C 和葫蘆素（cucurbitacin），葫蘆素是一種抗發炎物質，可能有助於抑制癌細胞。洋蔥含有增強免疫力的槲皮素。

1. 將所有食材倒入大鍋，倒入足夠的水蓋過食材，煮滾。
2. 將火轉成小火，燜煮約5小時。
3. 濾掉所有食材，上桌。

無麩質‧生酮‧低碳

分量：4-6人份

3杯胡蘿蔔，切碎

3杯櫛瓜，切碎

2½杯西洋芹，切碎

1大顆整顆洋蔥

3根韭蔥，只使用白色部分

3顆大頭菜（或 3-4 根青花菜莖），削皮，切成大塊

大約 453 克雞腿，放入網袋或用棉布包好

½ 杯 Osem 品牌天然清雞湯（或其他雞高湯）

其他湯品 *more soups*

克羅埃西亞耶特克米克火腿大麥湯
Croatian Jetcmik (Ham & Barley) Soup

你可以把火腿骨留下來做這道克羅埃西亞傳統濃郁湯品。無論是在經濟拮据或是繁榮的年代，這道濃厚又有飽足感的鄉村湯品都是重要的食物來源。只要添加大麥或藜麥（無麩質）和豆類等簡單食材，就是一道完整的美味主餐。亞得里亞海地區的家庭傳統上會將這道湯品搭配新鮮烤麵包或麵包卷享用。

益處：紅豆含有纖維、有助於骨骼健康的鈣、支持免疫系統的鋅，以及從細胞層次提供能量的維生素 B$_6$。大麥含有咖啡酸，這種抗氧化劑可能有助於抑制癌細胞生長，此外也含稱為色胺酸（tryptophan）的胺基酸，可以促進大腦健康並提振情緒。

1. 將水、火腿骨、大蒜、西洋芹、紅豆和大麥放入大鍋，以小火慢煮3-4小時。
2. 用適量的鹽調味，將火腿肉從骨頭上切下來，然後上桌。

（如果使用藜麥，則是無麩質料理）

分量：6-8人份

1支帶肉火腿骨

1茶匙蒜末

2杯西洋芹，切碎

1杯紅豆，乾燥或罐裝

2杯生大麥（或藜麥）

5,600-6,600毫升的水

鹽適量

中東檸檬香草鷹嘴豆湯
Middle Eastern Lemon-Herb Chickpea Soup

鷹嘴豆是最早栽種的豆科植物之一，早在七千五百年前中東地區就有種植。鷹嘴豆是這道濃郁湯品的主角，都面還有豐富的新鮮和乾燥香草和香料，風味更加鮮明。將一部分的湯用機器打過，可以讓湯在保留豐富的口感之餘，不用添加乳製品就有濃稠感。如果你不喜這裡用的新鮮香菜（巴西里、薄荷葉、香菜葉），可以用蒔蘿或迷迭香代替。

益處： 這道湯裡的薑黃和大蒜等抗發炎食材能跟纖維、蛋白質和健康脂肪相互平衡。鷹嘴豆含有維生素 B_6，有助於提供能量和促進血清素生成；鐵有助於將氧氣輸送到全身；鋅和稱為離基酸的胺基酸有助於維持肌膚中的膠原蛋白和彈性蛋白，使肌膚保持美麗；還有右旋肌醇（D-chiro-inositol），有助於管理血糖水平。

1. 將橄欖油倒入大鍋，以中火加熱。倒入西洋芹、洋蔥和大蒜拌炒約6分鐘，直到變得透明軟嫩。

2. 加入孜然粉、香菜粉、薑黃粉和卡宴辣椒粉，攪拌約30秒，或直到混合均勻。

3. 加入鷹嘴豆攪拌，然後立即加入高湯、鹽和黑胡椒。煮滾後將火轉成小火，慢煮約12分鐘，或直到蔬菜變軟。

4. 將1/3的湯放涼，然後倒入食物處理機或用手持式攪拌棒打成糊狀。將打好的湯倒回鍋中拌勻。

5. 將湯盛入碗中。在每碗湯中擠入檸檬汁，並用切碎的巴西里、薄荷和香菜或其他自己喜歡的香草裝飾。

無麩質 · 維根 · 素食

分量：6人份
2大匙橄欖油
1杯西洋芹丁
1杯黃洋蔥丁
2½茶匙蒜末
1茶匙孜然粉
1茶匙香菜粉
½茶匙薑黃粉
¼茶匙卡宴辣椒粉
3罐（每罐大約 396-425 克）鷹嘴豆，濾掉豆汁，沖洗豆子
6杯蔬菜高湯
1茶匙海鹽
1茶匙鮮磨黑胡椒
2顆中型檸檬，切成楔形塊狀
¼杯粗切新鮮巴西里，裝飾用
⅛杯粗切新鮮薄荷葉，裝飾用
⅛杯粗切新鮮香菜葉，裝飾用

印度番茄湯
Indian Tomato Soup

分量：2人份

2大匙芝麻油

½杯紅洋蔥丁

⅔杯胡蘿蔔丁

1罐（大約382克）椰奶

1罐（大約793克）羅勒碎番茄

1大匙咖哩粉

鹽適量

鮮磨黑胡椒，適量

　　這道食譜利用經典的印度咖哩香料和椰奶，讓番茄湯提升一個層次。最棒的是裡面用的食材你家櫥櫃幾乎都有。

益處： 咖哩粉都含有薑黃、薑和香菜，這些都具有抗發炎作用。番茄中的抗氧化劑茄紅素能降低炎症，對大腦、肌膚和動脈有益。

1. 將芝麻油倒入中型鍋子，以中火加熱。加入洋蔥煮約5分鐘，或直到洋蔥變成半透明。

2. 加入胡蘿蔔，繼續煮約5分鐘，或直到胡蘿蔔開始變軟。

3. 拌入椰奶、番茄、咖哩粉、鹽和黑胡椒，煮滾。將火轉成小火，慢煮約10分鐘，或直到味道充分融合、胡蘿蔔變軟。

4. 用鮮磨黑胡椒調味，上桌。

無麩質・維根・素食

經典美式番茄湯（天貝變化版）
Classic American Tomato Soup with a Tempeh Twist

分量：6人份

2大匙橄欖油

1杯黃洋蔥丁

1茶匙蒜末

1包（大約226克）天貝，壓碎或切塊

1茶匙乾百里香

½茶匙海鹽

½茶匙鮮磨黑胡椒

4杯低鈉蔬菜高湯

1罐（大約793克）番茄丁

1罐（大約170克）番茄糊

1杯牛奶（或植物奶）

½杯新鮮羅勒葉，切碎，裝飾用

　　這道美味、撫慰人心的番茄湯加了天貝，蛋白質含量大大提升。天貝是一種發酵黃豆製品，口感扎實，吃起得來很像在吃肉。不喜歡一般豆腐軟嫩質地的人通常都會喜歡天貝。這道湯有滿滿的香草和香料風味，想吃點簡單健康的料理時，可以考慮做這道番茄湯。

益處： 天貝可以提供有益腸道健康的益生菌，以及增強體力的蛋白質。番茄經過烹煮之後，可以提供抗氧化劑茄紅素，可以促進心臟健康、可能有助於降低癌症風險（尤其是攝護腺癌），同時有助於提升認知功能。

1. 將橄欖油倒入大鍋，以中火加熱。加入洋蔥和大蒜，拌炒4-5分鐘，或直到洋蔥變透明。加入天貝、百里香、鹽和黑胡椒，充分拌勻，繼續炒4-5分鐘。

2. 倒入高湯、番茄丁（連同湯汁一起倒入）、番茄糊和牛奶。將火轉成小火，蓋上蓋子，燜煮30分鐘。

3. 將湯倒入大型果汁機，或倒入醬汁鍋裡用手持式攪拌棒打成糊狀。以羅勒裝飾。

生酮・低碳・（如果使用植物奶，則是維根料理）・素食

莫斯科四季豆馬鈴薯湯
Moscow Green Bean & Potato Soup

　　這道豐盛的素食湯品來自俄羅斯。你可以發揮巧思，加些季節時蔬到湯裡。把湯煮好之後再打成濃湯，喝起來也很美味。

益處：紅皮馬鈴薯含有維生素 B_6 和 B_9，以及具有排毒作用的纖維。四季豆提供豐富的維生素 A 和維生素 C。屬於發酵食物的酸菜含有益生菌，以及超氧化物歧化酶（superoxide dismutase, SOD），可以對抗自由基所造成的細胞損害，有助於預防疾病，保持肌膚年輕。

1. 將橄欖油倒入約5.6-7.5公升容量的鍋子（或荷蘭鑄鐵鍋），以中火加熱。拌入洋蔥和芹菜，輕輕翻炒約5分鐘，或直到蔬菜變軟。

2. 倒入蔬菜高湯和水。加入四季豆和紅皮馬鈴薯。

3. 以大火煮滾，然後將火轉成小火，蓋上蓋子，繼續燜煮約15分鐘，或直到馬鈴薯變軟。

4. 離火，一次一匙拌入優酪，然後加入酸菜和蒔蘿。加入適量鹽和黑胡椒調味。

無麩質・素食

分量：4-6人份

1 大匙橄欖油

1 顆大洋蔥，切半，切成薄片

1 杯西洋芹丁

5 杯蔬菜高湯

2 杯水

2 杯新鮮四季豆，修去兩端，切成大約2.5公分的小段

2 杯紅皮馬鈴薯丁

½ 杯全脂原味希臘優格

¾ 杯帶汁德國酸菜

1 大匙新鮮蒔蘿，切碎

鹽和鮮磨黑胡椒，適量

摩洛哥胡蘿蔔紅扁豆湯
Moroccan Carrot & Red Lentil Soup

許多飲食文化裡都有扁豆湯，可能是因為這道湯品既營養又讓人滿足。這道湯用到的孜然、香菜、辣椒和肉桂等香料是摩洛哥菜餚中常見的成分，摩洛哥堅果油也很常見。如果買不到摩洛哥堅果油，用橄欖油效果一樣好。用蔬菜高湯代雞高湯，就是一道素食（甚至是維根）湯品。

益處： 扁豆提供植物蛋白質和纖維，胡蘿蔔富含維生素A，有益眼睛和肌膚健康。孜然含有番紅花醛，這種抗氧化劑具有潛在的抗憂鬱特性，也可能有助於殺死癌細胞。

分量：6人份

4 大匙摩洛哥堅果油（或橄欖油），分2次使用

2顆小洋蔥，切碎

大約907克胡蘿蔔，切碎

1½茶匙蒜末

2茶匙孜然粉

2 茶匙香菜粉，額外準備用於裝飾的分量

½茶匙辣椒粉

⅛茶匙肉桂粉

大約170克乾紅扁豆

大約 1420 毫升雞高湯（或蔬菜高湯）

2茶匙新鮮檸檬汁

¾杯新鮮香菜葉，切碎

鹽和鮮磨黑胡椒，適量

1. 將油倒入約5.6公升容量的鍋子（或荷蘭鑄鐵鍋），以中火加熱。

2. 加入洋蔥和胡蘿蔔。將火轉成小火，蓋上蓋子，煮約15分鐘，或直到蔬菜變軟。

3. 加入大蒜，繼續烹煮1分鐘。加入孜然、香菜粉、肉桂和辣椒粉。攪拌1分鐘，或直到散發香氣。

4. 加入紅扁豆，攪拌，然後加入高湯。大火煮滾，然後將火轉成小火，稍微蓋上蓋子，燜煮25-30分鐘，或直到紅扁豆變軟。

5. 將⅓的湯放涼，然後倒入食物處理機或用手持式攪拌棒打成糊狀。將打好的湯倒回鍋中拌勻。

6. 加入檸檬汁、鹽和胡椒。拌入香菜葉。

7. 將剩餘的油淋在湯上，用香菜裝飾，上桌。

無麩質．（如果使用蔬菜高湯，則是維根及素食料理）

Dx IB

奧勒岡維根蕈菇湯
Oregon Vegan Mushroom Soup

奧勒岡州是一個採菇的絕佳地方。那裡有雞油菌、羊蹄菇、松茸、龍蝦菇、羊肚菌、黑松露、白松露和乳菇等蕈菇品種，生長在花旗松、松樹、橡樹、加州鐵杉、北美雲杉、山楊、柳樹和樺樹等樹木底下。如果可以買到這些異國風味的蕈菇，特別是羊肚菌和／或雞油菌，請用來做這道湯。將蔬菜高湯和祕密成分——傳統滾壓燕麥（不是鋼切燕麥或即食燕麥）[21] 混在一起，能為這道純素湯品增添濃郁口感。這道湯低熱量、低脂肪，風味和營養卻很豐富。如果有使用白味噌醬，則可增加鮮味深度。你可以在網路上或當地市場的亞洲食品區買到白味噌醬。

益處：這道食譜中的每一種食材都有益健康。蕈菇含有能夠增強免疫力的 β- 葡聚醣，也是維生素和礦物質的豐富來源。蕈菇中的硒有助於身體排毒。味噌醬有助於強化免疫系統。

分量：4人份
1大匙葡萄籽油或椰子油
大約453克蕈菇（白蘑菇、褐蘑菇、香菇、波特菇、小貝拉菇或各種異國品種蕈菇），切片
2杯黃洋蔥塊
1½茶匙蒜末
4杯蔬菜高湯
⅔杯傳統滾壓燕麥
½茶匙喜馬拉雅鹽
½茶匙鮮磨黑胡椒
2大匙白味噌醬（可略）
¼杯新鮮巴西里，切碎，裝飾用

1. 將油倒入大鍋，以中大火加熱。加入蕈菇、洋蔥和大蒜，拌炒3-4分鐘，或直到蔬菜變軟。

2. 蓋上蓋子，將火轉成小火，繼續煮4-5分鐘，或直到蕈菇釋出水分。

3. 加入蔬菜高湯和燕麥。蓋上蓋子，燜煮10分鐘。

4. 將湯倒入果汁機或用手持式攪拌棒打成糊狀。加入適量的鹽和黑胡椒調味。

5. 如有使用白味噌醬，待湯不再沸騰滾燙時再加，因為高溫會破壞味噌裡的益生菌。

6. 用巴西里裝飾，趁熱上桌。

（如果使用無麩質味噌，則是無麩質料理）‧維根‧素食

---

21. 鋼切燕麥是將燕麥粒切成較小的顆粒，未經加工；傳統滾壓燕麥會經過切片、薄化、滾壓和蒸熟的處理；即食燕麥是將傳統燕麥切得更薄、調味製成。——譯者註

Dx GH

法式辣扁豆湯
Spicy French Lentil Soup

　　扁豆以其扁薄形狀而得名。雖說法國人是製作扁豆湯的高手，不過希臘和敘利亞等國早在數百年前就開始做這種料理。這也不足為奇，因為扁豆湯熱量低，又有滿滿的營養。在這道湯裡加入其他蔬菜和香料，會比其他的湯更能延長飽足感。不是每個人都喜歡歐防風（parsnips），所以可以選擇要不要加。將這道湯跟辣椒水一起上桌，讓大家依照個人喜好添加。

益處：扁豆是豆科植物的一種，富含可溶性和不可溶性纖維。可溶性纖維能跟含有膽固醇的膽汁結合，將其排出體外。不可溶性纖維含有人體無法消化的植物物質，有助於維持腸道健康。這兩種纖維素可以一起排出體內毒素、降低膽固醇水平，並在消化過程中穩定血糖水平。

分量：6-8人份

1大匙橄欖油

1杯洋蔥丁

1杯胡蘿蔔丁

1杯芹菜丁

1杯歐防風（parsnips），切碎（可略）

1片乾月桂葉

1茶匙乾奧勒岡

1茶匙孜然粉

1茶匙碎紅辣椒片

1茶匙蒜末

1杯乾白酒

1杯乾扁豆（法國或棕綠扁豆），沖洗乾淨

1大顆育空黃金馬鈴薯，削皮、切塊

1罐（大約396-425克）碎番茄

4杯蔬菜高湯

必要時加水稀釋

1杯粗切新鮮菠菜

鹽和鮮磨黑胡椒

1. 將橄欖油倒入大鍋，以中火加熱。加入洋蔥、胡蘿蔔、芹菜和歐防風（如有使用）拌炒約8-10分鐘，過程中經常攪拌，直到蔬菜變軟，洋蔥變成半透明。

2. 加入月桂葉、奧勒岡、孜然、辣椒片和大蒜，繼續煮1分鐘。

3. 加入乾白酒，繼續煮1-2分鐘。

4. 加入扁豆、馬鈴薯、番茄和蔬菜高湯，煮滾，然後將火轉小，不蓋蓋子，煮20-25分鐘，或直到扁豆變軟。根據需要加水，每次加入½杯，不過最好還是讓湯保有比較稠一點的質地。

5. 加入菠菜，攪拌，然後蓋上蓋子，繼續煮1-3分鐘，或直到菠菜變軟。

6. 用鹽和胡椒調味。

無麩質・維根・素食

中式珊瑚草湯 Chinese Coral Grass Soup

珊瑚草（麒麟菜屬）是生長在海裡珊瑚礁周圍的海藻。煮過之後呈現膠狀，就像洋菜或鹿角菜膠。菲律賓有一種綠色的同類海藻，叫做「古索」（gusô，耳突麒麟菜），我們會用來做沙拉。中國人會將珊瑚草加入以牛高湯為基底的湯中。你可以在亞洲市場或網路上買到珊瑚草，有時又稱海燕窩。你可以隨意加些洋蔥、西洋芹、胡蘿蔔或自己喜歡的其他蔬菜。這道湯放涼後會變得更濃稠。

分量：4-6人份
2杯珊瑚草（又稱海燕窩）
可以蓋過食材的水量，用於浸泡
3-4塊牛肉湯塊

益處：海藻含有碘、鐵和鈣。它是純素的膠原蛋白建構元素來源，有助於支持肌膚健康。此外，還含有具有排毒作用的纖維，熱量又不高。煮過珊瑚草留下的汁液可以用於局部肌膚美容護理。

1. 將珊瑚草放在濾盆裡，以自來水沖洗去沙，然後放進大鍋，加入冷水蓋過珊瑚草。（你可以用剪刀剪短珊瑚草的枝，方便放進鍋子，煮的時候也比較快溶解。）
2. 將珊瑚草放在流理臺上浸泡約2小時。
3. 瀝水，更換新的冷水蓋過珊瑚草，然後放進冰箱浸泡至少4小時或過夜。
4. 準備要煮時，瀝水，更換新的水蓋過珊瑚草。不蓋蓋子，以小火煮約1小時。
5. 加入牛肉湯塊，不蓋蓋子，繼續煮15-30分鐘，或直到珊瑚草變成半透明。

無麩質

潘帕嘉芭樂湯 Guava Soup à la Pampangueña

Ao **DP**

　　潘帕嘉（Pampanga）是菲律賓的一個省分，位於馬尼拉附近的呂宋島。這裡曾經是西班牙政府的所在地，因此當地菜餚受到西班牙、中國和馬來影響。這道湯在菲律賓被稱為「芭樂虱目魚酸湯」(Sinigang na Bangus sa Bayabas)，裡面使用熟芭樂和生芭樂，生芭樂能讓湯帶點酸味，搭配魚片非常適合。這道湯傳統上是使用虱目魚，你可以用自己喜歡的白魚，但請記得去骨。你可以在農夫市集、全食超市（Whole Foods）等專門超市，或是網路上買到芭樂。

益處：新鮮芭樂的營養相當豐富，含有纖維、維生素 C 和鉀。此外還有抗氧化物質，例如具有防癌特性的茄紅素。

1. 將水倒入陶鍋，加入熟芭樂，以中大火煮約1小時，或直到芭樂變得很軟。

2. 用馬鈴薯壓泥器將芭樂壓碎。以濾網將湯過濾到大碗中，然後用棉布再過濾一次。備用。

3. 將油倒入原本裝湯的鍋中，以中火加熱。加入大蒜、薑和洋蔥，拌炒約3分鐘，或直到洋蔥變成半透明。

4. 加入魚片。用鹽和魚露調味，蓋上蓋子，煮10-15分鐘。

5. 將芭樂湯倒入鍋中，煮滾20分鐘，或直到魚熟透。

6. 離火，加入生芭樂片和菠菜或羽衣甘藍。馬上上桌。

無麩質

分量：4人份

2杯新鮮熟芭樂片

4杯水

2大匙橄欖油或紅棕櫚油

1茶匙蒜末

1大匙薑末

¼杯洋蔥丁

4片魚片（吳郭魚、虱目魚或其他去骨白魚）（大約453克）

1茶匙鹽

2大匙魚露

2杯生芭樂片

2-4杯菠菜葉或嫩羽衣甘藍

烏克蘭純素羅宋湯 Ukrainian Vegan Borscht

Ai DP

東歐食物其實並是不特別健康。一般來說，俄羅斯、波蘭、匈牙利、羅馬尼亞、保加利亞、烏克蘭、立陶宛和捷克共和國等國的菜餚，使用很多肉類、酸奶油、豬油或雞油。不過，無論你或你的祖先來自哪裡，都會覺得這些菜餚是療癒美食。為了發揮「食養」®的精神，我改良了這道俄羅斯／烏克蘭甜菜湯，讓它更輕盈健康。這道湯使用新鮮甜菜、高麗菜和腰果酸奶油（如有使用）製成，是一道健康的純素佳餚！

益處：甜菜熱量低，而且含有葉酸，能從細胞層次提供能量。甜菜還含有稱為甜菜素的色素，據信這種物質具有抗發炎特性，有助於對抗癌症、肝臟疾病和心臟病等。高麗菜含有吲哚和異硫氰酸酯，這兩種物質都能防癌。

1. 將油倒入5.6-7.5公升容量的鍋子（或荷蘭鑄鐵鍋），以中火加熱。加入洋蔥拌炒約7分鐘，或直到洋蔥變軟、變半透明。拌入藏茴香籽煮30秒。

2. 加入胡蘿蔔、歐防風、甜菜、馬鈴薯和高麗菜，煮5分鐘，持續攪拌。

3. 加入蔬菜高湯，煮滾。將火轉成小火，慢煮20分鐘，或直到蔬菜變軟。

4. 離火，加入蘋果醋，用鹽和胡椒調味。用腰果酸奶油（如有使用）和新鮮蒔蘿或巴西里裝飾。

無麩質 · 維根 · 素食

分量：6-8人份

1大匙椰子油或橄欖油

1顆中型洋蔥，切成薄片

1茶匙藏茴香籽

1杯胡蘿蔔片

1杯歐防風片

2杯甜菜丁

6杯褐皮馬鈴薯丁

2杯白色高麗菜絲

2杯紫色高麗菜絲

6杯蔬菜高湯

2湯匙未經巴氏滅菌的蘋果醋（我喜歡用 Bragg 品牌）

鹽和鮮磨黑胡椒，適量

腰果酸奶油（可略）

新鮮蒔蘿或巴西里，裝飾用

沖繩紫薯湯 Okinawan Purple Potato Soup

Ao **B**

這道以紫地瓜為特色的熱帶純素湯品，一定會讓你的朋友讚不絕口。紫地瓜是日本沖繩料理的主要食材之一，沖繩是藍區島嶼，當地居民可以活到一百歲以上。沖繩人吃的是紅芋紫薯（beni imo），以及名為 Stokes Purple® 的國產紫薯，這個品種外皮淺黃，瓜肉則是紫色。如果買不到紫地瓜，白地瓜也一樣美味。這道湯搭配黑米飯一起享用就更豐盛了。

益處：紫地瓜跟櫻桃、藍莓、覆盆子和紫高麗菜等其他顏色鮮亮的蔬果一樣，富含抗氧化劑類黃酮，此外也含維生素 C 和茄紅素。這道湯用到有益健康的香草和香料，有助於調節血糖和血壓。

1. 將油倒入中型鍋子（或荷蘭鑄鐵鍋），以中火加熱。加入洋蔥、大蒜、辣椒和薑，拌炒約 5 分鐘，直到洋蔥變軟、變成半透明。

2. 加入紫地瓜，倒入足夠的水蓋過地瓜，然後倒入椰奶（或堅果奶）、薑黃、香菜和鹽。煮滾。

3. 將火轉為小火，慢煮 20-25 分鐘，或直到地瓜變軟。

4. 將湯倒入果汁機或用手持式攪拌棒打到滑順。

5. 撒上腰果裝飾，上桌。

無麩質・維根・素食

分量：6 人份

1½ 大匙橄欖油

2 顆中型甜洋蔥（維達麗雅或毛伊品種），切成大約 0.6 公分的小丁

1½ 茶匙蒜末

1 根塞拉諾辣椒，去籽、切末

1 茶匙新鮮薑末

2 條中型紫地瓜，去皮，切成大約 2 公分的小丁

2½-3½ 杯水

1 罐（大約 382 克）椰奶（或 1½ 杯夏威夷堅果奶）

¼ 茶匙薑黃粉

½ 茶匙香菜粉

海鹽適量

腰果，裝飾用

沙拉
salads

越南蝦仁米線沙拉佐沾醬 Vietnamese Shrimp & Noodle Salad with Dipping Sauce

越南料理有種優雅之美。它的風味清新，以精瘦蛋白質、海鮮和蔬菜為主。這道主菜沙拉清爽健康，卻又風味濃烈、口感爽脆，符合越南料理的典型特色，搭配我的酸甜辣醬味道一絕。你可以用沙拉裡的料沾這道醬料來吃，也可以像沙拉醬一樣淋上去吃。香茅莖現在愈來愈容易買到，尤其是在全食超市、喬氏超市（Trader Joe's），當然還有亞洲市場。越南魚露（泰國魚露）可以在亞洲市場或網路上買到。

益處： 蝦子含有有益心臟健康的抗發炎物質 Omega-3 脂肪酸、具有排毒作用的硒，以及維持膠原蛋白和彈性蛋白的鋅，有助於維護美麗肌膚。胡蘿蔔富含類胡蘿蔔素，可能有助於抑制癌症和腫瘤生長，此外也含維生素 A，有助於保持肌膚、毛髮和眼睛健康。

1. **製作醃料：** 將醃料食材放入中碗，攪拌混勻。

2. 將蝦子放入醃料中，醃制約 15 分鐘，偶爾攪拌。取出蝦子，倒掉醃料。

3. 將水倒入中鍋煮滾。關火，加入米線，靜置約 3 分鐘，或直到米線變軟。

4. 取出米線，放入濾盆。用冷水沖洗並滴幾滴油，防止米線黏在一起。備用。

5. 將 1 大匙油倒入大型煎鍋（最好是鑄鐵鍋），以大火加熱。將蝦子放入鍋中排成一層，煎 1-2 分鐘，或直到蝦子表面形成棕色外皮。翻面煎 1 分鐘，或直到蝦子不再呈現半透明。盛盤。

6. 除了醬料以外，將蝦子、米線和其餘的材料分成 4 碗。

7. 上桌前淋上越南酸甜辣醬，或放在一旁當作沾醬。

（如果使用溜醬油，則是無麩質料理）

分量：4 人份

醃料

1 大匙植物油

¼ 杯粉紅酒

2 大匙越南魚露（類似泰國魚露）

1 大匙醬油或溜醬油

2 大匙新鮮萊姆汁

2 大匙蜂蜜

2 茶匙新鮮蒜末

2 大匙新鮮香茅莖，切末

大約 453 克特大蝦子（16/20 規格）[22]，剝殼、去除腸泥

大約 6 杯水

大約 226 克米線

1 大匙植物油

8 杯新鮮蘿蔓萵苣或嫩綠葉菜，撕碎

1 杯胡蘿蔔絲

1 杯英國或波斯黃瓜（切成大約 5 公分的長條）

1 杯新鮮豆芽菜

½ 杯新鮮香菜、薄荷和羅勒葉

¼ 杯青蔥，切末

1 小條墨西哥辣椒，切粒

¼ 杯烤花生，切碎（可略）

1 份越南酸甜辣醬（詳見第 100 頁）

---

22. 16/20 代表 1 公斤有 16-20 隻蝦，數字愈小，代表蝦子尺寸愈大。

越南酸甜辣醬
Vietnamese Nuoc Cham Dipping Sauce

分量：大約1杯

¼杯越南魚露（泰國魚露）

2大匙新鮮萊姆汁

¼杯蜂蜜

1大匙米醋

¼杯水

1茶匙新鮮蒜末

1根泰國辣椒，去籽切末

　　除了搭配我的越南蝦仁米線沙拉（第99頁），這道醬料也很適合搭配新鮮越南春捲。

益處： 米醋是發酵食物，因此含有益生菌，有益腸道健康。辣椒——尤其是紅辣椒，富含維生素 C、花青素和辣椒素，有助於降低餐後血糖水平，並可能引發定癌細胞死亡。

1. 將魚露、萊姆汁、蜂蜜、米醋、水、大蒜和辣椒放入小碗攪拌。

2. 嚐一下味道，如有需要，加入1-2大匙水，讓質地變得滑順。

無麩質

中南半島咖哩高麗菜沙拉
Indochinese Curried Slaw

分量：6-8人份

1顆中型綠高麗菜，切絲

⅓杯無糖椰子片

2大匙新鮮檸檬汁

¼杯特級初榨橄欖油

¼杯醬油或溜醬

3大匙白芝麻

½茶匙薑黃粉

½茶匙咖哩粉

　　這道獨特的高麗菜沙拉有著令人意想不到的風味和色彩，一定會讓賓客驚豔萬分！椰子、檸檬汁和醬油天然豐富的風味，為這道菜餚帶來創新風格。鮮豔的黃色既有趣又喜氣。

益處： 高麗菜含有獨特的酵素、抗氧化劑，以及硫化物和硫代葡萄糖苷等營養素，具有抗癌和心血管保健益處。這些物質讓高麗菜、青花菜和球芽甘藍等十字花科蔬菜吃起來帶有嗆味，同時有益健康。加入薑黃粉和咖哩粉，可以大大提升這道菜的抗發炎和抗氧化價值。

1. 將所有食材放入大碗拌勻，直到高麗菜絲均勻裹上所有材料。

2. 冷藏1小時，上桌。

（如果使用溜醬油，則是無麩質料理）· 維根 · 素食

北京烤鴨沙拉 Peking Duck Salad

當年我前往中國煙台、上海和北京，為我的第二本食譜書接受「世界美食家圖書獎」的創新獎時，特別嚐了當地幾家餐廳所供應的北京烤鴨。傳統的北京烤鴨會將空氣吹進鴨皮和鴨肉之間，接著在鴨皮刷上海鮮醬和蜂蜜的混合物，懸掛晾乾。然後將鴨子烤到表皮酥脆無比。由於實在太好吃了，於是我決定創造這道簡易版北京烤鴨當成主菜沙拉。

益處：從營養角度來看，鴨肉是優質蛋白質的良好來源，同時富含菸鹼酸、磷、核黃素、鐵、鋅、維生素 B_6 和硫胺素。此外，還有少量但重要的維生素 B_{12}、葉酸和鎂。鴨肉的脂肪含量相對較高，但約有33%是飽和脂肪，相比之下，奶油的飽和脂肪含量為51%。鴨脂含有大量稱為油酸的單元不飽和脂肪，橄欖油也富含這種物質。研究證實地中海飲食之所以有降低膽固醇和促進心臟健康等有益作用，背後原因可能就是油酸。

分量：4-6人份

2片（每片大約170克）帶皮鴨胸

喜馬拉雅鹽和鮮磨黑胡椒，適量

1大匙椰子油或芝麻油

2杯芝麻菜

1把青蔥，洗淨，斜切

1顆青椒，切絲

1顆紅甜椒，切絲

醬汁

½茶匙蒜末

1茶匙新鮮薑末

1大匙醬油或溜醬油

2大匙蜂蜜

½大匙芝麻油

1. 將烤箱預熱至大約200℃。

2. 劃開鴨胸上的鴨皮，用鹽和黑胡椒調味。

3. 將油倒入炒鍋加熱，鴨皮向下、放入鴨胸，煎約4分鐘，或直到鴨皮變得酥脆。將鴨胸翻面，將另一面煎到上色，然後放入烤盤，放進烤箱烤10-12分鐘，或直到鴨肉熟透。

4. **製作醬汁：**將大蒜、薑、醬油或溜醬油和蜂蜜倒入小碗混合，用湯匙舀起醬汁淋到鴨胸上，預留2大匙醬汁，將油加進預留的醬汁裡混合。

5. 將鴨胸從烤箱中取出，靜置5分鐘，然後切成條狀。

6. 將鴨肉、芝麻菜、青蔥、青椒和甜椒倒入大碗翻拌。倒入剩下的醬汁，上桌。

（如果使用溜醬油，則是無麩質料理）·生酮·低碳

羅馬豆腐沙拉 Roman Tofu Salad

吃膩普通的綠色沙拉了嗎？試試這道豆腐沙拉嚐鮮一下吧，它也可以當成主菜享用。這裡用義式香料醃製豆腐，搭配地中海蔬菜。淋上淡淡的檸檬香草醬汁簡直絕配。想要縮短醃製、烹煮和冷卻的時間，你可以事先把豆腐準備好，要吃的時候簡單配上蔬菜就可以上桌了。

益處： 豆腐可以提供蛋白質，有助於建構和修復肌肉、骨骼、軟骨、肌膚、頭髮和指甲。

1. **製作醬汁：** 將 ¼ 杯橄欖油、檸檬汁、奧勒岡、羅勒、大蒜鹽和黑胡椒倒入小碗攪拌。預留 2 大匙醬汁，備用。

2. 將豆腐塊放入一個中型攪拌碗。

3. 將剩餘的醬汁倒入豆腐，冷藏醃製 1 小時。

4. 將烤箱預熱至大約 180℃。

5. 將 2 茶匙橄欖油倒入玻璃烤盤，倒入豆腐和多餘的醃料，烘烤 30 分鐘。烤到一半時將豆腐翻面。烤完將豆腐取出，完全放涼，大約需要 15 分鐘。

6. 將豆腐、番茄、黃瓜、洋蔥和橄欖倒入大碗混合。

7. 倒入預留的醬汁，輕輕翻拌均勻，趁涼上桌。

無麩質・維根・素食

分量：4人份

醬料

¼ 杯橄欖油

2 大匙鮮榨檸檬汁

½ 茶匙乾奧勒岡

¼ 茶匙乾羅勒

¼ 茶匙大蒜鹽

¼ 茶匙鮮磨黑胡椒

1 塊（大約 396 克）硬豆腐，壓實、切成方塊（大約 1.2 公分大小）

2 茶匙橄欖油

1 杯（大約 473 克的容器）櫻桃番茄，切半

1 條中型黃瓜，去皮、切成方塊

½ 杯紅洋蔥，切碎

1 罐（大約 113 克）整粒或切片黑橄欖，瀝掉汁液

古巴黑豆玉米沙拉 Cuban Black Bean & Corn Salad

分量：4-6人份

醬料

2-3大匙特級初榨橄欖油

2-3大匙新鮮萊姆汁

少許海鹽

鮮磨黑胡椒，適量

1/8茶匙香菜粉

1/4茶匙孜然粉

1/8茶匙辣椒粉

2根新鮮玉米

1/2顆中型豆薯，去皮

1大顆酪梨，質硬但略帶彈性

12顆迷你原種櫻桃番茄（最好有各種顏色），切半

1/2罐（大約425克）黑豆，濾掉豆汁，沖洗豆子

1/4杯新鮮香菜葉

2茶匙檸檬汁

這道帶有拉丁風味的沙拉美味極了，可以單吃，可以放在綜合綠色葉菜上做成無麩質、生酮、低碳料理，也可以放在烤薄餅上享用。豆薯是一種口感爽脆的白色根莖類蔬菜，味道溫和，外觀有點像蕪菁。如果在市場找不到豆薯，可以省略不用。

益處： 黑豆提供蛋白質和纖維，番茄和橄欖油含有預防癌症的特性。香菜本身就是一種超級食物，它富含維生素，部分健康從業人員會用香菜來清除體內的有毒金屬，保護細胞免受氧化壓力的損傷，同時還有調節血糖等功效。

1. **製作醬汁：** 將醬汁食材放入碗中，充分混合並快速攪拌。冷藏1小時。

2. 將玉米粒從玉米棒上切下。

3. 將豆薯切成大約0.6×3.17公分的條狀。

4. 將酪梨切半，去籽，將果肉切成大約0.6公分的塊狀。

5. 將沙拉食材倒入玻璃或陶瓷大碗翻拌均勻。

6. 將醬料淋到沙拉上翻拌均勻。

無麩質 · 生酮 · 低碳 · 維根 · 素食

加州大麻籽沙拉佐草莓和羽衣甘藍
California Hemp Seed Salad with Strawberries & Kale

在加州可以合法種植少量大麻，當地有些餐廳也會提供大麻全餐。儘管這裡所稱的大麻，跟一般製作禁藥的大麻是同種植物，但它不含會讓人亢奮的精神活性物質四氫大麻酚（THC）。大部分健康食品店有賣不含THC的大麻籽。這道可事先製作的簡易沙拉可以當成配菜，也可以搭配精瘦蛋白質食用。把剩下的檸檬油醋醬倒入密封容器，放進冰箱冷藏，可以保存五天。

益處：大麻籽含有 Omega-3 脂肪酸，有助於肌膚保持彈性，同時可能有助於降低三酸甘油酯、調節心律、甚至可能降低中風和失智症風險。生的羽衣甘藍和羅勒可以提供具有排毒作用的葉綠素。

1. 將羽衣甘藍放入中碗，撒鹽（如果是用嫩羽衣甘藍，請跳過下個步驟）。

2. 雙手洗淨，用指尖輕輕搓揉卷綠羽衣甘藍30-60秒，直到葉子開始萎縮、顏色變得鮮綠。搓揉過程中如果釋出多餘水分，用乾淨的廚房紙巾輕輕擦乾，這些水分嚐起來可能會有苦味。

3. 將洋蔥、草莓、羅勒和大麻籽放入碗中，翻拌混合。

4. **製作醬汁：**將醬汁食材倒入梅森罐或有蓋子的容器中混勻，蓋好蓋子，輕輕地搖一搖。如果是在碗中攪拌，請用打蛋器打勻。

無麩質 ·（如果使用龍舌蘭糖漿，則是維根料理）

分量：2-4人份

醬汁
½杯橄欖油
¼杯新鮮檸檬汁
3大匙蜂蜜或龍舌蘭糖漿
½茶匙海鹽
¼茶匙鮮磨黑胡椒

1 把嫩羽衣甘藍或卷綠羽衣甘藍，去莖、大致切碎
¼茶匙粗海鹽
½顆小顆黃洋蔥，切丁
8顆新鮮草莓，去蒂、切片
¼杯新鮮羅勒葉，將葉子堆疊、捲起，切成細絲
4大匙去殼大麻籽

貝魯特塔布勒沙拉 Beirut Tabbouleh

分量：2-4人份

2 把義大利平葉巴西里

2 顆熟羅馬番茄，切末

3 根青蔥，切末

1/2 顆白洋蔥或黃洋蔥，切末

2 大匙即食或細粒布格麥

1/3 杯特級初榨橄欖油

2 顆檸檬，榨汁

鹽和鮮磨黑胡椒，適量

　　塔布勒沙拉製作簡單，味道新鮮，搭配烤肉和烤魚非常美味。市售布格麥已經經過壓碎、預煮和乾燥處理。我在這道食譜中使用的是細磨即食布格麥（有時也稱細粒布格麥或布格麥 #1）

益處：生巴西里含有具有排毒功效的葉綠素，橄欖油含有有益心臟健康的脂肪，檸檬汁則可提供維生素 C，有助於支持免疫系統。

1. 將巴西里、番茄和洋蔥放入沙拉碗混合。

2. 將布格麥放入水中浸泡約 1 分鐘。瀝乾，加入碗中混合。

3. 將橄欖油淋在沙拉上，再次拌勻。

4. 加入檸檬汁、鹽和黑胡椒拌勻，直到完全混合。

維根・素食

加拿大沙拉佐楓糖溜醬油醬汁
Canadian Salad with Maple-Tamari Dressing

分量：4-6人份

醬汁

1 罐（大約 425-453 克）白腰豆（或其他白豆），濾掉豆汁，沖洗豆子

2 大匙中東芝麻醬

2 大匙第戎芥末醬

2 大匙營養酵母（我用的是鮑伯紅磨坊〔Bob's Red Mill〕品牌）

2 大匙溜醬油

1 大匙純楓糖漿

1 顆檸檬，榨汁、削下皮屑

1/2 杯水

4 杯羽衣甘藍，去莖，切條或切絲

1 杯紫高麗菜絲

1 杯胡蘿蔔絲

1 杯球芽甘藍絲

1 罐（396-425 克）鷹嘴豆，濾掉豆汁，沖洗豆子

1/2 杯乾烤杏仁片，裝飾用

　　有時沙拉吃起來可能不夠有飽足感，不過只要適時添加纖維、蛋白質和健康脂肪，吃沙拉也可以吃得飽。這道主菜沙拉用了兩種豆類，提供滿滿的蛋白質！楓糖漿是加拿大的主要食材之一，日式醬油溜醬油在溫哥華的亞洲社區市場也很容易買到。將這兩者加在一起，可以創造出濃郁的醬汁，搭配各種綠色生菜簡直一絕。鮑伯紅磨坊品牌的營養酵母可以在天然食品店和網路上買到。

益處：青花菜、球芽甘藍和羽衣甘藍等十字花科蔬菜含有吲哚和異硫氰酸酯等物質，其抗癌和抗老化效果是一等一的。營養酵母提供蛋白質、鐵，以及能夠產生能量的維生素 B_1 和 B_2。豆類提供蛋白質，能增強體力，同時也能提供纖維，有助於身體排毒。

1. **製作醬汁：**將醬汁食材放入果汁機或食物處理機混合。以高速打到醬汁質地非常滑順。如有需要，加入更多的水，讓醬汁呈現理想的稠度，方便淋到蔬菜上。

2. 將羽衣甘藍、高麗菜、胡蘿蔔、球芽甘藍和鷹嘴豆放入大的攪拌碗。倒入醬汁，輕輕翻拌混合。

3. 以杏仁片裝飾，上桌。

無麩質・維根・素食

泰式青芒果沙拉 Thai Green Mango Salad

在泰國，未成熟的青芒果常被拿來做成沙拉或醃製。青芒果的果肉酸而清爽。如果找不到泰國青芒果，墨西哥青芒果也一樣適合。這道沙拉跟我的北京串烤（第157頁）非常搭配。

益處： 芒果含有葉酸，有助於維持肌膚、毛髮和眼睛健康；維生素 C 有助於組織再生；纖維有助於身體排毒。

1. 製作醬汁： 將醬汁食材放入小碗攪拌混合。

2. 將沙拉食材放入大碗，倒入醬汁翻拌，立刻上桌。

無麩質

分量：2-4人份

醬料

2大匙泰國魚露（我用的是紅船〔Red Boat〕品牌）

¼杯新鮮萊姆汁

2大匙紅糖

2茶匙泰式紅辣椒醬

1顆青芒果，切成薄片

1杯豆芽菜

¼杯青蔥，切粒

¼杯新鮮香菜葉，切碎

½杯新鮮羅勒葉，撕碎

1根泰國紅辣椒，切粒（可視個人辣度喜好選擇是否使用）

⅓杯烤花生，切碎

沖繩甜辣蕎麥麵彩虹沙拉
Okinawan Sweet & Spicy Soba Rainbow Salad

這道食譜的特色是它使用了日本蕎麥麵，蕎麥麵是由蕎麵粉製成，每份含有8克蛋白質。加入蔬菜可以增加許多維生素和礦物質，同時讓這道沙拉吃起來更有飽足感。如果要做成主菜，可以加入一些熟雞胸肉絲或熟蝦。

益處：蕎麥富含維生素E，有助於支持健康的大腦功能，蕎麥裡的 Omega-3 脂肪酸和色胺酸也有同樣的功效。白菜提供吲哚，這種硫化物可以中和致癌物，此外也有硝酸鹽，有助於降低血壓。香菇含有具有排毒作用的硒，以及能降低膽固醇的 β- 葡聚醣。

分量 :4-6份

1 包（大約 340 克）蕎麥麵

¾ 杯胡蘿蔔，去皮、切絲

5 根青蔥，修去兩端、斜切，切到綠色部分的一半即可

1 杯嫩白菜葉，撕碎

¾ 杯紅甜椒丁

1 杯豌豆莢或荷蘭豆

½ 杯香菇，切片

3 大匙新鮮香菜葉

1 大匙烤芝麻，裝飾用

醬汁

¼ 杯天然無顆粒花生醬

¼ 杯熱水

1 大匙蜂蜜

1 大匙味醂或調味米醋

2 茶匙醬油

4 大匙新鮮萊姆汁

1 茶匙蒜末

2 茶匙辣醬（我用的是是拉差辣醬〔Sriracha〕）

3 大匙芝麻油

1. 將蕎麥麵放入鹽水，按照包裝上的指示煮熟，或煮到麵變得彈牙。瀝乾，立刻放入冷水沖洗，備用。

2. **製作醬汁**：將花生醬、熱水、蜂蜜、味醂和醬油倒入中碗攪拌。拌入萊姆汁、大蒜、辣醬和芝麻油，充分拌勻。

3. 將蕎麥麵、胡蘿蔔、青蔥、嫩白菜、豌豆莢或荷蘭豆、紅甜椒、香菇和香菜放入大碗翻拌，加入醬汁，充分拌勻。

4. 在上面撒上烤芝麻，上桌。

素食

無國界薑黃—中東芝麻醬沙拉
Fusion Turmeric-Tahini Potato Salad

馬鈴薯沙拉是德國料理，不過我在裡面加了印度薑黃和中東芝麻醬，把它變成一道輕盈的無國界料理。加入高麗菜絲能讓馬鈴薯沙拉吃起來爽脆與滑順交融，口感變得豐富多樣。這道素食料理相當豐盛，可以當成主菜享用。

益處：馬鈴薯含有維生素 B_6，能從細胞層次產生能量，同時有助於血清素的生成。馬鈴薯也含有鉀，能強化神經和肌肉功能。紫高麗菜含有花青素，可以抑制癌細胞生長和提升微血管功能。高麗菜裡的吲哚和超氧化物歧化酶有助於對抗疾病，葉黃素可能有助於預防年齡相關性黃斑病變。

1. 將烤箱預熱至大約200°C。

2. 將馬鈴薯、橄欖油、鹽和黑胡椒放入玻璃烤盤翻拌，直到馬鈴薯裹上調味料。

3. 將馬鈴薯放入烤箱烤30分鐘，或直到馬鈴薯變金黃色、外皮微酥，過程中翻面一次。烤好之後放涼備用。

4. **製作醬料：**將醬料食材倒入中碗攪拌，直到充分拌勻。

5. 將馬鈴薯和高麗菜放入大碗混合，拌入醬料，直到所有食材均勻裹上醬料。

無麩質・素食

分量：6人份

大約453克帶皮拇指馬鈴薯（fingerling potatoes），縱向對半切

2大匙橄欖油

½茶匙猶太鹽

½茶匙鮮磨黑胡椒

1杯紫高麗菜絲

醬料

½杯原味優格（低脂或全脂皆可）

2茶匙中東芝麻醬

1茶匙薑黃粉

1茶匙蒜末

2茶匙未經巴氏滅菌的蘋果醋（我喜歡用 Bragg 品牌）

¼茶匙猶太鹽

¼茶匙鮮磨黑胡椒

109

北歐甜菜沙拉 Nordic Beet Salad

Ao　DP

甜菜是時下相當流行的食材,但斯堪地那維亞地區的人們數百年來都吃這種蔬菜。他們也很喜歡用沙棘做成派或果汁,只是這種漿果不像甜菜那麼有名。你可以上網買沙棘果汁,或買沙棘粉加水泡成果汁,或乾脆用柳橙汁代替。如果有時間,可以提前一天做好醬汁、烤好甜菜,然後把甜菜放進醬汁,浸泡過夜。

益處:甜菜——尤其是甜菜汁產品——可能有助於提升運動表現,同時治療慢性疾病。甜菜富含高濃度的抗氧化劑、類胡蘿蔔素、葉酸、纖維、鐵、錳、鉀和維生素 C。甜菜的深紅色來自甜菜紅素(betacyanin),目前已知這種物質可以殺死癌細胞。甜菜中的天然硝酸鹽有助於調節血壓。沙棘含有六十種不同的抗氧化劑和近二十種礦物質,是超級食物裡的巨星。沙棘果肉和核仁油富含健康脂肪酸。沙棘可以提供建構蛋白質所需的胺基酸,維生素 B_1、B_2、K、C、A、E,以及葉酸。

分量:6人份

8顆新鮮甜菜

2大匙橄欖油

6杯鮮嫩菠菜或芝麻菜

醬汁

½杯沙棘汁(或鮮榨柳橙汁)

1根青蔥,切粒

2大匙橄欖油

2大匙巴薩米克醋

1茶匙新鮮百里香末(或 ¼ 茶匙乾百里香末)

1茶匙柳橙皮屑

1茶匙喜馬拉雅鹽

¼茶匙鮮磨黑糊椒

1. 將烤箱預熱至大約180°C。

2. 將甜菜擦洗乾淨,去皮,切成楔形塊狀,淋上1大匙橄欖油將甜菜均勻裹住,然後放進烘焙烤盤。

3. 烤40-50分鐘,或直到甜菜變軟,過程中偶爾翻面。

4. **製作醬汁:**將醬汁食材放入小碗攪拌,直到充分混合。

5. 將嫩菠菜或芝麻菜放入大碗,淋上¼杯醬汁,翻拌一下,讓菜葉裹上醬汁。

6. 將沙拉平均分成6盤。

7. 將甜菜放入原本裝著嫩菠菜或芝麻菜的碗中,加入剩餘的醬汁,翻拌均勻。

8. 將裹上醬汁的甜菜放在盤子裡的綠色沙拉上,上桌。

無麩質 · 維根 · 素食

聖地牙哥柿子沙拉佐菲達乳酪
San Diego Persimmon Salad with Feta Cheese

　　我在聖地牙哥附近有一座農場，那裡種了十棵柿子樹，每年我都引頸期待採收果子。柿子有幾個不同的品種，有趣的是它們在植物學上與巴西堅果、藍莓和茶有關。柿子分成兩大類：一種是澀柿（八角柿），這類柿子必須熟透才能食用，熟透時果子會變軟。另一種是甜柿（富有柿），這種柿子口感爽脆，即使還沒熟透也很甜。柿子的盛產時間在十月到隔年一月。這道沙拉完美融合甜味與鹹味。加入雞胸肉絲，就是一道主菜沙拉。

益處：從柿子亮橙橙的色澤就能看出它很有益健康：裡面有維生素 A，對眼睛健康至關重要，錳有助於強化骨骼、清除自由基，同時有助於控制血糖。此外，柿子還含有維生素 C，有助於支持免疫系統，以及微量礦物質銅，有助於身體吸收鐵、製造紅血球，以及調節血壓。

分量：2-4 人份

4 顆富有（Fuyu）柿，切成大約 2.5 公分的小塊

2 茶匙椰子油，額外準備 1 大匙

1 大匙新鮮萊姆汁

½ 茶匙小豆蔻粉

½ 杯紅洋蔥薄片

⅓ 杯菲達乳酪，捏碎

¼ 杯烤胡桃或核桃

¼ 杯陳年巴薩米克醋

4 杯新鮮芝麻菜或嫩羽衣甘藍

1. 將柿子、2 茶匙椰子油、萊姆汁和小豆蔻粉放入中碗，充分翻拌，直到柿子均勻裹上所有調味料。

2. 將柿子、芝麻菜、洋蔥、菲達乳酪和堅果放入大碗，混勻。

3. 淋上剩下的椰子油和巴薩米克醋。充分攪拌，上桌。

無麩質・素食

Ao　B　IB

阿茲特克莓果沙拉佐奇亞籽醬
Aztec Berry Salad with Chia Dressing

分量：4人份

2杯嫩菠菜，粗切，壓實放入杯中

1杯新鮮草莓，切片

1杯新鮮藍莓

1根黃瓜，切丁

½杯葵花籽仁

¼杯新鮮羅勒葉，切碎，鬆散放入杯中

醬汁

2大匙特級初榨橄欖油

1顆檸檬，榨汁，削下皮屑

1茶匙大蒜末

1大匙奇亞籽

1茶匙蜂蜜或楓糖漿

1大匙水

鹽和鮮磨黑胡椒，適量

根據記載，早在一五四〇年，阿茲特克人就開始使用奇亞籽了。這道色彩豐富、味道清爽的沙拉非常適合在夏日午後和晚上享用。你可以把它當成前菜、配菜，或夏日輕食。

益處：奇亞籽含有健康脂肪（包括具有抗氧化作用的Omega-3脂肪酸）和植物性蛋白質，有助於提供能量。新鮮的時令漿果提供高濃度的有益抗氧化劑，例如維生素C和花青素，可以提升大腦、眼睛和肌膚的微血管功能。

1. 將沙拉食材放入大碗混合。

2. 將醬汁食材放入另一個碗拌勻。

3. 將沙拉與醬汁一起翻拌，立刻上桌。

無麩質·（如果使用楓糖醬，則是維根料理）·素食

伊卡利亞芝麻菜沙拉佐菲達乳酪和松子
Ikarian Arugula Salad with Feta Cheese & Pine Nuts

分量：4人份

1杯希臘菲達乳酪，切丁
½杯橄欖油，分次使用
½茶匙希臘（或義大利）奧勒岡
8杯芝麻菜或菠菜
2大匙新鮮檸檬汁
鮮磨黑胡椒，適量
½杯烤松子
½杯藍莓、無花果、草莓（或其他夏季水果）（可略）

這道素食沙拉的靈感來自希臘伊卡利亞藍區，當地居民通常可以活到一百歲以上。如果找不到希臘奧勒岡，義大利奧勒岡的風味雖然較淡，還是可以代替著用。

益處： 菲達乳酪提供豐富的蛋白質和鈣，松子則是硫胺素、菸鹼酸、核黃素、B_6 和葉酸等維生素 B 群的優質來源。此外，松子還提供錳等有助於身體抵抗感染的礦物質。芝麻菜和菠菜含有維生素 C，以及具有排毒特性的葉綠素。

1. 將菲達乳酪放入碗中。

2. 在乳酪上倒入 ¼ 杯橄欖油，加入奧勒岡。醃製 20 分鐘，偶爾攪拌，讓乳酪均勻裹上橄欖油和奧勒岡。

3. 將芝麻菜或菠菜、檸檬汁、剩下的橄欖油、菲達乳酪和胡椒放入大碗，輕輕翻拌。

4. 將沙拉平均盛入4個淺碗或盤子中，撒上松子和水果（如有使用），上桌。

無麩質・素食

法式烤蔬菜佐綠色沙拉
French Roasted Veggies & Greens Salad

分量：5人份

4根大胡蘿蔔，去皮、切片
½顆中型黃洋蔥，切丁
3顆中型黃金甜菜，去皮、切丁
2大匙橄欖油
5杯芝麻菜

醬汁

¼杯橄欖油
2大匙蜂蜜或龍舌蘭糖漿
1顆小檸檬，榨汁、削下皮屑
1茶匙第戎芥末醬
2茶匙普羅旺斯綜合香料（第321頁）
⅛茶匙海鹽
¼茶匙鮮磨黑胡椒

這道烤蔬菜可以用其他新鮮時令蔬菜做搭配，全年都很適合食用。將甜菜和胡蘿蔔等根莖類蔬菜跟各種綠色葉菜一起淋上輕爽的檸檬油醋醬，就是一道完美豐富的沙拉。你可以用我的普羅旺斯綜合香料，或自己喜歡的綜合香料品牌，為醬汁增添法國風味。

益處： 甜菜富含高濃度的抗氧化劑、類胡蘿蔔素、葉酸、纖維、鐵、錳、鉀，以及維生素 C。甜菜紅素讓甜菜呈現深紅色，目前已知這種物質有助於殺死癌細胞。

1. 將烤箱預熱至大約230℃。

2. 將胡蘿蔔、洋蔥和甜菜用橄欖油拌勻，放入烘焙烤盤，烤 40-50 分鐘，或直到蔬菜變軟，略微上色，前20分鐘包上鋁箔紙烤。

3. **製作醬汁：** 烤蔬菜的同時，將醬汁食材放入小碗攪拌，直到充分混合。

4. 蔬菜稍微放涼之後，均勻淋上醬汁，平均盛入5個鋪上芝麻菜的盤子。

無麩質・（如果使用龍舌蘭糖漿，則是維根料理）・素食

中式五香鵝

禽肉 *poultry*

印度烤雞佐鷹嘴豆
Indian Sheet Pan Chicken with Chickpeas

這道菜餚所用的香料靈感來自印度料理。優格醃料的酸性有助於雞肉變嫩，糖分能讓雞皮在烤的時候上色並焦糖化。在烤的過程中要偶爾翻動鷹嘴豆（雞豆）和花椰菜，使其裹上雞油。

益處：鷹嘴豆含有纖維，可以幫助消化，增加飽足感，以及降低血液中的膽固醇。鷹嘴豆所含的鐵有助於將氧氣正常輸送到全身，其中所含的鋅可能有助於降低黃斑病變的風險，也能鎖住膠原蛋白和彈性蛋白，有助於維持美麗肌膚。

1. 將雞肉以適量的鹽和黑胡椒調味。

2. 將¾杯優格、2大匙檸檬汁、1茶匙薑黃粉和2大匙水放入大碗混合。加入雞肉翻拌，直到均勻裹上調味料。烹調前先讓雞肉在室溫下靜置30分鐘，或冷藏過夜。

3. 將烤架放在烤箱上部⅓處，預熱至大約220°C。

4. 將鷹嘴豆、甜茴香籽、孜然、小荳蔻、辣椒粉、剩下的薑黃、花椰菜和一半的洋蔥片放入烘焙烤盤混合。淋上橄欖油，加入鹽和黑胡椒調味，充分翻拌，直到食材均勻裹上香料。

5. 將蔬菜放到烤盤兩側。刮去雞肉上多餘的醃料，然後皮朝上放在烤盤中間。放入烤箱烘烤45-50分鐘，或直到雞皮均勻上色，鷹嘴豆變得金黃香脆，過程中偶爾翻拌蔬菜。

6. 在烤雞肉的同時，將剩下的洋蔥片與2大匙檸檬汁翻拌，加入鹽和黑胡椒調味，備用。

7. 將剩下的優格與剩下的1大匙檸檬汁、鹽和黑胡椒混合，備用。

8. 將拌入檸檬汁的洋蔥和薄荷或香菜葉撒在雞肉上，旁邊擺上調味過的優格當作醬料，上桌。

無麩質

分量：4人份

大約 1.3-1.5 公斤雞肉（雞胸、雞腿排、雞腿），帶骨、帶皮

猶太鹽和鮮磨黑胡椒，適量

1½ 杯低脂希臘優格，分次使用

5大匙新鮮檸檬汁，分次使用

2茶匙薑黃粉，分次使用

2大匙水

2 罐（每罐大約 369-425 克）鷹嘴豆，濾掉豆汁，沖洗豆子

1大匙甜茴香籽

2茶匙孜然粉

1茶匙小豆蔻粉

½茶匙卡宴辣椒粉

1杯花椰菜，去莖枝

1 顆大的紅洋蔥，切成薄片，分次使用

2大匙橄欖油

½新鮮薄荷或香菜葉，撕碎

中式五香火雞／鵝肉
Chinese 5-Spice Turkey or Goose

你會很驚訝用中式五香粉來烹調感恩節火雞或聖誕節鵝肉，竟然這麼美味！底下也有教你如何利用滴下來的雞油／鵝油製作肉汁。你可以用自己喜歡的香料品牌來代替我的中式五香粉。新鮮打拋葉可以在亞洲市場和部分超市買到。這道菜可以搭配我的東京大蒜味噌蔬菜（第240頁），或是搭配糙米飯和白菜、蕈菇、荸薺和豆莢等各種蔬菜一起享用。

益處：薑具有抗發炎的益處。禽肉含有蛋白質和胺基酸中的色胺酸，色胺酸可以產生菸鹼酸，有助於提供能量，此外也能建構血清素，有助於維持大腦健康和良好情緒。

1. **製作醃料：**將醬油、蜂蜜、芝麻油、大蒜和¼杯薑放入大碗攪拌。

2. 從雞或鵝的肚子取出內臟，沖洗雞或鵝，然後用廚房紙巾擦乾。將雞或鵝放入醃料碗中，胸部朝下，在室溫下醃製45分鐘。接著胸部朝上，再醃製15分鐘。

3. 將鹽、黑胡椒和中式五香粉放入小碗混合。

4. 將烤架放在烤箱的最低的位置，預熱至大約180°C。

5. **準備雞或鵝：**將烤架放在大型深烤盤上。將雞或鵝從醃料中取中，醃料備用。將雞或鵝放在烤架上，胸部朝上，內外都抹上綜合香料調味，皮下也抹一些香料。將剩下的薑、青蔥、打拋葉和香茅塞進雞或鵝的肚子，然後胸部朝下放在烤架上。倒2杯水到深烤盤中。用一張鋁箔紙輕輕蓋住雞或鵝。

6. **烤雞或烤鵝：**將深烤盤放入烤箱，烤4小時，每小時用一些備用的醃料淋上雞或鵝，過程中總共在深烤盤倒入3杯水。接著將雞或鵝的胸部朝上，充分淋上醃料，拿掉鋁箔紙繼續烤，直到插入雞腿或鵝腿中的肉類溫度計顯示大約75°C，過程中再淋一次醃料。

7. 小心地將雞肚或鵝肚裡的肉汁倒入深烤盤，然後將雞或鵝放到切肉板上，擺在溫熱的地方靜置30分鐘。

8. 將深烤盤裡的肉汁倒入大的醬汁鍋中。加入2杯雞高湯和3杯水，煮滾。

9. **製作肉汁：**將奶油和麵粉放入中碗混合，直到變成滑順的麵糊。慢慢拌入2杯從深烤盤裡倒出來的肉汁，一邊攪拌，一邊倒入醬汁鍋中，以小火慢煮，過程中偶爾攪拌，大約煮8分鐘，或直到沒有麵粉的味道。如有需要，可以倒入雞高湯稀釋。

10. 切開雞或鵝，擺上肉汁，上桌。

分量：6人份

2杯醬油

1杯蜂蜜

¼杯烤芝麻油

2茶匙蒜末

½杯新鮮薑片，分次使用

1整隻火雞或鵝（大約396-453磅），新鮮或解凍肉

1大匙喜馬拉雅鹽

2茶匙鮮磨黑胡椒

4茶匙中式五香粉（第319頁）

6根青蔥，切成大約5公分的長段

1把新鮮打拋葉

1杯香茅，刨碎（大約6根，只使用白色部分）

2杯水，額外準備3杯水用於烘烤

2杯低鈉雞高湯，如有需要可多準備一些

3杯水

4大匙無鹽奶油，軟化

½杯中筋麵粉

DP **M**

瑪哈拉賈雞 Chicken Maharaja

　　這道食譜簡單易作又美味無比！你可以根據個人口味噌減辣椒來調整辣度。我在這道食譜中使用的是深色雞肉[23]，因為它比白雞肉更有風味，但你也可以使用雞胸肉來代替。這道辛香料理搭配印度香糙米飯或泰國香米飯可謂絕配。

益處：葫蘆巴含有膽鹼，可以支持健康的大腦功能和記憶，有助於保護肝臟，在預防膽固醇堆積方面也具有作用。葫蘆巴也含有稱為4-羥基異亮氨酸（4-hydroxyisoleucine）的胺基酸，可能有助於減少腸道中的葡萄糖吸收率，此外還有薯蕷皂素，可以透過誘發細胞凋亡（apoptosis；又稱程序性死亡〔programmed cell death〕）來幫助抑制多種癌症。

1. 將水、大蒜、辣椒和薑倒入果汁機或食物處理機，打2-3分鐘，或直到滑順。

2. 將雞肉以適量的鹽和黑胡椒粉調味。

3. 將椰子油倒入大約5.6公升容量的醬汁鍋中，以中火加熱。加入雞肉，每面煎3-4分鐘或直到上色。將雞肉裝盤。

4. 將洋蔥加入醬汁鍋中煮5-7分鐘，或直到洋蔥變成半透明。加入葫蘆巴、香菜、孜然、葛拉姆馬薩拉粉和薑黃，拌炒約1分鐘，或直到散發香味。加入大蒜、辣椒和薑打成的泥，拌炒2-3分鐘。

5. 拌入番茄拌炒4-6分鐘，或直到番茄稍微上色。

6. 加入雞肉和牛奶，煮滾。蓋上蓋子，煮15-20分鐘，或直到雞肉中間不再呈現粉紅色。

7. 用漏勺舀起雞肉盛到上菜盤裡。繼續煮醬汁5-7分鐘，或直到稍微收汁。離火，拌入優格和香菜，然後淋在雞肉上。

無麩質 · 生酮 · 低碳

分量：4-6人份

3大匙水

6瓣中型大蒜瓣，去皮

2根塞拉諾辣椒，去籽、去蒂

大約5公分鮮薑，去皮、切薄片

大約907克棒棒雞腿或雞腿排

鹽和鮮磨黑胡椒，適量

¼杯椰子油

1顆大顆白洋蔥，切片

1大匙乾葫蘆巴葉或葫蘆巴粉

1茶匙香菜粉

1茶匙孜然粉

1茶匙葛拉姆馬薩拉粉（印度綜合香料）

½茶匙薑黃粉

4顆李子番茄，切碎

¾杯牛奶

½杯原味優格

⅓杯新鮮香菜葉，切碎

---

23. 深色雞肉是指雞腿等烹調之後呈現較深顏色的部分，與煮過之後仍呈白色的雞胸肉等部位有所不同。——譯者註

坦都里綜合香料雞
Chicken with Tandoori Spice Blend

DP M S

我的抗發炎印度坦都里綜合香料，是這道美味雞肉佳餚的功臣。如果你沒有在進行無麩質、生酮或低碳飲食，可以搭配米飯或南餅，以及我的藍區蘋果鼠尾草花椰菜（第233頁）或中南半島咖哩高麗菜沙拉（第100頁）。

益處：雞肉中的蛋白質有助於建構強壯的肌肉，維生素 B_{12} 有助於從細胞層次產生能量，菸鹼酸則有修復 DNA 的作用。番茄含有茄紅素，這種抗氧化劑可能有助於降低癌症風險、促進認知功能，以及增進攝護腺健康。

分量：4人份

8 大匙坦都里綜合香料（第 324 頁），分次使用

1 隻全雞（大約 1.3-1.8 公斤），切成4份

¾ 杯番茄沙司或碎番茄罐頭

2 大匙椰子油

1. 將4大匙坦都里綜合香料撒上雞肉，讓雞肉均勻裹上香料。

2. 將剩下的香料和番茄沙司倒入小碗混合。

3. 將椰子油倒入煎鍋，以中大火加熱。加入雞肉，每面煎4分鐘，或直到雞肉呈現金黃色。

4. 將混合香料的番茄沙司加入鍋中，以小火慢煮15分鐘，或直到雞肉中間不再呈現粉紅色。

無麩質・生酮・低碳

澳洲鴕鳥排 Australian Ostrich Steaks

澳洲有許多鴕鳥養殖場，當地鴕鳥養殖已有二十五年的歷史。但你不用親自去到那裡，只要上「化石農場」（Fossil Farms）的網站（www.fossilfarms.com/collections/ostrich-meat）就能買到鴕鳥肉。鴕鳥肉呈現深粉色，味道細微低調，吃起來更像牛肉而不是禽肉。烹調時千萬不能超過一分到三分熟，否則就會太硬。跟烤火雞或烤牛肉一樣，切鴕鳥肉之前先讓它靜置一下，讓肉有時間重新吸收原本流出的肉汁。這道料理可以搭配我的波蘭甘藍佐野菇（第248頁）或甜豌豆蕈菇燕麥粥佐焦糖洋蔥（第230頁）享用。

益處：鴕鳥肉等野味富含蛋白質和鐵，以及維生素 E、β- 胡蘿蔔素、鋅、維生素 B_6 和硒等各種有益的營養素。硒是一種重要的營養素，有助於降低癌症風險、促進解毒，幫助保護細胞免受自由基所造成的損害。

1. 將鴕鳥排抹上大蒜、黑胡椒和1大匙芝麻油。放入密封袋，冷藏最多5小時。

2. 將鴕鳥排從冰箱取出，用廚房紙巾拍乾。

3. **製作醃料：**將1大芝麻油、醬油、薑、米酒和鳳梨汁倒入小碗攪拌。備用。

4. 將剩下的芝麻油倒入煎鍋，以中大火加熱。

5. 鴕鳥排每面煎2.5分鐘，或直到表面上色，中間粉紅。將鴕鳥排取出，放在溫熱的盤子上，蓋起來靜置10分鐘。

6. 將醃料加入鍋中，不蓋蓋子，以中大火煮4-5分鐘，或直到稍微變稠。

7. 將鴕鳥排以逆紋方向切片，淋上煮過的醃料，上桌。

無麩質・生酮・低碳

分量：2人份
2塊鴕鳥排（每塊大約170克）
1茶匙大蒜鹽或蒜粒
鮮磨黑胡椒，適量
3大匙麻油，分次使用
2大匙醬油
1茶匙新鮮薑末
1大匙米酒
2大匙鳳梨汁

普羅旺斯烤雞
Provençal Roasted Chicken

　　這道烤雞帶有夏日風味,不過用了我的普羅旺斯綜合香料,一年到頭都能做這道料理。搭配我的法式烤蔬菜佐綠色沙拉(第114頁)一起享用非常美味。

益處:雞肉是有益大腦的食物,其中的胺基酸有助於身體產生多巴胺和血清素。大蒜含有硫化物,有助於維持正常的血液濃度。此外,大蒜可能有降低膽固醇的作用,甚至可能有助於降低心臟病、中風和癌症風險。

1. 將烤箱預熱至大約220℃。

2. 將雞從裡到外清洗乾淨。去除多餘的脂肪,然後拍乾。在雞肚裡抹上鹽和黑胡椒,然後撒上2茶匙蒜末和2大匙普羅旺斯綜合香料。將雞的胸部朝上,放在抹油的烤盤中。

3. 在雞皮底下抹上剩下的大蒜和綜合香料。將橄欖油、檸檬汁,以及額外的鹽和胡椒刷在雞的表面。

4. 烤1小時10分鐘,或在雞大腿和雞小腿之間戳一個洞,流出清澈肉汁時即可。

5. 置靜10分鐘,然後切肉、上桌。

無麩質 · 生酮 · 低碳

分量:4人份

1隻全雞(大約1.3-1.8公斤)

鹽和鮮磨黑胡椒粉,適量

4茶匙蒜末,分次使用

4大匙普羅旺斯綜合香料(第321頁),分次使用

2大匙橄欖油

2大匙檸檬汁

北非雞肉
North African Chicken

Dx DP S

這道雞肉料理用了來自摩洛哥的馬拉喀什綜合香料，所以帶有異國風味，不過準備起來相當簡單。可以搭配我的波斯刺檗燕麥粥（第231頁）或聖地牙哥柿子沙拉佐菲達乳酪（第112頁）一起享用。

益處： 你知道雞肉含有蛋白質，但你知道它也富含礦物質嗎？雞肉含有銅，有助於保護神經，也有助於形成膠原蛋白，有益肌膚、骨骼和關節健康。雞肉裡的磷有助於肌肉正常收縮、有助於神經正常運作、是蛋白質的組成要素，甚至有助於強化牙齒。另一種礦物質硒則可支持心臟健康、調節血液凝結、可能有助於降低癌症風險，以及可以支持身體的自然排毒路徑，同時提升對抗感染的能力。

分量：4人份

4片雞胸肉，去骨、去皮，切成一口大小（大約3.8公分的方塊）

4大匙馬拉喀什綜合香料（第322頁）

2大匙椰子油

1. 將雞肉和綜合香料放入密封袋，均勻搖晃，讓雞肉完全裹上香料。

2. 將椰子油倒入大型煎鍋，以中大火加熱。

3. 加入雞肉煎5-10分鐘，或直到雞肉中間不再呈現粉紅色，過程中隨時翻動。

無麩質・生酮・低碳

韓式辣雞 Spicy Korean Chicken

韓式苦椒醬又稱韓式辣醬，在韓國料理中被用於調味、醃肉，以及燉滷。苦椒醬能讓雞肉等肉品更增美味。你也可以用泰式辣醬代替。我在這道菜中使用的是雞腿排，因為它更有風味，不過你也可以使用雞胸肉或全雞腿來代替。這道菜可以搭配白飯或黑米飯、烤馬鈴薯、紫高麗菜，或我的沖繩甜辣蕎麥麵彩虹沙拉（第108頁）一起享用。韓式苦椒醬可以在大部分超市的亞洲食品區找到。

益處： 雞肉含有蛋白質和各種胺基酸：離胺酸有助於修復組織；苯丙胺酸（phenylalanine）和酪胺酸，是多巴胺的組成要素，有助於大腦健康；色胺酸有助於產生血清素，有益大腦健康和良好情緒。紅辣椒含有抗氧化劑維生素 C；花青素可能有助於提升微血管功能；辣椒素可以幫助平衡餐後血糖水平，甚至可能觸發癌細胞死亡。

分量：4人份
4塊雞腿排，帶皮去骨
喜馬拉雅鹽，適量
鮮磨黑胡椒，適量
4茶匙椰子油或芝麻油
2大匙蜂蜜
4大匙低鈉醬油或溜醬油
1茶匙蒜末
1/4杯水
1/4杯米酒
韓式苦椒醬（韓式辣醬），適量
1/4杯蔥粒，裝飾用

1. 用廚房紙巾將雞肉拍乾，兩面都抹上適量的鹽和黑胡椒調味。

2. 將油倒入煎鍋，以中大火加熱，直到油溫很高但沒發煙的程度。加入雞肉，雞皮朝下，煎8-10分鐘，或直到雞皮上色。

3. 雞肉翻面，再煎3-4分鐘，讓另一面也上色。將雞肉盛盤，留下鍋中的雞油。

4. 原鍋加入蜂蜜、低納醬油或溜醬油、大蒜、水、米酒，以及適量的韓式苦椒醬。以中大火煮1-2分鐘，過程中隨時攪拌。

5. 將火轉小，將雞肉放回鍋中。用湯匙將醬汁淋到雞肉上，繼續煮2-3分鐘，直到用叉子戳肉時流出清澈肉汁，或直到骨頭附近的肉不再呈現粉紅色。撒上蔥粒裝飾。

（如果使用溜醬油，則是無麩質料理）

熱帶烤雞佐芒果哈瓦那紅辣椒莎莎醬
Tropical Grilled Chicken with Mango-Habanero Salsa

雞胸肉可以完美帶出這道料理的熱帶風味。金桔是一種柑橘類的混種品種，也稱菲律賓萊姆。金桔在亞洲料理中相當普遍（尤其是馬來西亞和印尼等東南亞國家）。如果在亞洲市場找不到金桔，可以使用比較常見的萊姆或萊姆汁。我的熱帶芒果哈瓦那紅辣椒莎莎醬不但可以搭配玉米片，搭配烤雞（甚至是牛排或蝦子）也很美味。你可以將這道料理搭配我的牙買加咖哩玉米飯一起享用（第242頁）。

益處： 雞肉中的蛋白質、維生素和礦物質對大腦、肌肉、骨骼、關節和神經都有益處。去皮的白雞肉，是精瘦蛋白質的優質來源。

1. 將金桔汁或萊姆汁、橄欖油、大蒜和芥末放入密封袋混合。加入雞肉，均勻搖晃，醃製10分鐘（或冷藏至少1小時）。

2. 將雞肉從醃料中取出，撒上適量的鹽。保留醃料。

3. 將椰子油倒入大型煎鍋或平底烤盤，以中大火加熱。雞胸肉每面煎5分鐘，直到中間不再呈現粉紅色。如有需要，加一點醃料讓雞肉保持濕潤。

4. 在雞肉上面淋上熱帶芒果哈瓦那紅辣椒莎莎醬，上桌。

無麩質 · 生酮 · 低碳

分量：4人份

¼杯新鮮金桔汁或萊姆汁

¼杯橄欖油

1茶匙蒜末

1茶匙第戎芥末醬或辛辣棕色芥末醬

4片雞胸肉，去骨、去皮，大約1.2公分厚（如有需要可將雞肉拍薄）

海鹽，適量

2大匙椰子油

1份熱帶芒果哈瓦那紅辣椒莎莎醬（第67頁）

DP **S**

喬治亞薩茨維（大蒜核桃醬雞肉）
Georgian Satsivi (Chicken in Garlic-Walnut Paste)

喬治亞曾是蘇聯的一部分，該國位於黑海東部，南接土耳其，北與俄羅斯隔著高加索山脈。喬治亞的氣候溫和，曾是地中海國家和遠東之間的貿易要道。薩茨維是喬治亞傳統的核桃醬雞肉料理。這道菜的主要成分是庫姆里蘇內利，這是一種融合焦香、草香、花香和酸味的綜合香料。這種香料可以說是喬治亞的咖哩粉，用於製作濃郁湯品和肉類料理。你可以在網路平台 Etsy 和亞馬遜上買到薩茨維醬。這道菜傳統上會搭配米飯和薄餅一起享用，不過如果你正在進行生酮或低碳飲食，可以省略這個部分。

益處：核桃富含 Omega-3 脂肪酸，此外還提供在一般食物中很罕見的強大植化素，具有強大的抗癌作用。雞肉是建構肌肉的優質蛋白質來源。

分量：4-6人份

薩茨維醬

1杯核桃

半把新鮮香菜葉

1根青辣椒

2茶匙庫姆里蘇內利（khmeli suneli）綜合香料

1茶匙蒜末

1大匙新鮮檸檬汁

2杯雞高湯，分次使用

雞肉

大約907克雞肉塊

鹽和鮮磨黑胡椒，適量

1大匙橄欖油

1顆中型洋蔥，切碎

2大匙中筋麵粉

裝飾

1-2大匙新鮮龍蒿，切碎

1-2大匙新鮮香菜葉，切碎

石榴籽（可略）

1. **製作薩茨維醬：**將核桃、香菜、辣椒、庫姆里蘇內利綜合香料、大蒜、檸檬汁和 1/2 杯雞高湯放入果汁機或食物處理機，打到變成滑順的糊狀。備用。

2. 在雞肉兩面撒上鹽和黑胡椒調味。將1大匙橄欖油倒入大煎鍋，以中火加熱，然後加入雞肉。每面雞肉煎5分鐘，或直到雞皮上色。分批下去煎，免得雞肉擠在一起。將煎好的雞肉盛盤備用。

3. 保留2大匙雞油，其餘倒掉。加入洋蔥，以小火煮5分鐘，或直到洋蔥變成半透明。

4. 加入麵粉攪拌。慢慢加入剩下的雞高湯拌勻。將火轉大，等到醬料煮開，再將火轉小，拌入薩茨維醬混勻。

5. 將雞肉放回鍋中，把醬料再次煮滾。

6. 將火轉小，不蓋蓋子，煮30分鐘，或直到醬料變得跟重奶油一樣濃稠。如有需要可以加鹽。

7. 撒上龍蒿、香菜和石榴籽（如有使用），上桌。

生酮・低碳

英式烤鴨佐雪莉肉汁
English Roasted Duck with Sherry Gravy

鴨肉比雞肉的顏色更深，味道更接近其他紅肉。鴨肉脂肪更多，只要好好烹調，就能提供美味濕潤的口感。鴨肉通常會煮到三分熟，烹調過程中仍保持深色。鴨肉煮過之後，而流出紅色而非清澈透明的肉汁，比較像是汁多色紅的牛排。英國人食用鴨肉的歷史悠久，用雪莉酒和奶油來烹調格外美味。烹調時間取決於鴨子的大小與品種。小水鴨的重量一般不到453克，烹調時間約為10-15分鐘。較大的鴨子（907克以上）烹調時間可能長達1小時25分鐘。請注意不要煮過頭了，因為鴨肉煮得愈久，騷味愈重。如果你在當地超市買不到鴨肉，可以上網到達達尼昂食品店（D'Artagnan Foods, www.dartagnan.com）購買。

益處：鴨肉含有核黃素、維生素 B$_{12}$ 和菸鹼酸，這些物質能從細胞層次幫助身體產生能量。菸鹼酸還有助於修復 DNA，同時促進產生菸鹼醯胺腺嘌呤二核苷酸（NAD），這種物質在預防神經退化疾病方面可能具有作用。

分量：4人份

1 隻全鴨（大約 907 克）或 2 隻小型鴨子（每隻大約 453 克）

6 枝新鮮迷迭香，分次使用

1 顆中型洋蔥，切成 4 等份

1 顆中型蘋果，去核、切成 4 等份

2 茶匙整粒丁香

2 大匙特級初榨橄欖油

1 茶匙粗海鹽

1/3 杯乾雪莉酒

1/4 杯重奶油

1. 將烤箱預熱至大約230℃。

2. 用水沖洗鴨子，然後用廚房紙巾徹底拍乾。輕輕地將3枝迷迭香，2等份的蘋果（每份蘋果插進一些丁香使之固定），以及2等份的洋蔥塞入鴨子肚裡。

3. 將鴨子內外均勻抹上橄欖油，然後在每一面撒上鹽。

4. 將烤架放在深烤盤上，將鴨胸朝上放在烤架上。馬上將烤箱溫度降到大約220℃。

5. 烤到鴨子的內部溫度（鴨腿處）達到大約60℃。如果烤得不夠熟，把鴨子放回烤箱再烤幾分鐘。若要測試熟度，可以將鴨子從烤箱取出，用鋒利的刀尖切開一部分的鴨肉。肉汁和鴨肉都要呈現紅色。鴨肉看起來會像一分熟的（而非生的）牛排。

6. 將鴨子從烤箱取出，鴨胸朝下，放在溫熱的盤子上，靜置10-15分鐘。

7. 在鴨子靜置的同時，將深烤盤中的肉汁裡多餘的脂肪倒掉。從蘋果裡拔掉丁香丟掉。將蘋果和洋蔥切碎。

8. **製作肉汁：**將深烤盤放在瓦斯爐上，加入雪莉酒，打開中火，洗鍋收汁。加入剩下的蘋果和洋蔥，攪拌均勻。用金屬鍋鏟刮起深烤盤中殘留的褐渣。再用金屬打蛋器把褐渣打得更碎。將雪莉酒混合物煮5-10分鐘，讓雪莉酒收汁，然後加入奶油。將肉汁倒入船形肉汁盅或小碗。

9. 將鴨子切片，擺上雪莉肉汁，上桌。

無麩質

中式茶香飯佐鴨胸
Chinese Tea-Infused Rice with Duck Breast

我很喜歡用茶來料理米飯或麵條的這個祕訣。不但可以提升菜餚的營養價值，也可以讓美味加分。普洱茶是發酵茶，所以比一般綠茶更健康。這道菜的傳統作法是用糯米，不過為了健康，我改成用糙米。你可以使用火雞胸肉或雞胸肉來代替鴨胸肉。打拋葉可以在亞洲市場和部分超市買到。這道療癒美食非常適合搭配我的加州大麻籽沙拉佐草莓和羽衣甘藍一起享用（第105頁）。

益處： 這道菜有助於支持大腦化學反應和大腦健康。禽肉含有多巴胺和血清素的前驅物。糙米和豌豆富含麩醯胺酸（glutamine），是製造重要的神經傳導物質 GABA 的必要元素。打拋葉可以促進血清素的產生。綠茶中的茶黃素（theaflavins）可能有助於改善血流、降低三酸甘油酯和壞膽固醇，以及防止癌細胞快速增生。

1. **煮飯：** 將雞高湯和茶倒入大鍋煮滾。加入糙米，將火轉成小火。加入香菇，蓋上蓋子，燜煮大約45分鐘，或直到液體完全被米吸收。

2. 將油倒入煎鍋，以中火加熱。加入洋蔥和大蒜，拌炒2-3分鐘，或直到洋蔥開始呈現金黃色。加入鴨肉，拌炒約10分鐘，或直到鴨肉熟透。保溫備用。

3. 飯煮好後，拌入豌豆、荸薺和打拋葉混勻。

4. 將飯分成4盤，上面擺上鴨肉，上桌。

無麩質

分量：4人份

大約1.8公升低鈉雞高湯

¼杯泡開的普洱茶（或茉莉綠茶）

2杯印度香糙米

½杯香菇，切碎

¼杯葡萄籽油或椰子油

1顆大洋蔥，切末

1茶匙蒜末

大約453克鴨胸肉（或火雞胸肉或雞胸肉），切成細條

2杯冷凍甜豌豆，解凍

¼杯荸薺，切碎

2大匙新鮮打拋葉，切成細條

丹吉爾烤春雞 Tangier Cornish Game Hens

這道鹹甜風味的料理會讓你家瀰漫美妙的香味。卡拉瑪塔橄欖已經有鹹味了，所以我建議使用低鈉雞高湯和無鹽罐頭番茄。你可以用1隻火雞或2隻雞來取代4隻春雞。這道雞肉蔬菜料理可以搭配庫斯庫斯米、糙米飯，甚至紅米飯一起享用。

益處：這道食譜使用具有抗發炎作用的肉桂和薑。胡蘿蔔、地瓜和冬季南瓜都是維生素 A 的來源，有助於維護眼睛、肌膚和毛髮健康。維生素 A 也有助於支持膠原蛋白生成，保持美麗肌膚。

1. 將烤箱預熱至大約200°C。

2. 在開始烹調的前20分鐘將春雞從冰箱取出。沖洗雞肚並用鹽和胡椒調味。在每隻雞肚內各別塞入1份檸檬和洋蔥等份。用棉繩將雞腿綁在一起。將春雞放入大的深烤盤。在深烤盤中加入3杯水。

3. 將肉桂、孜然、香菜、卡宴辣椒粉和油放入小碗攪拌，然後抹在春雞表面和雞皮底下。

4. 烤約45分鐘，直到雞皮呈現金黃色。將春雞從烤箱取出，用鋁箔紙蓋住。

5. 將烤箱溫度降到大約180°C，將春雞放回烤箱，繼續烤30分鐘。將肉類溫度計插入雞腿最厚的部分（不要插到骨頭），當溫度顯示大約75°C，而且流出清澈肉汁時，表示已經烤熟。

6. 在烤春雞的同時，將地瓜和南瓜放入中碗，加入2大匙油翻拌。加鹽和胡椒粉調味。將拌好的地瓜和南瓜放入淺盤，放進烤箱烤約30分鐘，或直到蔬菜開始變軟，但仍保有硬度。

7. 將洋蔥和胡蘿蔔放入大煎鍋，倒入1大匙油拌炒約4分鐘，或直到蔬菜開始變軟。加入大蒜和薑，再炒2-3分鐘，或直到散發香味。

8. 加入高湯、番茄、橄欖、葡萄乾、蜂蜜、肉桂、地瓜和南瓜。蓋上蓋子，燜煮約30分鐘，或直到地瓜和南瓜變軟。

9. 將春雞放進大盤子，用鋁箔紙蓋住，靜置10-20分鐘。

10. 取下雞腿上的棉繩，佐上蔬菜一起上桌。

無麩質

分量：4人份

4隻春雞（每隻大約1.3公斤），新鮮或解凍肉

鹽和鮮磨黑胡椒，適量

1顆檸檬，切成4等份

1顆中型洋蔥，切成4等份

3杯水

3茶匙肉桂粉

3茶匙孜然粉

3茶匙香菜籽粉

½茶匙卡宴辣椒粉，調味用

⅓杯橄欖油或芥花油，額外準備3大匙用於烘烤和拌炒

2顆地瓜，去皮、切成大塊

1顆胡桃南瓜或橡子南瓜，去皮、切成大塊

2顆中型洋蔥，切碎

4根大胡蘿蔔，刷洗乾淨，切成0.6公分的硬幣形狀

2茶匙蒜末

1茶匙薑末

3杯無脂低鈉雞高湯

3杯新鮮番茄或無鹽罐頭番茄，切碎

1杯卡拉瑪塔橄欖，去核

½杯葡萄乾

2大匙蜂蜜

1大匙肉桂

大阪炒雞肉 Osakan Stir-Fried Chicken

這道簡單的食譜是一鍋料理，美味滿點，同時充滿具有排毒作用的營養素。裡面用到許多日式料理常見的食材，例如香菇、芝麻、醬油、薑和米酒醋。

益處：白菜是甘藍家族的一員，含有稱為吲哚和異硫氰酸酯的神奇硫化物，有助於支持排毒、透過中和致癌物質來幫助預防癌狀，以及幫助身體調節雌激素（estrogen）水平。香菇則有助於支持身體的排毒路徑。

1. 將醬料食材放入小碗攪拌，備用。

2. 將芝麻油倒入大炒鍋或煎鍋，以中大火加熱。加入雞肉，煎5-7分鐘，或直到熟透。

3. 加入白菜、胡蘿蔔、青蔥、香菇和芝麻。持續拌炒3分鐘，或直到食材變軟。

4. 加入醬料，煮2-3分鐘，或直到雞肉和蔬菜均勻裹上醬料，醬料也充分加熱。撒上香菜，上桌。

（如果使用溜醬油，則是無麩質料理）· 生酮 · 低碳

分量：4-6人份

醬料

2大匙蜂蜜或楓糖漿

½茶匙鮮磨薑末

1茶匙蒜末

2大匙低鈉醬油或溜醬油

1大匙米酒醋

炒料

1大匙芝麻油

大約453克雞胸肉，去骨、去皮，切成大約2.5公分的塊狀

1顆白菜，洗淨，切成大約2.5公分的條狀

2根大胡蘿蔔，去皮、切絲（或½杯胡蘿蔔條）

5-6根青蔥，切粒

3朵香菇，洗淨、切片

1大匙芝麻

¼杯香菜葉，切碎，裝飾用

布達佩斯雞肉 Chicken Budapest

這道食譜的靈感來自經典的匈牙利紅椒燉雞。為了減輕負擔，我使用的是白雞肉，並用希臘優格代替酸奶油。如果你沒有在進行生酮或低碳飲食，可以搭配雞蛋麵和我的敘利亞球芽甘藍佐石榴和核桃一起享用（第235頁）。

益處：雞胸肉提供優質的蛋白質。紅椒粉有助於緩和消化不良，支持心血管健康和血液順暢循環。紅椒粉還具有抗菌和抗發炎作用，含有維生素 A、C、E 和 K。

1. 將橄欖油倒入大煎鍋，以中大火加熱。將雞肉煎2分鐘，或直到上色，必要時翻動一下。

2. 加入洋蔥，拌炒約5分鐘，或直到洋蔥變成半透明。拌入大蒜、鹽、紅辣椒片和紅椒粉。

3. 將水均勻倒入鍋中拌勻。蓋上蓋子，以小火燜煮10-15分鐘，或直到醬汁變稠，雞肉熟透。如有需要，可多加些水。

4. 拌入番茄和玉米澱粉水，不蓋蓋子，煮2-4分鐘，或直到醬汁變稠。

5. 離火。拌入希臘優格，撒上巴西里裝飾。

無麩質・生酮・低碳

分量：4人份

2大匙橄欖油

大約907克雞胸肉，去骨、去皮，切成一口大小（大約3.8公分的方塊）

1杯洋蔥，切碎

2茶匙蒜末

1茶匙鹽

½-1茶匙碎紅辣椒片

3大匙紅椒粉

1杯水

1罐（大約396-425克）番茄丁

1大匙玉米澱粉，用1大匙水溶解

1杯低脂原味希臘優格

1-2大匙新鮮義大利平葉巴西里，切碎，裝飾用

 S

貝里斯燉雞 Belizean Chicken Stew

分量：4人份

1隻全雞（大約1.3-1.8公斤），切成8塊

1大匙新鮮檸檬汁

2茶匙胭脂樹紅粉（或胭脂樹紅醬）

2茶匙鮮磨黑胡椒

1茶匙鹽

1茶匙大蒜鹽

4大匙椰子油或紅花籽油

1½杯洋蔥，切碎

1杯青椒，切碎

2大匙未經巴氏滅菌的蘋果醋（我喜歡用 Bragg 品牌）

1杯水

1-2大匙椰奶或低脂希臘原味優格（可略）

　　我的朋友薇奈特（Vernett）來自貝里斯，她跟我分享這道經典家鄉燉菜。胭脂樹紅（Achiot）醬或胭脂樹紅粉，是一種有著美麗深紅色澤的香料，能為拉丁美食——尤其是燉菜和米飯，增添微妙的風味和豐富的色澤。你可以在超市的國際食品區找到這種香料。如果你沒有在進行生酮或低碳飲食，可以用這道燉雞搭配印度香糙米和我的哥斯大黎加木薯條（第236頁）一起享用，單吃也很美味。

益處：雞肉含有建構肌肉所需的蛋白質；銅有助於形成膠原蛋白，有益肌膚、骨骼和關節健康；磷有助於肌肉正常收縮、有助於神經正常運作，也有強化牙齒的作用。雞肉也含有硒，可以調節血液凝結、降低癌症風險、促進體內排毒路徑、透過支持和修復膠原蛋白來幫助肌膚保持彈性，同時增加對抗感染的能力。胭脂樹紅則富含維生素 E。

1. 將雞肉放入密封袋或玻璃盤中。倒入檸檬汁、胭脂樹紅醬、黑胡椒和鹽，攪拌均勻，使雞肉均勻裹上調味料。

2. 將雞肉密封或蓋好，放入冰箱，醃製至少30分鐘，最多2小時。

3. 將油倒入附蓋子的大煎鍋，以中大火加熱。加入雞肉塊，每面煎10分鐘，或直到雞肉上色。

4. 加入洋蔥、青椒、蘋果醋和水。蓋上蓋子，將火轉成小火，燜煮25-30分鐘，或直到雞肉中間不再呈現粉紅色，並且可以輕易脫骨。離火，拌入椰奶或優格（若有使用）。

無麩質・生酮・低碳

泰式辣火雞 Spicy Thai Turkey

分量：10人份

1整隻火雞（大約5.5-6.5公斤），新鮮或解凍肉，並以鹽水漬過

1把新鮮打拋葉

1把青蔥

3-4片新鮮高良薑片或薑片

1/3杯是拉差辣醬

2大匙薑粉

2大匙大蒜粉

3-4根香茅莖，白色部分刨碎

鹽和鮮磨黑胡椒，適量

2杯水

這道泰式辣火雞以是拉差辣醬調味，吃起來香辣有勁。這跟一般的火雞烹調方法很不一樣，吃剩的雞肉也很適合拿來做三明治。在烤的前一天，先將火雞放入桶中，加入3.7公升的水和1杯鹽進行鹽漬。將火雞冷藏24小時。烹調的時候，第1個小時先將雞胸朝下烘烤，讓脂肪和肉汁流到雞胸肉中，增加風味和嫩度。打拋葉、高良薑和香茅，可以在亞洲市場和部分超市買到。將這道火雞搭配我的東京大蒜味噌烤蔬菜（第240頁）、美洲原住民烤南瓜（第243頁），和／或藍區蘋果鼠尾草花椰菜（第233頁），味道一絕。

益處： 是拉差辣醬是用紅辣椒製成。辣椒可以提供維生素C，有助於身體對抗感染、預防白內障、促進組織再生，同時降低罹患某些癌症和中風的風險。火雞含有建構肌肉所需的蛋白質，以及支持大腦健康的色胺酸和酪胺酸等胺基酸。

1. 將烤架放在烤箱最低的位置，預熱至大約200℃。

2. 用廚房紙巾將火雞徹底拍乾。將打拋葉、青蔥和高良薑或薑片，塞入火雞肚裡和較小的頸腔中。用牙籤封住頸腔。大部分的火雞會將棒腿收進皮下固定，如果你的沒有，可以用棉繩綁住雞腿。

3. 將是拉差辣醬、薑、大蒜粉和香茅放入小碗混合。將混合物抹在整隻火雞的皮下。在外皮充分撒上鹽和胡椒。

4. 將烤架放在深烤盤上，將雞胸朝下放在烤架上。將水倒入深烤盤，然後放入烤箱。

5. 烤1小時。用廚房紙巾或肉叉輕輕將火雞翻面，雞胸朝上。如有需要，可以在深烤盤倒入額外的水，然後再烤45-60分鐘。如果上面的雞肉開始變得太黑，可以用鋁箔紙稍微蓋上。烤到大腿部位的內部溫度達到大約75℃。先將火雞靜置至少30分鐘，然後切片。

無麩質·生酮·低碳

海鮮 *seafood*

杜蘭戈烤蝦佐梨果仙人掌莖片和梨果仙人掌油醋醬
Durango Grilled Shrimp with Nopales & Prickly Pear Vinaigrette

分量：4人份

30隻中蝦，剝殼、去除腸泥

2大匙卡宴辣椒粉

1杯新鮮香菜葉，切碎

2大匙新鮮萊姆汁

1大匙花生油

鹽和鮮磨黑胡椒，適量

2片梨果仙人掌莖片，去皮

1杯芝麻菜，撕碎

½大匙白巴薩米克醋

1大匙橄欖油

1杯梨果仙人掌油醋醬

仙人掌莖片（可食用的仙人掌葉片）在墨西哥各地都有生長，但在杜蘭戈等較乾燥的北部州長得特別茂密。仙人掌莖片看起來好像很難料理，不過現在墨西哥市場也有在賣已經去刺的莖片，你只要去皮切片即可。如果找不到新鮮莖片，也可以買罐裝或醃製莖片。

益處： 仙人掌莖片富含纖維，有助於降低體內的膽固醇水平，同時支持腸道健康。仙人掌莖片也含有豐富的維生素C，有助於身體對抗感染，同時促進組織再生。

1. **製作醃料：** 將蝦子放入小碗，倒入卡宴辣椒粉、香菜、萊姆汁、花生油、鹽和黑胡椒混勻，冷藏醃製1小時。

2. 將仙人掌莖片每面烤約5分鐘，或直到變軟。放涼、切片。

3. 將蝦子每面煎或烤約3分鐘，或直到熟透。

4. 將芝麻菜和仙人掌莖片放入中碗，倒入巴薩米克醋和橄欖油，如有需要也可加入額外的鹽和黑胡椒，翻拌均勻。

5. 將芝麻菜和仙人掌莖片擺在盤子中央，蔬菜上面擺上蝦子，蝦子上面淋上梨果仙人掌油醋醬，上桌。

無麩質

DP

梨果仙人掌油醋醬 Prickly Pear Vinaigrette

分量：大約1杯

2顆梨果仙人掌果實（或3大匙櫻桃汁）

½根香蕉

2大匙蜂蜜

1大匙米酒醋

2大匙新鮮檸檬汁

2大匙新鮮萊姆汁

鹽和鮮磨黑胡椒，適量

如有需要，準備少許蘋果汁

梨果仙人掌果實的色澤深紅美麗。你可以在墨西哥市場買到。你也可以使用櫻桃汁。這道油醋醬搭配菠菜等深綠色蔬菜，也很適合。

益處： 梨果仙人掌（和櫻桃）富含花青素，可能有助於抑制癌細胞生長，提升大腦、眼睛和肌膚的微血管功能。

1. 將梨果仙人掌果實（如有使用）和香蕉去皮。將仙人掌果實和香蕉（或香蕉和櫻桃汁）放入果汁機。加入蜂蜜、米酒醋和其他果汁，打到滑順。

2. 加入鹽和黑胡椒調味。根據個人口味調整油醋醬：如果太甜，多加一點米酒醋。如果太酸，多加一點蜂蜜。如果太稀，多加一點香蕉。如果太稠，加入一些蘋果汁。用細篩網過濾醬汁，上桌。

無麩質

阿根廷奇米丘里醬烤鮭魚
Argentinean Chimichurri Baked Salmon

Ao　DP　M

奇米丘里醬是用新鮮香草製成的阿根廷傳統醬汁，類似義大利青醬，只是裡面沒放乳酪或堅果。你可以隨意使用手邊有的香草，但我覺得用香菜、羅勒和薄荷搭配烤鮭魚非常美味。你可以用這道有益心臟健康的魚料理搭配我的希臘燕麥沙拉（第229頁），當成輕食午餐或晚餐享用。

益處：鮭魚含有 Omega-3 脂肪酸，不但有益心臟健康，對記憶和血液循環也有幫助。葉綠素是很棒的抗氧化劑，這道奇米丘里醬使用的是生鮮香草，可以保留香草裡的葉綠素。

1. 將烤箱預熱至大約220℃。

2. **製作奇米丘里醬：**將橄欖油以外的醬料食材放入食物處理機的容器中，蓋好蓋子，打1-2分鐘，或直到香草大致切碎。關掉食物處理機，打開蓋子，刮下容器內側的醬料。蓋好蓋子，慢慢倒入橄欖油，直到醬料開始變得滑順，如有需要，暫停機器，刮下容器內側的醬料。最多打1分鐘，或直到所有食材充分混合，但未完全變得滑順的程度（保留一點口感）。

3. **料理鮭魚：**在烘焙烤盤上鋪上烘焙紙，塗上或噴上橄欖油。將鮭魚皮朝下放在烘焙紙上，撒上適量的鹽和黑胡椒，然後在每塊魚片上淋上2大匙奇米丘里醬。烤8-10分鐘，或直到魚肉中間不再有透明感，而且可以用叉子輕易叉開魚肉。

4. 將鮭魚從烤箱取出、盛盤，如有需要，淋上額外的奇米丘里醬，趁熱上桌。將剩下的醬料密封冷藏，可以保存三至五天。

無麩質 · 生酮 · 低碳

分量：大約4人份

奇米丘里醬

2茶匙蒜末

¼顆紅洋蔥

2大匙紅酒醋

1大匙新鮮檸檬汁

½杯新鮮香菜葉（壓實放入杯中）

½杯新鮮巴西里（壓實放入杯中）

½杯新鮮薄荷葉（壓實放入杯中）

½茶匙香菜籽

½茶匙紅辣椒片

鹽和鮮磨黑胡椒，適量

½杯橄欖油

鮭魚

4塊（每塊大約170克）帶皮鮭魚片

1大匙橄欖油或噴霧油（用於塗抹）

少許鹽和鮮磨黑胡椒

泰式咖哩鳳梨蝦
Thai Shrimp & Pineapple Curry

Ai　GH

這道咖哩料理無論搭配白飯或黑米飯都很美味。我用羅漢果糖代替蔗糖或甜菜糖，以減少對血糖水平造成影響。羅漢果糖的熱量沒那麼高，而且完全天然。你也可以用椰糖來代替，但椰糖跟蔗糖一樣會影響血糖水平，而且熱量較高。

益處：鳳梨含有鳳梨酵素，能分解蛋白質，幫助消化。椰奶含有一些中鏈三酸甘油酯（medium-chain triglycerides, MCT），更容易被身體分解，另外也含有抗發炎、抗微生物、抗菌和抗病毒的月桂酸。

1. **製作咖哩醬：**將1大匙椰子油倒入中型醬汁鍋，以中大火加熱。加入奶油和咖哩粉，煮1分鐘，或直到散發香氣，過程中持續攪拌。加入椰奶和羅漢果糖或椰糖，煮滾。將火轉成小火，不蓋蓋子，煮約5分鐘，或直到醬料稍微變稠。離火，拌入萊姆汁、萊姆皮屑和醬油或溜醬油。備用。

2. 將1大匙椰子油倒入大煎鍋，以大火加熱。加入蝦子，煎4-5分鐘，或直到蝦肉不再有透明感。取出蝦子，盛盤。

3. 將剩下的椰子油倒入煎鍋，加入洋蔥和甜椒。拌炒2-3分鐘，或直到蔬菜變軟。

4. 加入咖哩醬、蝦子、鳳梨和¼杯香菜葉，煮約1分鐘，或直到醬料變稠。

5. 準備4個碗，每碗盛大約1杯米飯。將咖哩鳳梨蝦分成4等份，盛到米上，上面撒上剩下的香菜葉、蔥末和花生（如有使用）。

（如果使用溜醬油，則是無麩質料理）

分量：4人份

3大匙椰子油，分次使用

1大匙奶油

2茶匙咖哩粉

1罐（大約382克）淡椰奶，搖晃均勻

2大匙羅漢果糖（或椰糖）

2大匙新鮮萊姆汁

1茶匙萊姆皮屑

1大匙醬油或溜醬油

大約566克中蝦，剝殼，去除腸泥

1½杯白洋蔥，切碎

1¼杯紅甜椒，切碎

2杯鳳梨塊

½杯新鮮香菜葉，切碎，分兩次使用

4杯白飯或黑米飯

3大匙青蔥細末

1大匙新鮮薄荷葉，切碎（可略）

3大匙無鹽花生，切碎（可略）

法式蟹肉可麗餅 French Crêpes with Crab Filling

B　DP　M

這道可麗餅無論當成早餐或晚餐都很美味。餐點優雅豐盛，卻又不會太過沉重。

益處：蟹肉和鮭魚都含有優質 Omega-3 脂肪酸，可能有助於降低三酸甘油酯、減少中風和失智症風險、有助於記憶和血液循環，甚至可以幫助肌膚保持彈性水潤。

製作可麗餅

1. 將麵粉過篩、倒入攪拌碗中，在麵粉堆中間挖一個凹洞。

2. 將 1/3 杯牛奶、蛋、鹽和黑胡椒加入凹洞。輕輕攪拌約 30 秒，直到麵糊變得滑順，然後拌入剩下的牛奶。用保鮮膜包住碗，放入冰箱冷藏 45 分鐘。在使用前，將麵糊放到冷凍庫，冷凍 10 分鐘。

3. 準備烹調時，將麵糊從冷凍庫取出，拌入香草。將碗放在冰塊上，讓麵糊保持冰涼。

4. 將一個大約 25 公分的不沾鍋以中大火加熱，然後噴上或抹上一層薄薄的油。攪拌麵糊，將適量的麵糊舀入鍋中，覆蓋鍋底。可能需要轉一下鍋子，讓麵糊平均分布。盡量把麵糊弄薄。烤約 1.5 分鐘，或直到掀起可麗餅邊緣也不會散開。翻面，再烤約 1 分鐘，直到底部稍微上色。

5. 取出可麗餅，放在置涼架上放涼。重複這個動作，直到做好所有的可麗餅。

製作餡料和組合

1. 將烤箱預熱至約 180℃。

2. 將 1 大匙橄欖油倒入不沾鍋，以中火加熱。加入蟹肉，以百里香、鹽和黑胡椒調味。拌炒 2 分鐘，或直到充分加熱。保溫備用。

3. 將每片可麗餅的其中一面抹上 1 大匙大蒜蛋黃醬，上面擺上一些煙燻鮭魚，鮭魚上面擺上一些蟹肉，撒上 1/8 茶匙洋蔥和一些酸豆。把每份可麗餅逐一捲好。

4. 將可麗餅放到鋪了烘焙紙的烘焙烤盤，烤 5 分鐘，或直到可麗餅變熱。

5. 可麗餅上面放一點大蒜蛋黃醬和一根細香蔥段，撒上額外的洋蔥和酸豆裝飾，上桌。

生酮・低碳

分量：5 人份（12 張薄餅）

可麗餅

1/2 杯中筋麵粉

2/3 杯牛奶，分次使用

1 顆蛋

少許鹽和白胡椒

1 大匙新鮮香草，切碎（龍蒿、細葉香芹、巴西里、細香蔥和／或百里香）

橄欖油或噴霧油（用於塗抹）

餡料

1 大匙橄欖油

大約 453 克蟹肉大圓心肩肉

1 茶匙新鮮百里香葉

海鹽，適量

鮮磨黑胡椒，適量

大約 226 克煙燻鮭魚

1 杯自製法式大蒜蛋黃醬（第 304 頁）或快速法式大蒜蛋黃醬（第 305 頁），分 2 次使用

1/4 杯紅洋蔥，切末

1 大匙酸豆

10 根細香蔥，切成大約 5 公分的蔥段

中美洲大比目魚 Central American Halibut

`Ai` `Ao` `DP` `S`

我喜歡找些異國風味的香草，來提升白肉魚等簡單食材的美味程度。刺芹是一種跟香菜很像的香草，在某些國家比較不為人知。刺芹有時會被稱為墨西哥香菜，用於墨西哥、加勒比海，以及中南美洲料理。刺芹葉像蒲公英葉一樣長長的，呈現尖刺狀，可以長到25公分長。刺芹葉比香菜葉更韌，味道也更濃烈。如果找不到新鮮刺芹，也可以用乾燥刺芹，或乾脆用香菜代替。你可以將這道慢燉主菜搭配我的哥斯大黎加木薯條（第236頁），就是一頓令人滿足的餐點。

益處：新鮮刺芹、薑和橄欖油具有抗發炎特性，而且含有大量的抗氧化劑，能讓肌膚保持年輕。魚肉富含精瘦蛋白質和Omega-3脂肪酸，有益心血管系統的健康。

1. 將檸檬片放到大約 4.7-5.6 公升容量的慢燉鍋底層。

2. 將大比目魚以外的所有食材放到檸檬片上，蓋上蓋子，小火慢燉1小時。

3. 打開蓋子，將大比目魚排成一層放在上層。撒上鹽和黑胡椒，蓋上蓋子，煮10-15分鐘，或直到魚肉中間不再有透明感，而且可以用叉子輕易叉開魚肉。

無麩質・生酮・低碳

分量：4人份

1顆中型檸檬，切成約10片薄片

¾杯番茄，去籽、切片

¼杯白酒或雞高湯

2大匙薑，去皮、切成薄片

½杯洋蔥，切碎

¼杯青蔥，切粒

3大匙橄欖油

1杯新鮮刺芹或香菜，切碎

海鹽和鮮磨黑胡椒，適量

4片大比目魚片（或大約907克大比目魚塊）

菲律賓燉綠豆 Filipino Mung Bean Stew

Ai Ao Dx M

綠豆在亞洲和印度較為人所熟知，它的營養非常豐富。這種綠色的小圓豆子一般會被做成甜點。在中國，人們會用綠豆泥來做月餅內餡。在菲律賓，我們會在大齋期（Lent）[24] 用蝦子或魚來做這道綠豆燉菜。美國人比較熟悉的是綠豆芽，簡稱豆芽。乾燥綠豆可以在亞洲市場或網路上買到。苦瓜的口感類似黃瓜，味道像青椒，但更苦一些。苦瓜可以在亞洲市場和部分健康食品店買到。如果找不到，可以用1顆青椒代替。

益處：綠豆含有有助於排毒的纖維，和建構強壯肌肉所需的蛋白質，此外還有抗氧化、抗發炎，以及抗微生物特性。綠豆也含有豐富的葉酸，有助於大腦和神經系統正常運作。

1. 將綠豆泡水過夜。

2. 苦瓜去皮、去籽、切塊。

3. 將橄欖油倒入大約5.6-7.5公升容量的湯鍋加熱，放入苦瓜、洋蔥、大蒜和番茄拌炒2-3分鐘，或直到蔬菜稍微軟化。

4. 加入綠豆、魚露和雞高湯。小火慢煮30-40分鐘，或直到綠豆變軟。

5. 拌入蝦子和菠菜，煮約3分鐘，或直到蝦肉不再有透明感。加入適量的鹽和黑胡椒調味。

無麩質

分量：2-4人份

1杯乾綠豆

可以蓋過綠豆的水量

1條苦瓜

3大匙橄欖油

1杯紅洋蔥，切碎

3茶匙蒜末

1顆羅馬番茄，切碎

2大匙魚露（我喜歡用紅船品牌）

3杯雞高湯

6隻中蝦，剝殼、去除腸泥

1杯嫩菠菜葉

鹽和鮮磨黑胡椒，適量

---

24. 大齋期是是基督教教會年曆的一個節期，大約是國曆二至三月期間，傳統上教徒在這段期間每天只吃一餐。──譯者註

鮭魚佐以色列克梅辣醬
Salmon with Israeli Chraimeh Sauce

中東或北非料理不常用到鮭魚，不過鮭魚營養相當豐富，在世界各地都很容易買到。你也可以用白鮭、海鱸魚或大比目魚來做這道食譜。這道料理真正的精髓是一種受到西班牙、摩洛哥和利比亞影響，在中東地區普遍使用的甜辣醬。克梅甜辣醬是以番茄為基底的濃郁醬料，源於塞法迪猶太人 (Sephardic Jewish)。[25] 直到現在，過猶太新年和／或逾越節時還是會有這道醬料。你可以把它搭配我的北非翡麥（第237頁）、庫斯庫斯米、福尼奧米，或紅米飯享用。

益處：鮭魚含有建構肌肉所需的蛋白質、有益心臟健康的Omega-3脂肪酸，以及建構骨骼所需的維生素D。番茄糊有助於保護心血管系統。孜然含有番紅花醛，這種抗氧化劑中所含的物質可能有助於殺死癌細胞，甚至可能具有抗憂鬱作用。

分量：4人份

3大匙中筋麵粉

鹽和鮮磨黑胡椒，適量

4片大西洋鮭魚片（每片大約113克）

½杯葵花籽油或摩洛哥堅果油，分次使用

3茶匙蒜末

2茶匙匈牙利紅椒粉

1大匙鮮烤乾藏茴香籽，研磨成粉

1½茶匙孜然粉

¼茶匙卡宴辣椒粉

½茶匙肉桂粉

⅛茶匙丁香粉

1根阿納海姆青辣椒，去籽、粗切

⅔杯水

3大匙番茄糊

2大匙新鮮檸檬汁

2茶匙蜂蜜

新鮮香菜葉，切碎，裝飾用

1. 將麵粉、鹽、黑胡椒和魚片放入淺碗或密封袋混合。輕輕搖晃，讓魚肉裹上調味料。

2. 將2大匙油倒入附蓋子的大平底鍋，以大火加熱。

3. 取出魚片，拍掉多餘的麵粉。將魚片放入平底鍋，以中大火將每面煎約1.5-2分鐘，或直到每面上色。將魚片取出盛盤，將平底鍋擦乾淨。

4. **製作醬料：**將大蒜、香料、辣椒和2大匙油放入食物處理機，打1-2分鐘，或直到混合物變成濃稠糊狀。如有需要，可以多加點油，讓醬料充分混合。將剩下的油倒入平底鍋加熱，加入香料糊炒約30秒，小心不要煮焦。慢慢將水倒入鍋中（小心會濺出來），然後倒入番茄糊。將混合物以小火煮滾，加入檸檬汁和蜂蜜，如有需要，可多加點鹽和黑胡椒。

5. 將魚片放入鍋中，蓋上蓋子，以小火燜煮8-10分鐘，或直到魚肉中間不再有透明感，而且可以用叉子輕易叉開魚肉。將鍋子離火，打開蓋子，讓魚靜置約10分鐘，用香菜裝飾，上桌。

生酮‧低碳

---

25. 塞法迪猶太人是指在十五世紀末歐洲天主教強國展開收復失地運動以前，居住在現今西班牙伊比利半島上的猶太人。——譯者註

日式鮭魚佐四季豆
Japanese Salmon with Green Beans

　　這道令人驚豔的菜餚大約只要半個小時就能輕鬆做好。味噌醬和柚子醬油為這道料理增添日式風味。柚子醬油是用日本柚子製成的醬油，這種柑橘水果味道類似檸檬或葡萄柚。你可以在大部分的亞洲超市或亞洲市場買到味噌醬和柚子醬油。

益處：鮭魚是一種超級食物，富含有益健康的 Omega-3 脂肪酸，以及建構肌肉所需的蛋白質。四季豆含有有助於排毒的纖維、大量有助於肌膚健康的維生素 A，以及支持免疫系統的維生素 C。

分量：4人份

4片帶皮鮭魚片（每片大約170克，2.5公分厚）

1-2茶匙猶太鹽

½-1茶匙鮮磨黑胡椒

2大匙純楓糖漿

1大匙白味噌醬或棕味噌醬

1大匙米酒醋

2茶匙柚子醬油

1瓣大蒜瓣，壓碎或切末

大約453克四季豆，修去兩端

2大匙烤芝麻油

少許紅辣椒片

¼杯香菜葉，粗切

4塊楔形檸檬塊，裝飾用

1. 將烤箱預熱至大約200℃，在烘焙烤盤鋪上烘焙紙或鋁箔紙。將鮭魚片均勻撒上鹽和黑胡椒調味，然後放在盤子或大的淺碗中。

2. 將楓糖漿、味噌、米酒醋、柚子醬油和大蒜放入另一個小碗攪拌，然後淋在鮭魚上，輕輕抹勻在整個魚片上。備用。

3. 在水中加入少許的鹽煮滾，倒入四季豆川燙1-2分鐘，然後取出、瀝乾。將四季豆放入中碗，倒入芝麻油、紅辣椒片、鹽和黑胡椒翻拌。將鮭魚片皮朝下放入烤盤，旁邊鋪上調味後的四季豆。

4. 烤約12分鐘，或直到四季豆熟透，鮭魚中間不再有透明感，而且可以用叉子輕易叉開魚肉。將香菜撒在鮭魚上，用檸檬塊裝飾。

生酮・低碳

蒙古式烤吳郭魚 Moghul-Style Tilapia

Ai Ao DP

葛拉姆馬薩拉粉是印度北部料理的特色綜合香料之一。雖然每位廚師的配方可能各有不同，不過一般都會含有小豆蔻、孜然、香菜、肉桂、丁香和黑胡椒。有時也會包括肉豆蔻（或肉豆蔻皮）、月桂葉和辣椒粉。這款香料散發溫熱、質樸的香氣，帶有一絲甜味和異國風情，可以喚醒吳郭魚等味道溫和魚肉的美味，讓人留下深刻印象。你可以在印度市場、亞馬遜網站上買到，有些超市的國際食品區也有賣。這道料理搭配我的美洲原住民烤南瓜（第243頁）或以色列烤地瓜佐無花果（第239頁），味道一絕。

益處：吳郭魚含有蛋白質，以及有益心臟健康的抗發炎物質Omega-3脂肪酸。葛拉姆馬薩拉粉中的香菜提供鈣、鐵、鎂和硒等礦物質，此外也含蒎烯（pinene），這是一種抗病毒、抗菌、抗腫瘤和抗發炎的物質，具有鎮靜作用。肉桂則含有稱為肉桂醛（cinnamaldehyde）的強大抗氧化劑。

分量：4-6人份

1大匙橄欖油或噴霧油（用於塗抹）

大約680克吳郭魚片，去皮

半顆萊姆，榨汁，另備幾塊楔形萊姆塊，裝飾用

2大匙醬油或溜醬油

2大匙蜂蜜

2茶匙葛拉姆馬薩拉粉

1. 將烤箱預熱至大約220℃。

2. 準備一個尺寸比魚片稍微大一點的烤皿，噴上或刷上一層油，然後放入吳郭魚片。

3. 將萊姆汁、醬油或溜醬油、蜂蜜倒入小碗攪拌，然後淋在魚片上，接著均勻撒上葛拉姆馬薩拉粉。

4. 將魚烤12-15分鐘，或直到魚肉不再有透明感，而且可以用叉子輕易叉開魚肉，過程中用烤盤裡的汁液淋在魚上1-2次。

（如果使用溜醬油，則是無麩質料理）

東南亞干貝 Southeast Asian Sea Scallops

DP GH

　干貝是富含蛋白質的珍饈，帶有甜美的堅果風味，而且煮起來很快！高良薑是薑根的一種，一般可在亞洲市場買到新鮮或乾的高良薑。如果買不到，可以直接用薑代替。將這道干貝搭配米飯或蕎麥麵、炒蔬菜，或是我的亞洲燕麥粥（第231頁），就是一頓豐盛的餐點。

益處：干貝低熱量高蛋白，富含有益心臟健康的 Omega-3 脂肪酸、運輸氧氣的鐵、建構蛋白質的磷、增強免疫力的鋅，以及對抗癌症的硒。高良薑可以促進消化，以及緩解呼吸道疾病和消化問題。

1. **製作醃料：**將1/4杯芝麻油和干貝以外的所有食材放入寬的淺碗攪拌。

2. 加入干貝，讓干貝均勻裹上醃料（如果使用冷凍干貝，前一晚先冷藏解凍）。將裹好醃料的干貝冷藏至少30分鐘，最多不超過2小時。

3. 將1大匙芝麻油倒入大炒鍋，以中大火加熱。加入干貝，每面煎1-1.5分鐘，或直到干貝熟透。

（如果使用溜醬油，則是無麩質料理）・生酮・低碳

分量：4人份

1/4杯芝麻油，另備1大匙

1/4杯調味米醋

1茶匙蒜末

1/4茶匙高良薑末或薑末

1茶匙醬油或溜醬油

大約 453 克新鮮或冷凍大干貝

肉類 *meat*

孟加拉小羊肉菠菜香料飯
Bangladeshi Biryani Rice with Lamb & Spinach

香料飯是一道源自印度次大陸穆斯林社群的飯類料理。這道料理在孟加拉相當普遍，通常是用各種香料、芬芳的印度香米、肉類和蔬菜烹調而成。你可以用手邊有的食材發揮創意，例如豌豆、鷹嘴豆、胡蘿蔔等。傳統食譜是用香白米，但我用香糙米來增加額外的纖維和礦物質。

益處：小羊肉富含建構肌肉所需的蛋白質、維生素 B 群，以及各種礦物質：銅有益肌膚、骨骼和關節健康；磷有助於神經正常運作；鋅則有助於強健肌膚。菠菜可以提供維生素 C、有益大腦功能的葉酸，以及有益眼睛和肌膚健康的葉黃素。

1. 按照包裝上的指示煮飯，然後用冷水沖洗米飯、徹底瀝乾。

2. 將烤箱預熱至大約200℃。

3. 將橄欖油、薑、大蒜和洋蔥放入附蓋的耐熱烤皿或荷蘭鑄鐵鍋，以中火煮約5-6分鐘，或直到洋蔥變軟。

4. 加入菠菜葉，再煮3-4分鐘，或直到菠菜葉變軟。加入鹽、黑胡椒、咖哩粉、小荳蔻、麵粉、甜酸醬和小羊肉。攪拌均勻。

5. 倒入蔬菜高湯或水。鋪上米飯，撒上杏仁條，然後淋上酥油或奶油。蓋上蓋子，放入烤箱。

6. 烤20分鐘。打開蓋子，再烤20分鐘，或直到小羊肉熟透，中間不再呈現粉紅色。

7. 加入優格和香菜葉裝飾，上桌。

分量：4-6 人份

2杯印度香糙米

1大匙橄欖油

大約5公分新鮮薑塊，去皮、切末

2茶匙蒜末

1杯洋蔥末

3杯嫩菠菜葉，切碎

鹽和鮮磨的黑胡椒，適量

1茶匙咖哩粉

1茶匙小荳蔻

1大匙中筋麵粉

2大匙印度芒果甜酸醬

大約226克小羊肉，切成大塊

1杯蔬菜高湯或水

½杯烤杏仁條

¼酥油或融化的奶油

原味希臘優格，裝飾用

新鮮香菜葉，裝飾用

北京串烤 Beijing BBQ Skewers

我在中國街頭看到有人在賣北京串烤，一吃就愛上烤完之後上面撒上的各種香料風味。你可以增減花椒粉的用量來調整辣度。這道串烤非常簡單易做，只要烤一烤，撒上香料即可。把它當成一道派對料理，既美味又有趣。你可以用自己喜歡的肉類或魚來烤。在北京，這道串烤通常會搭配涼拌蓮藕和涼拌海帶絲。

益處：雞肉、小羊肉和牛肉提供建構骨骼和製造血球所需的蛋白質。孜然含有番紅花醛，這種抗氧化劑具有潛在的抗憂鬱特性，同時可能有助於殺死癌細胞。薑黃含有薑黃素，這種抗發炎物質有助於預防阿茲海默症，同時可能有助於降低罹患心臟病和特定癌症的風險。小荳蔻有抗微生物、抗菌和抗氧化特性。

1. 將所有香料倒入罐子，均勻搖晃，備用。

2. 將雞翅和肉塊用金屬烤肉叉子串起，或將竹籤泡水1小時，然後用來串肉。雞翅要用2根平行的叉子或竹籤串起，以免雞翅轉動。牛肉和小羊肉分開來串。小羊肉熟了之後看起來很像牛肉，可以在小羊肉串上加上一塊洋蔥或蕈菇，方便區分。

3. 將肉串放到燒紅的炭上烤5-10分鐘，或烤到你喜歡的熟度，過程中隨時轉動。

4. 撒上大量香料，趁熱上桌。

無麩質・生酮・低碳

分量：4-8人份

2茶匙鹽

4大匙孜然粉

2大匙雞粉或蔬菜湯粉

1-3茶匙花椒粉（視個人辣度喜好調整）

1大匙紅胡椒粉

1大匙乾紅辣椒（選擇自己喜歡的品種），切碎或磨粉

1茶匙肉桂粉

1茶匙薑黃粉

½茶匙小荳蔻粉

1茶匙紅椒粉

1茶匙甜茴香粉

16支雞翅

大約907克肋眼牛排，切成2.5公分的方塊

大約907克小羊排，切成2.5公分的方塊

韓式牛小排 Korean Short Ribs

原本我沒用過慢燉鍋，直到幾年前別人送我一個，我一用就愛上它了！只要早上放些食材進去，晚上回家就有晚餐吃了。大部分的人不會想要用慢燉鍋來料理牛小排，不過這種烹調方法其實非常適合牛小排。將加了醋的牛小排用低溫烹調，可以讓原本又硬又韌的肉變得滑嫩。搭配印度香糙米一起享用，就是一頓豐盛的餐點。這道料理搭配我的京都青花菜佐白味噌醬（第244頁）也很適合。

益處：紫高麗菜含有稱為吲哚和異硫氰酸酯的硫化物，可以排除體內毒素、透過中和致癌物質來幫助預防癌症，同時有助於支持體內的雌激素受體。米醋是發酵食物，因此含有有益腸道好菌的益生菌。

1. 將醬油或溜醬油、紅糖、米醋、大蒜、薑、芝麻油和紅辣椒片放入小碗，混合均勻。

2. 將牛小排放入慢燉鍋的內鍋，淋上醬料，上面放上胡蘿蔔和高麗菜。

3. 將牛小排以低溫模式燉煮7-8小時，或直到可以輕易用叉子叉開或脫骨。

4. 將高麗菜、牛小排和胡蘿蔔盛盤，用鋁箔紙蓋住。撇去醬料上的脂肪、丟棄。

5. 將慢燉鍋轉成高溫，將玉米澱粉水拌入醬料中煮約5分鐘，或直到醬料變稠。

6. 用湯匙舀起醬料，淋到牛小排和蔬菜上，再用青蔥裝飾。

（如果使用溜醬油，則是無麩質料理）

分量：4人份

½杯低鈉醬油或溜醬油

⅓杯紅糖

¼杯米醋

1茶匙蒜末

大約5公分新鮮薑塊，去皮、切薄片

1茶匙芝麻油

½茶匙碎紅辣椒片

大約1.3-1.8公斤牛小排，去除多餘的脂肪

1杯胡蘿蔔丁

½顆紫高麗菜，切成4等份

2大匙玉米澱粉，用¼杯水溶解

¼杯青蔥，切粒，裝飾用

普羅旺斯豬排 Pork Chops Provençal

一般人認為豬肉並不健康，不過像是小里肌等豬肉部位的脂肪和熱量，比去皮的雞胸肉還少。除了培根或火腿等醃製肉品之外，豬肉其實是天然低鈉的肉類。這道豬肉採用有益心臟健康的地中海料理風格，搭配番茄和葡萄酒一起烹調，帶有南法陽光般的風味。

益處：豬肉是蛋白質的優質來源，有助於建構和修復組織，豬肉中的磷則有助於肌肉收縮，同時幫助神經正常運作。此外，豬肉也含維生素 B_1、B_3 和 B_{12}，能從細胞層次提升能量。番茄的茄紅素和葡萄酒的白藜蘆醇都有益心臟健康。芥末富含硫化物，具有良好的排毒作用。

1. **烹調豬排：**將豬排以鹽和黑胡椒調味。將橄欖油倒入大煎鍋，以中小火加熱。將火轉到中火，加入豬排，每面煎 6-7 分鐘，或直到豬排上色。將豬排放到耐烤平底鍋中，將煎鍋放到一旁，將豬排蓋上蓋子，放入烤箱烤 20-30 分鐘。等到豬排內部溫度達到大約 65-70℃，即為完成。

2. **製作醬料：**豬排快烤好時，將洋蔥和番茄放入煎鍋，以中火拌炒約 3 分鐘，或直到蔬菜變軟。加入大蒜，炒約 30 秒，或直到散發香氣。加入雞高湯和白酒，以小火慢煮 2-3 分鐘，或直到收汁為 ½ 杯。拌入芥末、香草和黑胡椒。

3. 將豬肉盛盤，淋上醬汁，上桌。

無麩質 · 生酮 · 低碳

分量：4 人份

1½ 大匙橄欖油

4 片帶骨豬排，約 2.5 公分厚，去除看得見的脂肪

½ 茶匙海鹽

鮮磨黑胡椒，適量

3 大匙洋蔥，切碎

½ 杯罐裝或新鮮番茄丁

1 茶匙蒜末

½ 杯雞高湯

¼ 杯乾白酒

1 大匙第戎芥末醬

3 大匙新鮮香草（巴西里、龍蒿和百里香葉等），切碎

美式燉肉 American Stew

這道美味的燉肉是完美的療癒美食。不管你是在家還是整天外出，都能輕鬆製作這道料理。我喜用野牛肉或草飼牛肉，因為這種肉對環境和人體健康都更有益處。比起傳統用玉米飼養的牛隻，食用青草的野牛或肉牛 Omega-3 脂肪酸含量更高，這是一個雙贏局面。

益處：野牛肉跟一般牛肉一樣含有蛋白質、維生素和礦物質，其中所含的銅有助於形成膠原蛋白，有益肌膚、骨骼和關節健康；鐵有助於將氧氣運送到全身；磷則有助於肌肉正常收縮，同時幫助神經正常運作。紅酒含有有益心臟健康的白藜蘆醇物質。

1. 將馬鈴薯、胡蘿蔔、洋蔥、大蒜、1茶匙鹽和½茶匙黑胡椒放入慢燉鍋的內鍋混合。翻拌一下，讓調味料能均勻分布。

2. **準備燉肉：**將2茶匙鹽、1茶匙黑胡椒和麵粉放入大塑膠袋混合。加入牛肉，讓牛肉均勻裹上粉料。將肉取出，拍掉多餘的麵粉。

3. 將橄欖油倒入大煎鍋，以大火加熱。加入牛肉，將每面煎到上色，然後放入慢燉鍋。

4. 將紅酒和牛高湯倒入煎鍋洗鍋收汁。刮起鍋底所有褐渣，將煎鍋裡的所有東西和百里香葉倒入慢燉鍋。

5. 蓋上慢燉鍋的蓋子，以低溫模式煮8-10小時，或直到可以輕易用叉子叉開牛肉。

6. 加入青豆仁或四季豆和玉米粒，再煮1小時。

分量：4-8人份

6顆育空黃金或紅皮馬鈴薯，每顆切成4等份

4根中型胡蘿蔔，切成大約2.5公分長的小段

2-3顆中型洋蔥，每顆切成4等份

1茶匙蒜末

3茶匙鹽，分次使用

1½茶匙鮮磨黑胡椒，分次使用

1杯中筋麵粉

大約0.9-1.3公斤美洲野牛肉（bison）或草飼牛肉，切成大約2.5公分的方塊

2大匙橄欖油

½杯紅酒

1½杯牛高湯

2茶匙乾百里香葉

2杯冷凍青豆仁或四季豆

2杯冷凍玉米粒

拉帕（泰式牛肉沙拉）Larb (Thai Beef Salad)

這道沙拉每份約有113克牛肉和許多有益健康的新鮮蔬菜，同時混合各種風味和口感，大家一定都會喜歡。

益處：除了各種維生素和礦物質之外，牛肉還含有建構肌肉、骨骼和軟骨所需的蛋白質；有助於修復組織的離胺酸；以及苯丙胺酸和酪胺酸，有助於生成多巴胺，能夠促進大腦健康。萊姆富含維生素C，有助於對抗感染、預防白內障、促進組織再生，甚至可能降低罹患癌症和中風的風險。

1. **製作白米粉：**將白米放入中型煎鍋，以中火加熱。翻炒烘烤12-15分鐘，或直到白米變成金黃色並散發堅果香氣。放涼，然後放入食物處理機或香料研磨器中磨成細粉。備用。

2. **製作醬汁：**在炒米粒的同時，將萊姆汁、魚露、紅辣椒片和糖放入小碗攪拌，直到糖溶解。加入適量鹽和黑胡椒粉調味，備用。

3. 將魚露、糖、薑和2大匙椰子油放入大碗混合。加入牛肉，在室溫下靜置1小時（或包覆冷藏最多一天）。用鹽和黑胡椒調味。

4. 將大煎鍋或大煎盤用中大火加熱，用剩下的2大匙椰子油輕輕塗抹鍋子。 加入牛肉，煎約2分鐘，或直到剛上色。將牛肉翻面，煎約45秒，或直到略為上色，但中間仍呈現淡粉紅色。將牛肉盛盤，放涼。

5. 將番茄、紅蔥頭、青蔥、香茅、辣椒、大蒜、羅勒葉、薄荷葉、黃瓜和1茶匙白米粉放入大碗，混合均勻。倒入一半的醬汁，拌勻。

6. 將牛肉加入沙拉中。根據喜好淋上更多醬汁，然後放上更多黃瓜片和剩下的白米粉。用萊姆塊裝飾，可將萊姆汁擠在沙拉上。

無麩質 · 生酮 · 低碳

分量：4人份

白米粉
2大匙短粒米或其他白米

醬汁
3顆萊姆，榨汁
2大匙魚露
1茶匙碎紅辣椒片
½茶匙椰糖或紅糖
猶太鹽，適量
鮮磨黑胡椒粉，適量

牛肉和組合用的食材
1大匙魚露
2茶匙椰糖或紅糖
1茶匙新鮮薑末
4大匙椰子油，分次使用
大約453克沙朗牛排或紐約客牛排，切成大約0.6公分的薄片
猶太鹽，適量
鮮磨黑胡椒粉，適量
大約453克各色原種櫻桃番茄，切半
1顆大紅蔥頭，切成薄片
2根青蔥，切粒
2根香茅莖，去掉頂部，去除堅硬外層，切末
2根長辣椒（例如泰國紅辣椒），切粒
2瓣中等大蒜瓣，切成薄片
2杯新鮮羅勒葉
2杯新鮮薄荷葉
大約453克波斯黃瓜，切成薄片，根據喜好多備一些
3塊楔形萊姆塊，裝飾用

黎巴嫩燉小羊腿 Lebanese Braised Lamb Shanks

這道食譜是我的朋友麥克‧埃爾馬圖布（Mike Elmachtoub）主廚提供的，他是都市曠奇餐點外繪（Urban Crunch Meal Prep & Catering）餐廳的老闆。你可以將這道料理搭配番紅花飯或雞蛋麵，以及炒西洋菜苔或羽衣甘藍一起享用，非常美味。

益處：小羊肉富含維生素和礦物質，例如修復 DNA 的菸鹼酸、支持健康神經系統的核黃素、製造紅血球細胞的維生素 B12、幫助神經正常傳遞信號的鈣，以及建構蛋白質所需的磷，更不用說還有建構肌肉和強健免疫系統所需的蛋白質。

1. 將烤箱預熱至大約 120℃。

2. 將小羊腿用適量的鹽和黑胡椒調味。

3. 將耐烤平底鍋，像是荷蘭鑄鐵鍋或厚底烤盤，放在瓦斯爐上以中大火加熱。加入橄欖油和小羊腿，每面煎 10 分鐘。

4. 將小羊腿從鍋裡取出，備用。將洋蔥、胡蘿蔔、西洋芹和大蒜放入鍋裡，炒約 10 分鐘，或直到蔬菜焦糖化。如有需要可以多加點油。

5. 加入紅酒，洗鍋收汁。加入牛高湯和番茄糊，攪拌混勻。

6. 將小羊腿放回鍋中。加入香草，用棉繩將小羊腿綁在一起，加入足夠的水蓋過小羊腿。將鍋子蓋上蓋子或鋁箔紙，放入烤箱燉 4 小時，或直到骨頭附近的肉不再呈現粉紅色。上桌前拿掉香料。

無麩質‧生酮‧低碳

分量：4人份

4 支小羊腿，去除銀白色皮膚

鹽和鮮磨黑胡椒，適量

3 大匙特級初榨橄欖油，如有需要可以多備一些

½ 杯洋蔥丁

½ 杯胡蘿蔔丁

½ 杯西洋芹丁

4 茶匙蒜末

2 杯卡本內蘇維濃（Cabernet）或希哈（Syrah）紅酒（或其他紅酒種類）

3 杯牛高湯

2 大匙番茄糊

1 枝新鮮百里香葉

1 枝新鮮奧勒岡

1 枝新鮮迷迭香

1 枝新鮮龍蒿

2 片新鮮或乾月桂葉

瑪哈拉賈燉小羊肉 Maharaja Lamb Stew

小羊肉是一種紅肉，營養價值介於深色雞肉和豬里肌之間。小羊肉跟其他紅肉一樣不能吃太多，而且盡量買有機草飼小羊肉，才能獲得最佳營養。你可以在印度市場、網路買到葛拉姆馬薩拉粉，有些超市的國際食品區也有在賣。你可以把這道受到印度啟發的料理搭配印度香糙米飯一起享用。

益處：小羊肉含有建構和修復組織所需的蛋白質和離胺酸，此外也有支持大腦的酪胺酸和苯丙胺酸。大蒜、薑和孜然是優質的抗氧化劑。優格和黑胡椒，則是很棒的抗發炎物質。

1. 將耐烤平底鍋，像是荷蘭鑄鐵鍋或厚底烤盤，放在瓦斯爐上以中大火加熱。加入椰子油加熱。加入洋蔥、辣椒、番茄和大蒜，拌炒15-20分鐘，或直到蔬菜變軟和焦糖化。

2. 加入薑、番茄糊和香料，煮1-2分鐘，或直到散發香氣。

3. 加入高湯、馬鈴薯和小羊肉，以小火慢煮約20分鐘，或直到馬鈴薯變軟、小羊肉不再呈現粉紅色。

4. 離火，拌入優格、香菜葉、鹽和黑胡椒。

無麩質・生酮・低碳

分量：6-8人份

1大匙椰子油

1顆大的甜洋蔥，切片（維達麗雅或毛伊品種）

2根塞拉諾辣椒，去籽，切粒

4顆羅馬番茄，切碎

4茶匙蒜末

大約5公分新鮮薑塊，去皮、切成薄片

番茄糊、葫蘆巴粉、香菜粉、孜然粉、葛拉姆馬薩拉粉各2大匙

1茶匙薑黃粉

3杯牛高湯

3顆中型育空黃金馬鈴薯，每顆切成4等分

大約1.8公斤小羊肉，切成大約2.5公分的方塊

1杯原味優格

1/3杯新鮮香菜葉，切碎

鹽和鮮磨黑胡椒，適量

南非咖哩肉末盅 South African Bobotie Bowl

一百六十年來，印度裔南非人一直是南非社會的一分子。當初這些印度人是被荷蘭殖民者帶到南亞當勞工。十九世紀末，一些獲得自由的印度人來到南非從事貿易和做生意。如今，大部分有印度血統的南非人都住在德本市和周邊地區。南非有些令人驚奇的美味菜餚，就是受到印度料理影響，例如咖哩肉末。這是一道很普遍的南非料理，通常是以經過香料調味的肉末製作，上面配上雞蛋和牛奶製成的配料。這道料理富含蛋白質，而且融合令人愉悅的甜鹹風味。裡面的肉末通常是用咖哩粉調味。上面的雞蛋配料可以做成卡士達醬和蛋奶汁液等形式。我的食譜則是把它做成小歐姆蛋，看起來更美觀。

益處：雞蛋含有強化大腦的膽鹼、有益健康的葉黃素，以及建構骨骼所需的維生素 D 和 K。杏仁裡的維生素 E 有益肌膚健康，菸鹼酸則能修復 DNA，同時有助於支持健康的血脂狀態。

1. 將煎鍋以中火加熱，放入杏仁片乾炒約3分鐘，或直到稍微上色。

2. 將橄欖油倒入大而深的平底鍋，以中大火加熱。放入絞肉，炒5-7分鐘，或直到絞肉焦糖化，然後堆到鍋子兩側。

3. 將月桂葉、西洋芹、胡蘿蔔、洋蔥、甜椒和大蒜放在鍋子中央，用鹽和黑胡椒調味，煮2分鐘，然後跟絞肉混勻。

4. 加入葡萄乾、芒果甜酸醬、牛高湯、咖哩粉、薑黃粉、香菜粉和檸檬皮屑，快速拌炒，煮到高湯蒸發、肉末混合物變稠為止。拿掉月桂葉，拌入杏仁片，以小火保溫。

5. **製作迷你歐姆蛋：**將小煎鍋以中火加熱。將雞蛋、少許的鹽和半對半鮮奶油放入小碗打散。將1-2大匙蛋液倒入鍋中，煎成薄薄的歐姆蛋，用叉子或鍋鏟翻面，每面煎約1分鐘，盛盤。重複同樣的動作，直到做出6份迷你歐姆蛋。

6. 在組合時，將肉末盛入各個碗中，上面擺上歐姆蛋，用香菜葉裝飾，上桌。

無麩質 · 生酮 · 低碳

分量：6人份

¼ 杯杏仁片

2 大匙橄欖油

大約 907 克沙朗絞肉

1 片月桂葉

2 根西洋芹莖，切碎

2 根胡蘿蔔，切碎

1 顆中型洋蔥，切末

6 顆迷你甜椒，去籽、切碎

1 茶匙蒜末

鹽和鮮磨黑胡椒，適量

¼ 杯黃金葡萄乾

½ 杯印度芒果甜酸醬

1 杯牛高湯

2 大匙微辣咖哩粉

1 茶匙薑黃粉

1½ 茶匙香菜粉

1 茶匙檸檬皮屑

4 大顆蛋

¼ 杯半對半鮮奶油

1 大匙無鹽奶油

¼ 杯香菜葉，粗切，裝飾用

野豬波隆那肉醬 Wild Boar Bolognese

　　自由放養的野豬肉比其近親家豬肉更有風味，而且脂肪較少。這種肉呈現深色，味道濃郁，帶有堅果風味，卻又沒有騷味。有人形容野豬肉的味道有點像深色火雞肉。數百年來，托斯卡尼料理都用野豬肉來做燉菜和義大利麵。請注意，因為這道料理是用慢燉鍋來處理，所以需要花兩天的時間來烹調。你可以到上網到達達尼昂食品店的網站（www.dartagnan.com）買到野豬肉。

益處：野豬肉裡的蛋白質有助於建構肌肉，核黃素助於維持神經系統健康，並幫助腎臟正常運作。野豬肉還提供離胺酸，有助於修復組織，以及酪胺酸，可以促進多巴胺的生成，有益大腦健康。紅酒中的白藜蘆醇是一種對心臟有益的抗氧化劑，可能有助於提升大腦血流。

1. **燉煮野豬肉：**將肉切開，方便放入慢燉鍋的內鍋。將胡蘿蔔、巴西里、洋蔥、大蒜、番茄、紅酒和肉放入內鍋，以低溫模式煮7小時。煮完之後，肉應該會非常軟嫩、容易分開。多餘的肉可以冷凍保存長達一個月。

2. 將橄欖油、洋蔥、胡蘿蔔、西洋芹和大蒜放入大煎鍋，拌炒3-5分鐘，或直到蔬菜稍微變軟。

3. 加入紅酒、番茄和蔬菜高湯，充分攪拌。以中大火煮到稍微沸騰，然後將火轉成小火，蓋上蓋子，燜煮2小時，直到味道融合。

4. 將野豬內塊放入醬汁中，煮至少1小時，或直到豬肉變嫩。邊煮邊用打蛋器將肉打成很小的碎塊。

5. 如果醬汁太稠，多加一點高湯，讓它呈現燉肉的質地，帶有湯汁但又不會過濕。

6. 按照包裝上的指示煮寬帶義大利麵，煮好之後拌入一點醬汁，然後在上面淋上額外的醬汁，撒上羅勒葉和乳酪，並根據口味加鹽和黑胡椒。

---

26. 帕瑪森蘿吉諾乳酪，是指義大利特定地區所產的帕瑪森乳酪，在所使用的材料上有嚴格的規定，必須陳化至少一年以上。一般的帕瑪森乳酪沒有規定材料，陳化時間最短只有十個月。——譯者註

分量：4-6人份

慢燉野豬肉

大約1.3公斤野豬上肩肉

½杯胡蘿蔔丁

1把新鮮義大利平葉巴西里

½杯洋蔥，切碎

1茶匙蒜末

1罐番茄丁（大約396-425克）

½杯紅酒（例如奇揚地〔Chianti〕、卡本內蘇維濃或波爾多紅酒〔Bordeaux〕）

波隆那肉醬

2大匙橄欖油，如有需要可以多備一些

1顆中型洋蔥，切丁

2根小胡蘿蔔，刷洗乾淨，切丁

2根西洋芹莖，切丁

2茶匙蒜末

2杯紅酒（例如奇揚地、卡本內蘇維濃或波爾多紅酒）

1罐碎番茄（大約793克）

1杯蔬菜高湯，如有需要可以多備一些

大約453克慢燉野豬上肩肉塊

大約907克乾燥或新鮮寬帶義大利麵

2大匙新鮮羅勒葉，切碎

2大匙帕瑪森蘿吉諾乳酪（Parmigiano Reggiano cheese）[26]

海鹽和鮮磨黑胡椒，適量

玻里尼西亞烤箱燉牛肉
Polynesian Pot Roast

菠蘿蜜、鳳梨汁和椰奶，為這道家常燉牛肉增添有趣的玻里尼西亞風味。罐裝菠蘿蜜可以在亞洲市場和網路上買到。記得要買青菠蘿蜜，熟菠蘿蜜的味道太甜了。這道料理跟其他燉肉一樣，可以單吃，也可以配飯吃。

益處：菠蘿蜜含有大量的纖維和維生素 C，可能有助於降低癌症和中風的風險。鳳梨汁含有鳳梨酵素，不但可以分解肉裡的粗硬纖維，還能幫助消化。

1.將烤箱預熱至大約 150℃。

2.將所有的食材按照清單上的順序，放入附有蓋子的陶瓷蓋鑄鐵鍋（或是放入深的平底烤盤，用鋁箔紙蓋上）。

3.煮 4-5 小時，或直到可以用叉子輕易叉開牛肉。過程中如果湯汁變得太稠，則可加入一些水。

無麩質

分量：6-8人份

1 大匙椰子油

大約 2.5 公斤燉煮用的牛肉

3 杯罐裝青菠蘿蜜

4 根胡蘿蔔，切成大塊

1 顆中型洋蔥，切半，然後切片

1 茶匙蒜末

1 罐椰奶罐頭（大約 382 克）

1 杯鳳梨汁

1 茶匙辣椒粉

鹽和鮮磨黑胡椒，適量

如有需要可準備水

德州紅寶石葡萄柚豬肉
Texas Ruby Red Grapefruit Pork

這道烤箱食譜製作起來非常簡單快速。紅葡萄柚非常健康，所以我特別設計這道加入紅葡萄柚的食譜。我比較喜歡用德州紅寶石葡萄柚。豬肉的味道跟葡萄柚很搭。這道料理可以單吃，或是搭配印度香糙米飯或我的伊卡利亞芝麻菜沙拉佐菲達乳酪和松子（第114頁）一起享用。

益處：豬瘦肉是優質的蛋白質來源。紅葡萄柚富含健康的化合物，例如有助於增強免疫系統的類胡蘿蔔素、槲皮素和維生素 C，以及有助於支持認知功能的茄紅素。紅葡萄柚還含有具有吲哚和異硫氰酸酯等硫化物，有助於支持身體的天然排毒系統，甚至可能透過中和致癌物質來預防癌症。紅葡萄柚中也含有具有抗菌、抗真菌和抗病毒特性的柚皮素（naringenin），這種強大的抗氧化劑有助於減少對 DNA 的氧化損傷。

分量：2人份

2大匙椰子油或噴霧油（用於塗抹）

大約453克豬小里肌，切成大約2.5公分的方塊

1顆紅寶石葡萄柚，去掉外皮和白色纖維，切成大約2.5公分的方塊

2顆黃甜椒，切成大約2.5公分的方塊

½杯甜洋蔥丁（維達麗雅或毛伊品種）

1½茶匙蒜末

½茶匙喜馬拉雅鹽或海鹽

鮮磨黑胡椒，適量

1大匙龍舌蘭糖漿

1. 將烤箱預熱至大約200℃。

2. 將烘焙烤盤塗上或噴上橄欖油。

3. 將食材均勻地分散放在烤盤上。

4. 在烤箱中烤20分鐘，或直到豬肉不再呈現粉紅色。

5. 拌入龍舌蘭糖漿。

無麩質・生酮・低碳

土耳其茄子鑲小羊肉核桃
Turkish Eggplant Stuffed with Lamb & Walnuts

　茄子是這道食譜的主角，小羊肉則是重要的配角。在希臘、土耳其和中東地區有不同類型的茄子鑲肉料理，我的則是加了核桃，以增加這道菜的健康益處。石榴糖蜜可以在中東市場買到。你也可以自製石榴糖蜜，將石榴汁以中火慢煮，直到稠度變成跟糖漿一樣即可。石榴糖蜜的味道很酸，能為這道菜帶來美妙的深度。

益處：茄子含有有益腸道健康的纖維，以及具有抗癌作用的花青素。石榴富含抗氧化劑和花青素。羊肉富含蛋白質和維生素 B，有助於從細胞層次建構肌肉和提供能量。核桃提供有益心臟的 Omega-3 脂肪酸和 β- 穀固醇，這種類固醇可能減少攝護腺肥大的風險，並降低膽固醇水平。

1. 將烤箱預熱至大約190°C，並在烘焙烤盤上鋪上烘焙紙。

2. 將茄子從縱向對半切，在每一半的切面劃上十字花刀，小心不要劃穿茄子板。

3. 用 2-4 大匙橄欖油塗抹茄子，放入烤盤，烤30-40分鐘，或直到茄子變軟。稍微放涼之後，挖出一點茄子肉，讓茄子切面形成一個小凹槽。茄子保溫備用。

4. **製作小羊肉核桃餡料：**在烤茄子的同時，將煎鍋以中火加熱。倒入2大匙橄欖油加熱，然後加入洋蔥，拌炒2-5分鐘，直到洋蔥變成半透明。加入大蒜，拌炒約30秒，或直到散發香氣。加入羊絞肉，拌炒7-10分鐘，或直到肉完全變成褐色。拌入核桃、孜然、薑黃、小豆蔻、鹽和黑胡椒，直到充分混合。拌入剛才挖出來的茄子肉和石榴糖蜜，再煮5分鐘。

5. 將茄子鑲上小羊肉核桃餡料，用巴西里裝飾，上桌。

無麩質

分量：4人份

2顆大茄子

¼杯特級初榨橄欖油，分成兩次使用

1顆大洋蔥，切丁

3茶匙蒜末

大約453克羊絞肉

1杯烤核桃，大致切碎（或整顆烤松子）

1茶匙孜然粉

½茶匙薑黃粉

¼茶匙小豆蔻粉

1茶匙海鹽

¼茶匙鮮磨黑胡椒

⅓杯石榴糖蜜

½杯新鮮巴西里，切碎，裝飾用

勃艮第燉野味鹿肉 Venison Bourguignon

野味鹿肉是指鹿、麋鹿和北美馴鹿等，有多叉鹿角動物的肉。這些動物通常在開放的田野和牧場上，進行有限度的人道和商業飼養，牠們可以像在野外一樣走動和吃草。牠們吃的東西會直接影響肉的味道。以玉米飼養的鹿肉風味會比食用橡果或鼠尾草的鹿肉溫和。只要仔細去除脂肪和結締組織，就能減少野味鹿肉的騷味。我用紅酒、香草和奶油燉煮這道料理，完美地讓這種健康肉類變得軟嫩。如果你沒有在進行低碳或生酮飲食，可以搭配下面教的烤馬鈴薯一起享用。如果你在當地超市買不到野味鹿肉，可以上達達尼昂食品店的網站購買（www.dartagnan.com）。

益處：野味鹿肉脂肪很低，但卻富含有助於建構組織和骨骼的蛋白質、有助於將氧氣運到全身的鐵，以及能在細胞內產生能量的維生素 B 群。蘑菇含有硒，可以支持體內排毒。紅酒可以提供有益心臟健康的白藜蘆醇。

1. 用廚房紙巾將野味鹿肉塊拍乾，然後用鹽和黑胡椒調味。

2. 將1大匙橄欖油倒入大鍋或荷蘭鑄鐵鍋，以中火加熱。加入鹿肉，將每面煎到上色。將肉用漏勺取出，備用。

3. 加入洋蔥、大蒜和胡蘿蔔，翻炒3-5分鐘，或直到洋蔥變軟。加入蘑菇，繼續翻炒5-10分鐘，或直到蘑菇釋出水分。

4. 將肉放回鍋中，加入白蘭地、紅酒、高湯和番茄糊。加入1茶匙鹽和1茶匙黑胡椒，攪拌均勻。加入香草束，蓋上蓋子。

5. 煮滾，然後將火轉成小火，蓋上蓋子，燉煮約3小時，或直到鹿肉非常軟嫩。

6. 燉煮到最後1小時的時候，將烤箱預熱至大約230℃。將黃金小馬鈴薯放入烘焙烤盤，以2大匙橄欖油和適量的鹽和黑胡椒翻拌。烤約20-35分鐘，或直到馬鈴薯變軟，中途翻拌一次。

7. 將軟化的奶油和麵粉放入另一個平底鍋，以叉子或打蛋器打勻。以中火煮5-10分鐘，或直到麵糊呈現淡褐色並散發堅果香氣。

8. 將麵糊慢慢拌入燉肉中，攪拌均勻，直到達到理想的稠度。

分量：8-10人份

大約1.3公斤野味鹿肉，切成大約5公分的大塊

鹽和鮮磨黑胡椒，適量

3大匙橄欖油，分成兩次使用

2顆洋蔥，粗切

3茶匙蒜末

6根胡蘿蔔，切成大塊

大約453克褐蘑菇，切半

½杯白蘭地

3¼杯乾紅酒

2杯鹿高湯或牛高湯

2大匙番茄糊

1茶匙鹽

1茶匙鮮磨黑胡椒

1束新鮮香草（百里香葉、迷迭香、龍蒿和月桂葉），用棉繩綁在一起

大約1.3公斤黃金小馬鈴薯（例如育空馬鈴薯），切半

鹽和鮮磨黑胡椒，適量

4大匙（半條）奶油，軟化

⅓杯中筋麵粉

麵和醬料 *noodles & sauces*

普羅旺斯櫛瓜麵佐雞肉
Provençal Zoodles with Chicken

櫛瓜麵是將櫛瓜切成像麵條一樣的螺旋長條。如果沒有螺旋切絲器，可以用刨絲器將櫛瓜刨成細條。另外，也可以用去除蝦殼和腸泥的蝦子代替雞肉。

益處：櫛瓜含有葫蘆素（cucurbitacin），這種抗發炎物質可能有助於抑制癌細胞。使用蔬菜代替義大利麵等碳水化合物可以提供纖維，這種物質能夠支持身體裡的自然排毒系統。櫛瓜也提供維生素 C，這種抗氧化劑有助於組織再生。

1. 將1大匙橄欖油倒入炒鍋，以中大火加熱。加入紅蔥頭和櫛瓜麵。撒上2茶匙普羅旺斯綜合香料、½茶匙迷迭香和1茶匙大蒜鹽。煮10分鐘，或直到櫛瓜呈現漂亮的深綠色，過程中偶爾攪拌。

2. 將雞肉裹上剩下的香料和橄欖油的混合物。烤10-20分鐘，或直到雞肉中間不再呈現粉紅色。過程中翻面一次。

3. 將櫛瓜麵盛入每個盤子中，上面擺上烤雞肉。

無麩質・低碳

分量：2-4人份

1大匙橄欖油，額外準備1茶匙

½杯紅蔥頭，切碎

3根大櫛瓜，刨成螺旋狀或細條

2茶匙普羅旺斯綜合香料（第321頁），額外準備½茶匙

½茶匙乾迷迭香，額外準備½茶匙

1茶匙大蒜鹽，額外準備½茶匙

大約453克雞胸肉（去骨、去皮）或雞肉絲

法式根莖蔬菜「寬扁麵」
French Root "Pasta" Ribbons

　　如果你不能吃麩質或麵粉食物，吃這道類似麵食的料理當晚餐，也是一個不錯的方法。你可以用自己喜歡的根莖類蔬菜，但是不要用甜菜。你也可以用這裡列出的根莖類蔬菜做搭配，就算只用馬鈴薯，這道料理也一樣美味。現在松露鹽愈來愈容易買到了，你可以到超市的香料區找找看有沒有，它可以提升蔬菜的風味層次。如果找不到，就用海鹽或喜馬拉雅鹽。

益處： 韭蔥屬於洋蔥家族，因此含有大蒜素，這種硫化物可以抑制細菌和病毒滋生、稍微稀釋血液，同時可能有助於降低膽固醇。韭蔥裡的排毒纖維來自菊糖，因此韭蔥也是有助於促進腸道健康的益生元食物。

1. 切去韭蔥的莖部和深綠色部分，將白色和淺綠色部分切成丁，然後放入濾中沖洗，去除藏在裡頭的沙子。

2. 削去根菜類蔬菜的外皮，丟掉。用馬鈴薯削皮器或切片器，將根莖類蔬菜削成長條狀的薄片。

3. 將奶油放入大型厚底不黏鍋或陶瓷鍋融化。加入韭蔥，以中火煮約10分鐘，或直到韭蔥變軟、變半透明，並開始上色。

4. 將根莖類蔬菜片加入鍋中，加入鹽、迷迭香和適量黑胡椒。煮約5分鐘，或直到蔬菜稍微上色，大約每分鐘用夾子翻拌。

5. 加水，蓋上蓋子，以小火燜煮10分鐘，或直到根莖類蔬菜變軟，所有水分都被吸收掉。

無麩質・素食

分量：2-4人份

1-2根韭蔥（僅用白色和淺綠部分）

3大匙奶油

大約907克根莖類蔬菜（馬鈴薯、歐防風、蕪菁甘藍、洋香菜根、西洋牛蒡和／或胡蘿蔔）

1茶匙松露鹽（或喜馬拉雅鹽或海鹽）

1茶匙乾迷迭香

鮮磨黑胡椒，適量

3/4杯水

Ai Ao Dx

義式金線瓜「麵」
Italian Spaghetti Squash "Pasta"

　　這道料理類似義式胡桃南瓜餃子，不過它低碳、無麩質，而且搭配了鼠尾草。金線瓜的質地相當有趣。煮過以後，它的瓜肉會分裂成一絲絲的長條，看起來好像義大利麵一樣。這些「麵條」裹上奶油和鼠尾草後美味極了。你可以事先烤好金線瓜，然後冷藏。

益處：橙色南瓜裡的纖維具有排毒作用，類胡蘿蔔素能促進抗氧化劑維生素A的生成；抗發炎物質葫蘆素，則可能有助於抑制癌細胞生長。

1. 將烤箱預熱至大約190℃。

2. 將烘焙烤盤塗上或噴上椰子油。將金線瓜切面朝下放在烤盤上，烤45分鐘，或直到金線瓜變軟。

3. 將金線瓜從烤箱取出並翻過來，放涼幾分鐘。用叉子叉開瓜肉，直到瓜肉變成細絲。將細絲放入碗中，備用。

4. 將奶油放入炒鍋，以中火加熱。放入鼠尾草葉煎3分鐘，或直到鼠尾草葉變得酥脆。將鼠尾草葉放到廚房紙巾上，備用。

5. 將金線瓜放入鍋中，以奶油拌炒。撒上大蒜鹽和肉桂，煮2-3分鐘，或直到金線瓜流出來的汁液被吸收掉。

6. 將金線瓜盛盤，裝點上一些瑞可塔乳酪（如有使用），撒上鼠尾草葉，上桌。

無麩質·低碳·素食

分量：2-4人份

椰子油或噴霧油（用於塗抹）

1整顆金線瓜，縱向切半，挖掉中間的籽和瓤

3大匙奶油

20-30片新鮮鼠尾草葉

¼茶匙大蒜鹽

少許肉桂

¼杯瑞可塔乳酪（ricotta cheese）（可略）

以色列庫斯庫斯米佐烤茄子
Israeli Couscous with Roasted Eggplant

　　這道簡單的晚餐主要只用一個烘焙烤盤就能製作完成。茄子烤過之後非常美味，把它切得愈小，烹調時間愈快。薩塔香料是一款經典的以色列綜合香料，裡面含有奧勒岡、百里香、鹽膚木芝麻，有時也含有夏香草。我的薩塔香料則含有香菜。如果不想自己調配，可以到中東市場或部分超市的國際食品區買現成的香料，或直接使用奧勒岡來代替。

益處：茄子皮不要削掉，因為裡面富含花青素，有助於抑制癌細胞生長，以及提升微血管功能，讓大腦、眼睛和肌膚更健康。

1. 將烤箱預熱至大約200℃。

2. 將烘焙烤盤抹上 1½ 大匙橄欖油。將茄子丁均勻地放在烤盤上。撒上鹽、大蒜和薩塔香料。烤20分鐘。

3. 加入櫻桃番茄和剩下的橄欖油。再烤15-20分鐘，或直到茄子熟透、呈現褐色。

4. 按照包裝上的指示煮庫斯庫斯米，然後跟茄子、番茄、橄欖、檸檬汁和巴西里一起翻拌。

（如果使用的庫斯庫斯米是維根食材，則是維根料理）‧素食

分量：2-4人份

1顆茄子，不要削皮，兩端切掉，切成大約1.2公分的小丁

3大匙橄欖油，分成兩次使用

½茶匙鹽

1大匙蒜末

2茶匙薩塔綜合香料（第324頁）或奧勒岡

2杯櫻桃番茄，切半

1杯以色列庫斯庫斯米

½杯卡拉瑪塔橄欖，切碎

½杯黑橄欖，切碎

1大匙檸檬汁

2大匙新鮮巴西里，切碎

西西里寬帶麵佐青醬科夫塔肉丸
Sicilian Pappardelle with Pesto Kofte

科夫塔肉丸是一種長橢圓形的肉丸，是從阿拉伯引入西西里的料理。這道肉丸可以用小羊絞肉、牛絞肉，或白色和深色綜合火雞絞肉來做。

益處：這道料理提供精瘦蛋白質，杏仁裡的維生素 E 有助於預防自由基所造成的細胞損害，番茄糊和番茄沙司裡的茄紅素則具有抗癌作用。

1. **製作青醬：**將杏仁、羅勒、大蒜和1大匙番茄糊放入食物處理機或研缽，攪打或研磨成糊狀。加入橄欖油和適量的鹽。

2. **製作科夫塔肉丸：**將一半的青醬倒入小羊絞肉（如用羊肉，加入1茶匙迷迭香）、牛絞肉或火雞絞肉中混勻，然後捏成大約1.2×5公分的細長橢圓形肉丸。

3. 將2大匙摩洛哥堅果油倒入大炒鍋中加熱，放入科夫塔肉丸，以中火煎5-7分鐘，或直到肉丸呈現金黃色。將肉丸從鍋中取出。

4. 將1大匙摩洛哥堅果油倒入鍋中，放入紅蔥頭，以小火拌炒2-3分鐘，或直到紅蔥頭呈現金黃色。加入剩下的番茄糊和番茄沙司，煮約10分鐘。

5. 在另一邊，按照包裝上的指示煮義大利麵，然後瀝乾。

6. 將義大利麵倒入番茄／紅蔥頭混合物中，以小火翻拌，或直到麵體充分裹上混合物。拌入剩下的青醬。將麵盛盤，上面擺上溫熱的科夫塔肉丸。

分量：4人份

2/3杯杏仁

1杯新鮮羅勒葉（壓實放入杯中）

2瓣中型大蒜瓣

3大匙番茄糊，分次使用

2/3杯特級初榨橄欖油

海鹽適量

大約453克小羊絞肉、牛絞肉或火雞絞肉

1茶匙迷迭香（搭配小羊肉使用）

3大匙摩洛哥堅果油（或中性油），用於拌炒，分次使用

1顆紅蔥頭，切碎

1/2杯番茄沙司

大約453克義大利寬扁麵（寬帶麵或波浪麵）

吳上校番茄沙司

吳上校番茄沙司 Colonel Wu's Tomato Sauce

DP

說到番茄沙司，一般人不太會聯想到中式料理。不過，既然左將軍都有甜辣醬了[27]，吳上校當然也可以有香氣四溢的亞洲風味番茄沙司囉。薇薇安吳嘉菲（ChiaFei Vivien Wu，音譯）上校是位於科羅拉多州的美國空軍學院第 306 作戰支援中隊（306th Operations Support Squadron of the U.S. Air Force Academy）指揮官。這道向她致敬的醬料，可以搭配豬排、雞肉或蝦子一起享用。

益處： 番茄和辣椒都含有花青素，有助於抑制癌細胞生長，同時提升大腦、眼睛和肌膚的微血管功能。

1. 將芝麻油倒入大煎鍋，以中火加熱。將洋蔥（或紅蔥頭）、紅辣椒和番茄倒入鍋中，拌炒約 10 分鐘，或直到洋蔥變軟。

2. 加入大蒜，再炒 30 秒，或直到散發香氣。

3. 加入剩下的食材，蓋上蓋子，以小火燜煮約 5 分鐘，或直到醬汁收汁至可以附著在湯匙背面的稠度。

(如果使用溜醬油，則是無麩質料理)．生酮．低碳．素食

分量：4 人份

1 大匙芝麻油

½ 顆大顆紅洋蔥（或 4 顆紅蔥頭），切碎

3 根小根紅辣椒，去籽、切粒

2 顆新鮮番茄，切碎

2 茶匙蒜末

1 杯番茄醬

¼ 杯紅辣椒醬

1 茶匙調味米酒醋

1 茶匙醬油或溜醬油

½ 杯水

1 茶匙糖

阿茲特克番茄沙司 Aztec Tomato Sauce

B DP M

番茄源於中南美洲，番茄的原文名稱最早就是阿茲特克人命名的。[28] 比起傳統的番茄沙司，這道微辣醬料在食材上做了一點小調整，但仍保有阿茲特克的根源。這道醬料非常適合當成墨西哥捲餅（burrito）、辣肉餡捲餅（enchilada）或墨西哥玉米粽（tamale）的配料，也可以當作雞肉或魚肉的沾醬，以及淋在墨西哥煎蛋上享用。

益處： 番茄富含強化腦力的茄紅素和有益眼睛的葉黃素。辣椒含有抗氧化劑和維生素 A，有助於支持肌膚健康，此外也含有增加免疫力的維生素 C，以及抗癌的辣椒素。

1. 將橄欖油倒入大約 3.7 公升容量的醬汁鍋中，以中火加熱。

2. 放入大蒜，拌炒約 30 秒，或直到散發香氣。

3. 加入高湯和番茄沙司攪拌。

4. 加入蘋果醋和所有香料攪拌。將火轉成小火，慢煮約 10 分鐘，或直到混合均勻。

無麩質．生酮．低碳．（如果使用蔬菜高湯，則是維根和素食料理）

分量：5 杯

1 大匙橄欖油

2 茶匙蒜末

1½ 杯減鈉雞高湯或蔬菜高湯

3 杯罐裝番茄沙司

1 茶匙未經巴氏滅菌的蘋果醋（我喜歡用 Bragg 品牌）

2 大匙浸泡阿斗波醬的罐裝煙燻辣椒，切碎

½ 茶匙乾墨西哥或義大利奧勒岡

1 茶匙辣椒粉

1 茶匙紅辣椒片

1 茶匙孜然粉

1 茶匙香菜粉

鹽適量

---

27. 這裡是指左宗棠雞裡以番茄醬為基底的甜辣醬，左宗棠雞的英譯為 General Tso's chicken，意思是左將軍雞肉，在美國是很有名的中式料理，作者引用這道菜名跟華裔吳上校做比較。——譯者註

28. 番茄在納瓦特爾語（阿茲特克語）中稱為 tomatl，意思為「腫脹的果實」，幾經流傳之後，成為英文中的 tomato。——譯者註

辣味沙卡蔬卡（以色列番茄沙司）
Spicy Shakshuka (Israeli Tomato Sauce)

在早午餐時上這道料理，肯定會讓你的客人大為驚豔！這是一道以色列風格的突尼西亞辣味番茄甜椒燉菜，通常搭配水煮蛋一起享用，你也可以按照個人喜好，用雞肉和去掉殼的蝦子等蛋白質來取代水煮蛋。哈里薩辣醬是一款罐裝或瓶裝辣醬，可以在中東市場、喬氏超市和亞馬遜上買到。

益處：一九九五年，《美國國家癌症研究所期刊》（*Journal of the National Cancer Institute*）刊載哈佛大學一項針對4.7萬名男性所做的研究，發現每週食用十份以上番茄、番茄沙司、披薩醬和番茄汁的男性，罹患攝護腺的機率比每週只食用兩份的男性低45%。跟橄欖油等含有健康脂肪的食物一起食用，可以增加番茄中茄紅素的抗癌特性。

1. 將橄欖油倒入大的深煎鍋，以中火加熱。加入洋蔥，拌炒3-5分鐘，或直到洋蔥開始變軟。加入大蒜，繼續拌炒1分鐘。

2. 加入甜椒，繼續拌炒5分鐘，或直到甜椒變軟。

3. 加入番茄和番茄糊攪拌。加入哈里薩辣醬、所有香料和蜂蜜（如有使用）。以中火邊攪拌邊煮5-7分鐘，或直到醬料開始收汁。

4. 若要調整甜度或增加辣度，可以加入更多蜂蜜或香料。

5. 在醬料上做出6個凹口，每個凹口之間間隔相等（5個沿著鍋子外緣排列，1個做在鍋子中間）。將蛋一次1顆直接打入醬料凹口。

6. 蓋上蓋子，讓蛋單面朝上煮10-15分鐘，或煮到自己喜歡的熟度。離火，以巴西里裝飾。

無麩質 · 生酮 · 低碳 · 素食

分量：6人份

1大匙橄欖油

½顆洋蔥，切丁

1茶匙蒜末

2顆紅甜椒，去籽，切成大約0.6公分的小塊

4杯熟番茄丁（或2罐大約396-425克的番茄丁罐頭）

2大匙番茄糊

2大匙哈里薩辣醬（harissa）

1茶匙辣椒粉

1茶匙孜然粉

1茶匙紅椒粉

卡宴辣椒粉，適量

1茶匙蜂蜜（可略）

鹽和鮮磨黑胡椒，適量

6顆蛋

2大匙新鮮義大利平葉巴西里，切碎，裝飾用

馬薩拉烤肉醬
Tikka Masala Sauce

　　印度料理不一定都很辣或很複雜。這款番茄沙司一般會用重奶油烹調，但我用全脂希臘優格代替，讓它更健康。傳統作法是將馬薩拉烤肉醬搭配坦都里烤雞或烤蝦一起享用，但配上鷹嘴豆（雞豆）、豌豆、胡蘿蔔、馬鈴薯塊和花椰菜做成的素食燉菜也很適合。你可以上網到亞馬遜買到芒果粉，甚至在沃爾瑪（Walmart）也買得到。

益處：芒果粉是用青芒果製成，含有葉酸、維生素 C 和纖維。葉酸可以促進肌膚、毛髮和眼睛健康，有助於大腦正常運作，還能預防某些先天性缺陷和特定癌症。維生素 C 有助於身體對抗感染、幫助預防白內障、促進組織再生，甚至可能有助於降低癌症和中風的風險。番茄中的抗氧化劑番紅素，可能有助於降低癌症風險、幫助認知功能，以及促進攝護腺健康。

1. 將奶油放入大的深煎鍋，以中火加熱。加入孜然粉、芒果粉、紅椒粉、卡宴辣椒粉和鹽。煮約 30 秒，或直到散發香氣。
2. 加入大蒜、蜂蜜、番茄和水。煮滾，然後小火慢煮 6-7 分鐘，或直到大蒜煮熟。
3. 加入優格，充分攪拌。如有需要，用打蛋器將優格打到光滑。邊攪拌邊加熱 1 分鐘。可依需要加鹽。

無麩質‧生酮‧低碳‧素食

分量：4 人份

1 大匙無鹽奶油

1 大匙孜然粉

2 茶匙芒果粉（amchur powder）

1 茶匙紅椒粉

½ 茶匙或適量的卡宴辣椒粉

½ 茶匙喜馬拉雅鹽，另依個人口味多備一些

1 茶匙蒜末

1 茶匙蜂蜜

3 杯碎番茄

½ 杯水

⅓ 希臘優格

馬拉喀什香料番茄沙司
Marrakesh Spiced Tomato Sauce

　　這道變化版番茄沙司做起來超級簡單。馬拉喀什風味的綜合香料為這道醬料增添異國風情。搭配小羊肉、禽肉，以及胡蘿蔔和／或花椰菜等蔬菜，非常美味。你可以把它淋在烤雞或庫斯庫斯米上，或跟蔬菜或鷹嘴豆一起燉煮。

益處：肉桂和丁香含有丁香酚，這是一種抗發炎物質和排毒劑。孜然則提供番紅花醛，這種抗氧化劑具有抗癌作用。

1. 將番茄丁和番茄沙司放入大約 3.7 公升的醬汁鍋中，以小火加熱 5-10 分鐘。
2. 加入所有香料攪拌。小火慢煮約 10 分鐘，或直到醬料煮熱、充分混合。

無麩質‧生酮‧低碳‧維根‧素食

分量：4 杯

1 罐番茄丁（大約 396-425 克），瀝掉湯汁

1 罐番茄沙司（大約 396-425 克）

1 茶匙肉桂粉

1 茶匙孜然粉

1 茶匙香菜籽

½ 茶匙卡宴辣椒粉

½ 茶匙丁香粉

ce

鄉村風味番茄沙司 Tomato Sauce Rustica

現在一年四季都能買到新鮮美味的番茄。從墨西哥到加拿大，北美各地溫室都有種植番茄。這道帶有顆粒口感的醬料非常適合搭配義大利麵、雞肉或魚肉。當成脆皮麵包的沾醬也很美味。請注意，罐裝番茄可能添加很多鹽或糖。

益處：番茄的升糖指數很低，因此食用番茄有助於調節血糖水平。每杯生鮮番茄含有將近 33% 每日所需維生素 C、15% 每日所需維生素 K，此外還有生物素、鉀、錳和維生素 A。番茄中的茄紅素已被證實可以減少氧化損傷，進而有助於心臟健康，同時也能降低血壓。

1. 將橄欖油倒入大煎鍋，以中火加熱。加入洋蔥，拌炒 3-5 分鐘，或直到洋蔥變半透明。

2. 拌入番茄，拌炒約 6 分鐘，或直到番茄開始煮爛。

3. 拌入蕈菇，拌炒約 1 分鐘，或直到蕈菇開始釋出水分。

4. 拌入番茄沙司、大蒜、紅辣椒片和奧勒岡。以小火慢煮 5-10 分鐘，或直到醬料充分加熱。

5. 拌入黑胡椒和羅勒，離火。

無麩質 · 生酮 · 低碳 · 維根 · 素食

分量：4人份

3 大匙橄欖油

1 顆小顆甜洋蔥（維達麗雅或毛伊品種），切成大約 2.5 公分的塊狀

大約 453 克西梅李或原種櫻桃番茄，切半

12 朵新鮮蕈菇（白蘑菇或褐蘑菇），切成大約 0.6 公分厚的片狀

1½ 杯番茄沙司

2 茶匙蒜末

少許紅辣椒片

1 茶匙乾義大利奧勒岡

鮮磨黑胡椒，適量

¼ 杯新鮮羅勒葉，切碎

er

DP

麵和醬料 *noodles & sauces*

189

醬料，由上依順時鐘方向排列分別為：法式
白醬、地中海白醬、黎巴嫩大蒜醬

法式白醬 French White Sauce

M S

這道醬料是所有醬料的母醬。只要稍微調整食材，就能做成巧達濃湯、海鮮燴飯 (etouffee)、乳酪醬、貝夏梅醬 (bechamel) 和肉汁的基底。這一切的根本來自麵糊，一種混合脂肪和麵粉、根據用途煮成淺褐色或深褐色的混合物。我們可以在麵糊中加牛奶、牛高湯、雞高湯、蛤蜊汁、蔬菜高湯，甚至是啤酒。還可以加乳酪、芥末、大蒜、巴西里等，來做出更多變化。我的瑞典牛肉汁肉丸 (第61頁) 中的牛肉汁，就是根據這道主食譜做的。

益處：麵粉含有維生素 B_6，有助於大腦產生血清素，此外也含菸鹼酸，可以幫助體內 DNA 修復過程，甚至可能支持健康的血脂狀態。奶油中的核黃素可以保持健康的神經系統，維生素 B_{12} 有助於產生健康的紅血球，維生素 D 則可促進鈣質吸收，有助於強健骨骼、牙齒和指甲。

1. 將奶油放入厚底醬汁鍋，以中火融化。

2. 加入麵粉混勻。讓麵糊煮 5-7 分鐘，或直到麵糊呈現堅果褐色，過程中隨時攪拌。

3. 一次一點慢慢拌入牛奶。加入所有牛奶後，麵糊應該會變得濃稠，如果沒有，再煮久一點，過程中持續攪拌，直到變得濃稠。

4. 離火，拌入鹽和胡椒。

素食

分量：2杯

4 大匙奶油

4 大匙中筋麵粉

2 杯牛奶

1/4 茶匙鹽

鮮磨黑胡椒，適量

白醬變化版 French White Sauce

貝夏梅醬：不加黑胡椒，改加一小撮鮮磨肉豆蔻。將牛奶的分量減至 1/2 杯，喜歡非常濃稠的白醬的話甚至可以減至 1 杯。貝夏梅醬非常適合淋在希臘千層麵 (pastitsio) 上、加入義式千層麵 (lasagna) 裡，或拌入炒菠菜中，做成奶油菠菜。

巴西里醬：愛爾蘭人喜歡用巴西里醬搭配粗鹽醃牛肉。製作巴西里醬時，在進行步驟3添加牛奶之前，先加入 1/2 杯切碎的新鮮巴西里。煮 2-3 分鐘，或直到巴西里變成深綠色。

乳酪醬：在步驟3添加牛奶之後，加入 2 杯刨成絲的切達乳酪，然後不要加鹽。

芥末奶油醬：在步驟4加入 4 大匙芥末籽醬和 1/4 茶匙碎大蒜。

素食

黎巴嫩大蒜醬 Lebanese Garlic Sauce

圖姆大蒜醬（toum）是黎巴嫩傳統抹醬，是用生大蒜和油製成，類似用橄欖油、大蒜和麵包、堅果或馬鈴薯製成的斯科達利亞（skordalia）希臘大蒜抹醬。我的大蒜醬，則比較像是醬料而不是抹醬。我用煮過的大蒜，讓醬料風味更加溫和。裡面也加了原產於澳洲北部、巴布亞新幾內亞和東南亞的霹靂果。如果你在商店或網路上都買不到這種口感柔軟、味道溫和美味的堅果，可以使用松子、夏威夷果或杏仁代替。如果想讓醬料看起來白一些，可以切掉麵包邊。不是新鮮麵包也沒關係，但要避免使用酸種麵包，因為它的味道太過強烈，也不要用全麥麵包，否則醬料口感會太粗糙。這道醬汁搭配任何食物都很適合。可以試試加在煮熟的蔬菜、米飯、雞肉、小羊肉或馬鈴薯上享用。

益處：霹靂果富含鎂和硫胺素（維生素 B_1）。鎂是一種礦物質，可能有助於降低血壓，建構肌肉和強化牙齒。硫胺素有助於身體在細胞內產生能量、提高身體對抗壓力的能力，甚至可能降低發展出白內障的風險。大蒜中的大蒜素可以抑制細菌和病毒生長、稍微稀釋血液、有助於降低膽固醇，甚至可能減少罹患心臟病、心臟病發作、中風和特定癌症的風險。

1. 將霹靂果、大蒜、鹽和水放入中型醬汁鍋煮滾。煮20分鐘，或直到霹靂果變軟。

2. 將霹靂果混合物、橄欖油和麵包放入果汁機或食物處理機，打2-3分鐘，或直到醬料變得綿密滑順。

（如果使用維根麵包，則是維根料理）‧素食

分量：2-4人份

1杯霹靂果（pili nut），去皮

5瓣中型大蒜瓣，去皮

1茶匙鹽

2杯水

2大匙橄欖油

2片白麵包，撕成小塊

Ai

地中海白醬
Mediterranean White Sauce

　　這道濃郁的醬料很適合當成抹醬，塗在溫熱的薄餅或馬鈴薯上享用。搭配烤四季豆或炒花椰菜等綠色蔬菜，就是一道主菜了。使用新鮮香草來做會更美味，分量則是上面所列乾香草的兩倍。你也可以把它冷藏之後塗在蘇打餅乾或芹菜上當點心吃。

益處：迷迭香含有抗發炎物質按葉油醇（eucalyptol），可能有助於分解黏液，非常適合緩解過敏症狀，同時支持肺部健康。

1. 將所有食材放入陶瓷平底鍋或不沾平底鍋。

2. 以小火加熱8-10分鐘，或直到醬料變熱冒泡，邊煮邊攪拌。

素食

分量：2-4人份

大約226克整塊奶油乳酪，切成大約2.5公分的方塊

1/2杯瑞可塔乳酪

2大匙橄欖油

1/4茶匙鹽

1/8茶匙鮮磨黑胡椒

1/4杯新鮮細香蔥，切碎

1茶匙乾羅勒

1茶匙乾奧勒岡

1/2茶匙乾百里香

1/2茶匙乾迷迭香，切碎

1/2茶匙蒜末

薄餅，由上依順時鐘方向排列分別為：
阿拉伯番茄薄餅、馬薩拉雞肉薄餅、
希臘小羊肉和香料蔬菜優格醬薄餅、
巴塞隆納紅葡萄和藍紋乳酪薄餅

薄餅 *flatbreads*

自製薄餅 Homemade Flatbread

世界各地的文化幾乎都有類似薄餅的食物，即使有些地方在傳統上沒有薄餅，也可以用現有的食材來製作。薄餅之所以這麼吸引人，其中一個特點就是它的口感薄脆，與蓬鬆柔軟的口感不同，而且不用做成像披薩一樣的完美圓形。有了這道 DIY 食譜，你就可以在家自製薄餅麵團和烤薄餅了。市面上有各種預製薄餅，例如印度南餅、皮塔餅，以及又薄又大的拉瓦什餅（lavash）；低碳花椰菜披薩餅皮和花椰菜薄餅；以及經典、全麥或無麩質的披薩生麵團。後面幾道食譜可以使用自製薄餅，也能使用預製薄餅，供你自由選擇。你可以將自製薄餅麵團用保鮮膜包好，冷藏最長可以保存一週，冷凍可以保存三至四個月。

益處：麵粉含有維生素 B_6，有助於產生血清素，促進大腦健康，此外也含菸鹼酸，有助於修復 DNA，同時支持健康的血脂狀態。

分量：10張小薄餅，每張大約15-20公分

1大匙活性乾酵母

1茶匙糖

½杯溫水

2杯中筋麵粉

1茶匙鹽

3大匙植物油

1. 將酵母、糖和水放入小碗混合。讓混合物靜置約10分鐘，或直到酵母活化，開始起泡。

2. 將麵粉和鹽放入大碗混合。加入酵母混合物和植物油，用雙手混合。將麵團揉捏幾分鐘後，放到抹上油的碗裡，包上保鮮膜，放在溫暖處發酵1.5小時。

3. 將麵團放在撒上麵粉的檯面上，並分成10個小麵球。用擀麵棍將每個小麵球擀成大約15-20公分的長橢圓狀。將薄餅放入烘焙烤盤，包上保鮮膜，靜置20分鐘，進行二次發酵。

4. **烤薄餅：**將烤箱預熱至大約220°C。待薄餅稍微發酵後，鋪上自己喜歡的配料。根據配料的分量，烤7-15分鐘不等。如果沒放配料，則烤7-10分鐘，或直到薄餅邊緣開始呈現金黃色。

維根・素食

阿拉伯番茄薄餅
Arabian Tomato Flatbread

Ai　DP

中東和地中海風味料理愈來愈受歡迎。這類料理含有大量蔬菜，因此纖維和抗氧化劑更豐富，能為健康老化提供額外的好處。這道料理使用薩塔香料，這種廣被使用的綜合香料不只用於薄餅，也被用來調味米飯、庫斯庫斯米、魚類和肉類。你可以在中東市場買到，或用我的食譜自製薩塔香料。

益處：番茄含有有益心臟健康的茄紅素，和支持眼睛健康的葉黃素。大蒜提供大蒜素，能抑制細菌和病毒生長、有助於稀釋血液、降低膽固醇，並有可能降低罹患心臟病、心臟病發作、中風和癌症的風險。

1. 將烤箱預熱至大約220℃。

2. **製作醬料：**將2大匙橄欖油倒入中型煎鍋加熱。加入洋蔥和大蒜，以中火拌炒，直到洋蔥變軟。加入一半的番茄丁，再煮5分鐘。加入鹽、黑胡椒、番茄糊、紅辣椒片、紅椒粉和全香子，煮10-12分鐘，或直到所有香料充分混合。

3. 將長形薄餅塗上剩下的橄欖油，盛上番茄混合物，鋪上剩下的番茄丁，最後撒上薩塔香料。

4. 放入烤箱烤10分鐘，或直到薄餅邊緣呈現金黃色。

5. 用巴西里和香菜葉裝飾。

維根·素食

分量：2-4人份

4大匙橄欖油，分次使用

1顆洋蔥，切碎

1茶匙蒜末

4顆小顆羅馬番茄，切丁，分次使用

鹽和鮮磨黑胡椒，適量

1大匙番茄糊

1茶匙紅辣椒片

1大匙紅椒粉

1大匙全香子

4張自製烤薄餅（第195頁）或大約20×10公分的長形南餅或拉瓦什餅

2大匙薩塔香料（第324頁）

1大匙新鮮巴西里，切碎，裝飾用

1大匙新鮮香菜葉，切碎，裝飾用

巴塞隆納紅葡萄和藍紋乳酪薄餅 Barcelona Flatbread with Red Grapes & Blue Cheese

這道素食菜餚可以當作前菜，也能作為主菜，就看你有多餓。這道料理跟紅酒很搭，很適合在派對上邊吃邊跟別人聊天。你可以用自己喜愛的藍紋乳酪種類來做，像是拱佐諾拉（Gorgonzola）、卡布拉雷斯（Cabrales），或梅塔格（Maytag）藍紋乳酪。

益處：葡萄含有白藜蘆醇，有助於保護心臟、對抗癌細胞，甚至可能改善大腦的血流量。

1. 將烤箱預熱至大約220°C。
2. 將兩個大的烘焙烤盤鋪上烘焙紙，備用。
3. 將橄欖油、奧勒岡和鹽放入小碗攪拌，然後塗抹在薄餅麵團、南餅或拉瓦什餅上。
4. 在每張餅上平均鋪上迷迭香、紅洋蔥、葡萄和藍紋乳酪。
5. 將長形南餅、長形拉瓦什餅，或薄餅烤7-10分鐘，或直到呈現金黃色。
6. 淋上蜂蜜，撒上青蔥，上桌。

素食

分量：4人份

1½大匙橄欖油

1茶匙乾奧勒岡

¼茶匙海鹽（我喜歡用喜馬拉雅鹽）

4張未烤過的自製薄餅（第195頁）或大約20×10公分的長形南餅或拉瓦什餅

1大匙新鮮迷迭香，切碎

½杯紅洋蔥，切薄片

1杯紅葡萄，切半

¾杯藍紋乳酪，捏碎（例如拱佐諾拉〔Gorgonzola〕、卡布拉雷斯〔Cabrales〕，或梅塔格〔Maytag〕）

1½大匙蜂蜜

¼杯青蔥，切粒

馬薩拉雞肉薄餅
Chicken Tikka Masala Flatbread

　　印度料理在美國愈來愈受到歡迎。對許多美國人來說，馬薩拉雞肉已經成為一道印度療癒美食。雞腿肉賦予這道菜餚絕佳風味，也提供健康益處。你也可以用脂肪含量較低的雞胸肉來代替雞腿排。葛拉姆馬薩拉粉可以在超市的國際食品區和特色市場買到。最後用我的希臘風格香料蔬菜優格醬裝點，就完美了。

益處：這道食譜富含多種健康元素，例如有助於建構肌肉的雞肉蛋白質、降低炎症的薑和薑黃，煮過的番茄則有益攝護腺健康。

分量：6-8人份

1½大匙椰子油

大約680克雞腿排，去骨、去皮，切成大約2.5公分的塊狀

猶太鹽和鮮磨黑胡椒，適量

½顆中型甜洋蔥（維達麗雅或毛伊種），切丁

3大匙番茄糊

1茶匙蒜末

1大匙新鮮薑末

1½茶匙葛拉姆馬薩拉粉

1½茶匙辣椒粉

1½茶匙薑黃粉

1罐番茄沙司（大約395-425克）

1杯雞高湯

½杯原味優格

6-8張自製烤薄餅（第195頁）或大約20×10公分的長形南餅或拉瓦什餅

½杯希臘風格香料蔬菜優格醬（raita）[29]（第199頁），裝飾用

½杯紅洋蔥，切薄片，裝飾用

¼杯新鮮香菜葉，切碎，裝飾用

1. 將椰子油倒入大湯鍋或荷蘭鑄鐵鍋，以中火加熱。將雞肉用適量的鹽和黑胡椒調味。將雞肉和洋蔥一起放入鍋中，煮4-5分鐘，或直到雞肉稍微上色。

2. 拌入番茄糊、大蒜、薑末、葛拉姆馬薩拉粉、辣椒粉和薑黃粉，煮約1分鐘，或直到散發香氣。

3. 加入番茄沙司和雞高湯，攪拌均勻。以適量的鹽和黑胡椒調味。

4. 煮滾，然後將火轉成小火，慢煮約10分鐘，或直到醬料稍微變稠，過程中偶爾攪拌。

5. 離火，拌入優格，攪拌約1分鐘，或直到混合均勻。

6. 將馬薩拉雞肉盛到長形薄餅上。淋上一些香料蔬菜優格醬，擺上幾片洋蔥薄片，撒上大量香菜葉做裝飾，上桌。

---

29. 香料蔬菜優格醬是印度調味料，也稱印度優格醬，作者在食材方面做了一些調整，使其帶有希臘料理的特色，因此譯為「希臘風格」。——譯者註

M S

希臘小羊肉和香料蔬菜優格醬薄餅
Greek Flatbread with Lamb & Raita

只要在薄餅上加上優質蛋白質、一些蔬菜和少許乳製品，就是完整的一餐了。對於葷素不忌的人來說，用小羊絞肉搭配希臘風味薄餅，味道無與倫比。我比較喜歡用我的希臘風味香料蔬菜優格醬，不過你可以用自己喜歡的牌子。

益處：小羊肉富含維生素（菸鹼酸、核黃素、維生素B₁₂）和礦物質（銅、磷、鋅），此外還有建構肌肉所需的蛋白質、有助於修復組織的離胺酸，苯丙胺酸和酪胺酸則有助於產生多巴胺，能讓大腦產生愉悅感。

分量：4人份

大約340克小羊絞肉

1大匙橄欖油

1顆小顆洋蔥，切碎

1茶匙新鮮蒜末

1大匙乾奧勒岡

3大匙新鮮薄荷葉，切碎

4張未烤過的自製薄餅（第195頁）或大約20×10公分的長形南餅或拉瓦什餅

1杯希臘風格香料蔬菜優格醬（請見下方食譜）

1顆紅甜椒，切成條狀

4顆黃色小番茄，切成4等份

1顆小顆紅洋蔥，切成薄片

½杯新鮮巴西里，切碎，裝飾用

1. 將烤箱預熱至大約220℃。

2. 將橄欖油和小羊絞肉放入大炒鍋，以中火拌炒約5分鐘，或直到絞肉大致呈現褐色。用漏勺將絞肉盛到碗中，蓋好備用。

3. 原鍋加入洋蔥，拌炒3-4分鐘，或直到洋蔥大致呈現半透明。加入大蒜，煮1-2分鐘，或直到散發香氣。

4. 將炒好的小羊絞肉放回鍋中，加入奧勒岡和薄荷。以中火煮約2分鐘，或直到絞肉完全變成褐色。

5. 將長形南餅、長形拉瓦什餅或自製薄餅放入鋪了烘焙紙的烘焙烤盤，烤約7-10分鐘，或直到呈現金黃色。將餅從烤箱取出。

6. 在每張薄餅上塗上2大匙香料蔬菜優格醬，盛上用香草炒過的小羊絞肉，擺上甜椒、番茄和洋蔥，再用巴西里裝飾。

希臘風格香料蔬菜優格醬 Greek Raita

GH

我的香料蔬菜優格醬使用蒔蘿代替香菜，這是我從希臘黃瓜優格醬（tzatziki）學來的作法。

益處：優格含有益生菌，能讓腸道益菌維持健康。這點非常重要，因為腸道對免疫系統具有重要的支持作用。

1. 將所有食材放入中碗混勻，並以適量的鹽調味。

2. 將碗蓋好，放入冰箱冷藏約1小時，或直到準備上桌。

素食

分量：大約2杯

1杯原味希臘優格

¾杯溫室栽植英國黃瓜或波斯黃瓜，去籽，切碎

2大匙新鮮蒔蘿，切碎

3茶匙青蔥，切粒

¼茶匙香菜粉

¼茶匙孜然粉

⅛茶匙鹽膚木粉

1茶匙新鮮檸檬汁

鹽適量

馬鈴薯，由右上依順時鐘方向排列分別為：紐西蘭小羊肉馬鈴薯、英式奶油菠菜馬鈴薯、美洲原住民烤地瓜、墨西哥辣味燉肉馬鈴薯、美式牛排館風味馬鈴薯

烤鑲餡馬鈴薯 *stuffed baked potatoes*

美式牛排館風味馬鈴薯佐焦糖洋蔥
American Steakhouse Potatoes with Caramelized Onions

這道食譜是向吃牛排搭配烤馬鈴薯的經典美國作風致敬。不過,你從這道料理吃到的蛋白質分量較少,也沒有一般會淋在牛排上的高熱量奶油和酸奶,取而代之的是焦糖洋蔥。

益處:馬鈴薯含有維生素 B_6、鉀和纖維,有助於腸道健康。牛排裡的蛋白質有助於建構和修復肌肉、毛髮、指甲、肌膚、骨骼和軟骨。蘑菇含有硒,有助於保護心臟,並調節血液凝結。

1. 將烤箱預熱至大約200℃。

2. 將馬鈴薯刷洗乾淨,切掉表皮上的黑點。用叉子在整顆馬鈴薯上插洞,然後用鋁箔紙包起來,烤1.5-2小時,或烤到輕輕一壓就裂開的程度。

3. 將椰子油倒入煎鍋,以中火加熱。加入牛排肉塊、大蒜鹽、黑胡椒和奧勒岡。煎5分鐘,或直到肉塊變成褐色,過程中經常翻動。

4. 加入伍斯特醬和蘑菇,再煮5分鐘,或煮到自己喜歡的熟度。

5. 將火轉到中小火,將焦糖洋蔥放入煎鍋,煮30-60秒,或直到充分加熱(如果原本不熱的話)。

6. 將馬鈴薯對半剖開或剖成4等份,盛盤。將牛排肉塊盛入馬鈴薯中。想要的話可以淋上更多伍斯特醬。上桌。

無麩質

分量:2-4人份

2顆大顆褐皮馬鈴薯,不削皮

大約453克沙朗尖肉(sirloin steak tip),切成適口大小(大約2.5公分)

2大匙椰子油

½茶匙大蒜鹽

¾茶匙鮮磨黑胡椒

⅛茶匙乾奧勒岡

1大匙伍斯特醬,如有想要可以多備一些

1杯蘑菇,切碎

1杯焦糖洋蔥(第230頁)

S

英式奶油菠菜馬鈴薯
English Creamed Spinach Potatoes

　　這道素食菜餚可以當成一道健康的主菜，也可以作為烤牛排的配菜。「英國國王查理二世的大廚」（Master Cooks of King Richard II）於一三九〇年所撰寫的最早英文食譜書中，即有關於菠菜的記載。如今菠菜已經成為世界各地都在吃的食物。

益處：馬鈴薯含有有助於大腦功能的葉酸，以及能夠強化神經和肌肉功能的鉀。菠菜提供豐富的鐵，有助於將氧氣運送到全身，另外也提供產生血液和荷爾蒙所需的蛋白質。

1. 將烤箱預熱至大約200℃。

2. 將馬鈴薯刷洗乾淨，切掉表皮上的黑點。用叉子在整顆馬鈴薯上插洞，然後用鋁箔紙包起來，烤1.5-2小時，或烤到輕輕一壓就裂開的程度。

3. 將奶油放入厚底醬汁鍋，以中火融化。

4. 加入麵粉充分攪拌，做成麵糊。讓麵糊煮5-7分鐘，或直到呈現堅果褐色，過程中隨時攪拌。

5. 一次一點慢慢拌入牛奶，直到充分混合。

6. 加入所有香料和菠菜，煮2-3分鐘，或直到菠菜顏色變深、開始變軟。

7. 將馬鈴薯對半剖開或剖成4等份，盛盤。將奶油菠菜盛入馬鈴薯中。上桌。

素食

分量：2-4人份

2顆大顆褐皮馬鈴薯，不削皮

1把菠菜（大約2杯），清洗、去莖，切碎

2大匙奶油

2大匙中筋麵粉

1杯牛奶

¼茶匙鹽

¼茶匙蒜末

少許鮮磨黑胡椒

少許肉豆蔻粉

DP IB

墨西哥辣味燉肉馬鈴薯
Mexican Chile Colorado Potatoes

在這道食譜裡，我改良了墨西哥經典菜餚辣味燉肉，當作烤馬鈴薯的鑲餡。我把辣椒醬和牛肉分開來放，這樣素食主義者或維根主義者就可以用無肉蛋白質代替牛肉。土荊芥是一種墨西哥香草，吃起來像味道更濃烈的奧勒岡。你可以在墨西哥市場買到。如果買不到，可以用義大利或希臘奧勒岡代替。

益處：辣椒富含有助於支持免疫系統的維生素C，即使是乾辣椒也一樣。辣椒以其辣椒素著稱，這種物質可能有助於降低餐後血糖水平，甚至可能引發定癌細胞死亡。

分量：2-4人份

2顆大顆褐皮馬鈴薯，不削皮

9-12根大根乾辣椒，辣度溫和（例如帕錫亞〔Pasilla〕、新墨西哥或加州乾辣椒）

½茶匙鹽

½茶匙蒜末

3杯滾水

2大匙椰子油或橄欖油

大約453克牛絞肉（或火雞絞肉或素絞肉）

⅓杯青蔥，切粒

1茶匙大蒜鹽

1茶匙乾土荊芥（或乾奧勒岡）

1罐青辣椒（大約113克），切碎

1大匙玉米澱粉，用2茶匙水溶解

酸奶和青蔥，裝飾用（可略）

1. 將烤箱預熱至大約200°C。
2. 將馬鈴薯刷洗乾淨，切掉表皮上的黑點。用叉子在整顆馬鈴薯上插洞，然後用鋁箔紙包起來，烤1.5-2小時，或烤到輕輕一壓就裂開的程度。
3. 將乾辣椒去蒂、去籽，掰開之後放入果汁機。加入鹽和大蒜。倒入滾水蓋過乾辣椒，讓乾辣椒靜置20分鐘。
4. 在等待的同時，將油倒入中型煎鍋，以中火加熱。加入絞肉或素絞肉、青蔥、大蒜鹽和土荊芥或奧勒岡，煮8-10分鐘，過程中時常攪拌。
5. 加入青辣椒，煮1-2分鐘，或直到肉呈現自己喜歡的熟度。
6. **製作辣椒醬：**將乾辣椒和水用果汁機打到滑順為止。打好之後倒入醬汁鍋，以中火加熱約5分鐘，或直到醬料開始變稠。加入玉米澱粉水，攪拌約5分鐘，或直到醬料變得濃稠、滾燙冒泡。
7. 進行組合，將包住馬鈴薯的鋁箔紙打開，將馬鈴薯對半剖開或剖成4等份，盛盤。將絞肉混合物盛入馬鈴薯中。淋上辣椒醬，點綴上酸奶和青蔥（如有使用）。

無麩質

美洲原住民烤地瓜佐火雞和蔓越莓
Native American Sweet Potatoes with Turkey & Cranberries

在殖民時代之前，美洲原住民可能根本沒有這種料理，不過他們確實會獵捕火雞、到沼澤區採集蔓越莓，以及種植地瓜。新鮮蔓越莓的酸味與地瓜的甜味，形成美妙的對比。

益處：新鮮蔓越莓不像乾燥蔓越莓一樣有加糖分，而且富含維生素 C、花青素和白藜蘆醇。花青素可以改善微血管功能，有益大腦、眼睛和肌膚。白藜蘆醇有助於保護心臟，可能可以對抗癌細胞，甚至可能改善大腦的血流量。

1. 將烤箱預熱至大約 200°C。

2. 將地瓜刷洗乾淨，切掉表皮上的黑點。用叉子在整顆地瓜上插洞，然後用鋁箔紙包起來，烤 1-1.5 小時，或烤到輕輕一壓就裂開的程度。

3. 將蔓越莓放入食物處理機打 1-2 分鐘，或直到成細末。

4. 將火雞胸肉用所有香料和鹽調味。

5. 將椰子油倒入煎鍋，以中火加熱。加入火雞胸肉和蔓越莓，煮 5-10 分鐘，或直到肉呈現自己喜歡的熟度，過程中時常翻動。

6. 拌入胡桃（如有使用），離火。

7. 將地瓜對半剖開或剖成 4 等份，盛盤。將火雞胸肉和蔓越莓盛入地瓜中，上桌。

無麩質

分量：2-4 人份

2 顆大顆地瓜，不削皮

1 杯新鮮蔓越莓

大約 453 克火雞胸肉，去骨、去皮，切成大約 2.5 公分的方塊

1 茶匙大蒜粉

1 茶匙洋蔥粉

1 茶匙孜然粉

½ 茶匙紅椒粉

½ 茶匙鹽

2 大匙椰子油

½ 杯胡桃，切碎（可略）

紐西蘭小羊肉馬鈴薯
New Zealand Lamb Potatoes

在紐西蘭，小羊肉是相當普遍的肉，當地也出產世界上最美味的羊排。這道簡單的烤馬鈴薯是用拌入檸檬和蒔蘿的小羊絞肉當作鑲餡。用烘烤的方式烹調馬鈴薯是最健康的作法，不像油煎或炙烤一樣需要添加脂肪。

益處：馬鈴薯含有維生素 B$_6$，有助於身體從細胞層次產生能量，也能幫助產生血清素，讓大腦產生愉悅感。馬鈴薯也含有強化神經和肌肉功能的鉀，以及促進排毒的纖維。孜然含有番紅花醛，這種類胡蘿蔔素具有抗氧化和抗憂鬱作用。

分量：2-4人份

2顆大顆褐皮馬鈴薯，不削皮

1大匙橄欖油

大約453克小羊絞肉（或牛絞肉、火雞絞肉或素絞肉）

½杯紅蔥頭或洋蔥，切碎

1茶匙大蒜鹽

1茶匙孜然粉

1茶匙乾奧勒岡

½茶匙新鮮蒔蘿

1大匙新鮮檸檬汁

4大匙原味希臘優格

1大匙新鮮巴西里，切碎，裝飾用

1. 將烤箱預熱至大約200°C。

2. 將馬鈴薯刷洗乾淨，切掉表皮上的黑點。用叉子在整顆馬鈴薯上插洞，然後用鋁箔紙包起來，烤1.5-2小時，或烤到輕輕一壓就裂開的程度。

3. 將橄欖油倒入煎鍋，以中火加熱。加入絞肉或素絞肉、紅蔥頭或洋蔥、大蒜鹽、孜然、奧勒岡和蒔蘿。煮10分鐘，過程中時常攪拌。

4. 加入檸檬汁，再煮2分鐘，或直到肉呈現自己喜歡的熟度。

5. 將馬鈴薯對半剖開或剖成4等份，盛盤。將絞肉混合物盛入馬鈴薯中，上面舀上一點原味希臘優格，撒上巴西里做裝飾。

無麩質

素食料理 全球風味盅類料理
vegetarian global bowls

維拉克魯茲街頭玉米盅
Veracruz Street Corn Bowl

墨西哥街頭玉米（maíz callejero）是烤玉米棒，上面抹上厚厚一層辣椒粉和美乃滋。我做的烤玉米調味比較輕淡，熱量更低，而且加了黑豆、糙米，還用了萵苣和豆薯來增加爽脆口感。

益處： 黑豆含有蛋白質、修復組織的離胺酸、產生能量的維生素 B_6、建構強健骨骼的鈣，以及產生膠原蛋白所需的鋅。玉米提供鋅、有益眼睛健康的葉黃素，以及超氧化物歧化酶，這種具有抗氧化和抗發炎作用的物質，可以對抗自由基所造成的細胞損害。糙米富含有助於腸道健康的纖維和有益的微量礦物質。

1. 將瓦斯爐式烤架或戶外烤架預熱到中高溫。

2. 將整根玉米放到烤架上，烤10-12分鐘，或直到玉米烤熟、變得焦香，過程中偶爾轉動。放涼之後，將玉米粒從玉米棒上切下。

3. 將橄欖油倒入大煎鍋，以中火加熱。加入墨西哥辣椒，煮1-2分鐘。加入玉米粒、香菜粉、孜然粉、辣椒粉和大蒜。煮3-5分鐘，或直到玉米粒充分加熱，過程中偶爾翻動。

4. 將2杯水倒入大型醬汁鍋煮滾。加入糙米，按照包裝上的指示煮飯。

5. 進行組合，將糙米飯分成4碗，上面鋪上玉米粒、莎莎醬、萵苣、黑豆、豆薯和酪梨。

6. 用香菜葉和萊姆塊裝飾，上桌。

無麩質 · 維根 · 素食

分量：4人份

4根玉米，剝去外皮、沖洗

2大匙橄欖油

1根墨西哥辣椒，去籽、切粒

½茶匙香菜粉

¼茶匙孜然粉

½茶匙辣椒粉

1茶匙蒜末

2杯水

1杯糙米

1杯莎莎醬

4杯蘿蔓萵苣，切碎

1罐黑豆（大約396-425克），濾掉豆汁，沖洗豆子

1杯豆薯，切皮、切塊

2顆酪梨，切成薄片

½杯新鮮香菜葉，裝飾用

1顆萊姆，切成楔形塊狀，裝飾用

喜馬拉雅果昔盅佐枸杞和可可
Himalayan Smoothie Bowl with Goji Berries & Cacao

這款超級濃郁的巧克力果昔盅吃起來很像縱欲等級的食物，其實它富含提升能量的碳水化合物、植物性蛋白質和健康脂肪。生可可粉跟可可粉很像，差別在於它不含糖、牛奶或可可脂，而是直接將未經鹼化處理的可可豆磨成粉狀。可可碎粒也是用可可豆磨成，但是顆粒較大。你可以把這道料理當成早餐或甜點享用，也可以搭配自己喜歡的配料。

益處： 枸杞富含有益健康的抗氧化劑和花青素，有助於保護細胞免受損傷；抑制癌細胞增長；以及提升大腦、眼睛和肌膚的微血管功能。生可可碎粒、生可可粉，甚至是經過加工的可可粉都含有兒茶素，可以抑制和對抗癌細胞、有助於降低膽固醇、促進新陳代謝，甚至降低心臟病風險。

1. 將枸杞泡水約5分鐘，泡開之後瀝乾。

2. 將枸杞、香蕉、生可可粉或可可粉、大麻籽和豆漿放入果汁機，以高速模式打2-3分鐘，或直到滑順為止。

3. 將果昔盛入碗中，撒上額外準備的1-2大匙枸杞、可可碎粒和椰子片。

無麩質 · 維根 · 素食

分量：1人份

¼杯枸杞，另備1-2大匙當作配料

1根大根冷凍香蕉

2大匙生可可粉（cacao powder）或可可粉（cocoa powder）

2大匙大麻籽、亞麻籽或奇亞籽

½杯無糖豆漿或自己喜歡的奶類

1-2大匙可可碎粒（cacao nib），當作配料

1-2大匙椰子片，當作配料

拉丁黑米盅佐酪梨芒果
Latin Black Rice Bowl with Avocado & Mango

這道拉丁風味飯盅含有黑豆、芒果、香菜和黑米。在中國，黑米被稱為「貢米」，因為在幾百年前，只有上層社會的人吃得起這種昂貴的米。現在這種米價格實惠又很健康，許多文化和國家都有生產，而且在健康食品店和網路上很容易買到。黑米吃起來香甜有嚼勁，當然你也可以用糙米代替。我喜歡用蔬菜高湯代替水來煮米，可以增添風味。

益處：黑米、黑豆和紫高麗菜，都能提供豐富的抗氧化劑和令人飽足的纖維。黑米還含有大量花青素，這種抗氧化劑具有抗癌作用。酪梨和烤南瓜仁含有促進排毒的纖維和優質的 Omega-3 脂肪酸。

1. 將黑米放入中碗，倒水蓋過黑米，浸泡至少2小時，然後瀝乾。

2. 將黑米放入大約1.8公升容量的醬汁鍋，倒冷水或蔬菜高湯蓋過黑米，煮滾。將火轉成小火，蓋上蓋子，燜煮20-25分鐘，或直到水被吸收、米飯變軟。關火，靜置，直到準備上桌。

3. 將黑豆、墨西哥辣椒、萊姆汁、辣椒粉、孜然、鹽和橄欖油放入攪拌碗中混合。

4. 將南瓜仁放入小煎鍋，烤3-4分鐘，或直到南瓜仁開始上色。離火。

5. 將米飯分成4碗。將黑豆盛到米飯上，然後鋪上酪梨、芒果、高麗菜、洋蔥、南瓜仁、乳酪、香菜葉和奧勒岡葉。用楔形萊姆塊裝飾，上桌。

無麩質・素食

分量：4人份

1½杯黑米

足以蓋過黑米的水（大約7.5公分深）

3杯冷水或蔬菜高湯

1罐黑豆（大約396-425克），沖洗豆子

3根小根墨西哥辣椒，去籽、去除隔膜，切粒

2大匙新鮮萊姆汁

¾茶匙辣椒粉

1茶匙孜然粉

½茶匙海鹽

1大匙橄欖油

⅓杯生南瓜仁（南瓜籽）

1顆大顆硬酪梨，切成大約1.2公分的小塊

1顆大芒果，切丁

1杯紫高麗菜切絲

½杯甜洋蔥（維達麗雅或毛伊品種），切碎

⅓杯淡味科蒂亞乳酪（cotija）、克索布蘭可乳酪（queso fresco）或菲達乳酪

¼杯新鮮香菜葉，鬆散放入杯中

2大匙新鮮奧勒岡葉，鬆散放入杯中

楔形萊姆切塊，裝飾用

澳洲飯盅佐胡蘿蔔鮮薑醬
Australian Bowl with Carrot-Ginger Dressing

澳洲人食用各式各樣的蔬果，烹飪方式也融合了亞洲風味。盅類料理可以讓你一餐就吃到所有的蛋白質和蔬菜，是一種有趣的料理方式。這道料理就像一份豐盛的沙拉，裡面有大量煮熟的蔬菜和生菜，加上糙米增加飽足感，搭配我的胡蘿蔔鮮薑醬味道一絕。

益處：這道飯盅含有多種超級食物。紫高麗菜富含類黃酮，具有強大的抗氧化特性。荷蘭豆或甜豆莢提供促進腸道健康的纖維，以及支持眼睛健康的類胡蘿蔔素，此外也有鈣和鉀，甚至還有些微維生素 C。酪梨富含健康的不飽和脂肪酸，毛豆則是植物性蛋白質的優質來源。

1. 將大約3.7公升水煮滾。加入糙米，煮約40分鐘，或按照包裝上的指示烹煮。加入毛豆，再煮2分鐘。加入甜豆莢，再煮1-2分鐘，或直到甜豆莢呈現鮮綠色。

2. 瀝掉多餘的水分。在裝有米飯和蔬菜的鍋中加入1-2大匙醬油或溜醬油調味，攪拌混合。

3. 將米飯和蔬菜分成4碗。加入紫高麗菜、菠菜或羽衣甘藍。沿著碗邊鋪上黃瓜片、番茄和櫻桃蘿蔔片。淋上少許胡蘿蔔鮮薑醬，撒上青蔥。

4. 將萊姆汁淋到酪梨片上，然後平均鋪在飯盅上，撒上芝麻，上桌。

（如果使用溜醬油，則是無麩質料理）· 維根 · 素食

分量：4人份

大約3.7公升水

1¼杯糙米，沖洗乾淨

1½杯新鮮或冷凍毛豆仁

1½杯甜豆莢或荷蘭豆，切掉兩端，粗切

1-2大匙低鈉醬油或溜醬油，調味用

4杯紫高麗菜、菠菜或羽衣甘藍，切碎

1根波斯黃瓜，切成薄片

8-12顆櫻桃番茄，切半（可略）

2顆櫻桃蘿蔔，切成薄片

1份胡蘿蔔鮮薑醬（作法請見下一頁）

4-5根青蔥，切粒

2顆熟酪梨，切成細長條

1顆萊姆，榨汁

1大匙烤芝麻

中式福尼奧粥
Chinese Fonio Congee (Rice Porridge)

這道簡單的早餐料理非常療癒人心,有點類似中式版的小麥粥 (cream of wheat)。在亞洲國家,粥一般都是搭配鹹的配料,像是水煮蛋、雞肉絲或豬肉絲、白菜絲、青蔥粒或碎花生。你可以用這道料理發揮創意,在上面淋上融化的奶油和醬油;加入炒菇;或跟蒜末或薑末、肉桂和糖,或葡萄乾一起烹煮。傳統上是用白米煮粥,但我發現用福尼奧米這種無麩質的古老穀物既好煮又美味。試著做做看吧! 如果在當地健康食品店買不到福尼奧米,可以到亞馬遜網站上買。

益處:福尼奧米是植物性蛋白質的來源,天然不含麩質。由於蛋白質含量很高,因此含有促進排毒的胱胺酸和甲硫胺酸等胺基酸,有助於組織生長和修復。

分量:大約4杯

1杯福尼奧米

少許鹽

4杯水或蔬菜高湯

配料隨喜

1. 將福尼奧米、鹽和水 (或高湯) 放入大鍋,充分混勻。

2. 煮滾,接著將火轉成小火,煮3-5分鐘,或直到福尼奧米煮軟,過程中偶爾攪拌。

3. 加入自己喜歡的配料。

無麩質・素食

胡蘿蔔鮮薑醬
Garrot-Ginger Dressing

這道醬汁也很適合當作綠色沙拉的淋醬,或毛豆或荷蘭豆的沾醬。裝入密封罐冷藏可以保存一至二週。

益處:胡蘿蔔含有類胡蘿蔔素,可能有助於抑制癌症和腫瘤生長、降低心臟病風險,以及支持免疫功能。橄欖油提供有益心臟健康的 Omega-3 脂肪酸。薑含有薑酚,這種抗發炎物質有助於緩解噁心,以及降低特定癌症的風險。

分量:大約1½杯

2根大根胡蘿蔔,去皮、粗切

⅓杯特級初榨橄欖油

⅓杯米醋

2大匙鮮薑,去皮、粗切

2大匙新鮮萊姆汁

1大匙楓糖漿或龍舌蘭糖漿,額外準備1茶匙

1½茶匙烤芝麻油

¼茶匙鹽,多備一些調味用

1. 將切碎的胡蘿蔔倒入滾水中煮2-3分鐘,或直到胡蘿蔔開始變軟。瀝乾,放入冰水中放涼。

2. 將胡蘿蔔和其他食材放入果汁機或食物處理機,打到完全滑順。如有需要,可多加一點鹽。如果味道太酸,可多加一些糖漿。

無麩質・維根・素食

天貝，由左上依順時鐘方向排列分別為：天貝佐澳洲咖哩醬、天貝佐羅曼斯可醬、天貝佐印度菠菜醬

素食料理天貝 & 豆腐
vegetarian tempeh & tofu

天貝佐澳洲咖哩醬
Tempeh with Australian Curry Sauce

這道咖哩醬製作簡單，風味濃厚。澳洲人使用許多亞洲食材（例如椰奶和泰式辣椒醬）和傳統英式香料（例如黃咖哩粉）入菜，所以我將這道醬料命名為澳洲咖哩醬。這道醬料可以搭配烤雞、烤蝦，或幾乎任何一種白肉魚一起享用。你可以使用我的抗發炎牙買加咖哩粉，或自己喜歡的黃咖哩粉品牌。你可以將自己喜歡的蔬菜切碎炒過（例如紅甜椒或黃甜椒、櫛瓜、青蔥、蕈菇、玉米筍、荸薺，和／或竹筍），直接加入醬中，或放在旁邊當作配菜。如果沒有在進行低碳飲食，也可以將這道醬料淋在白飯、糙米飯、紅米飯或黑米飯上。泰式紅辣椒醬可以在亞洲市場買到。

益處：椰奶和椰子油含有月桂酸，這種脂肪具有抗發炎、抗微生物、抗菌和抗病毒的特性，可以防止感染。咖哩粉中的薑黃含有薑黃素，可能有助於預防阿茲海默症、降低心臟病和慢性炎症風險，甚至可能有助於預防特定癌症。

分量：2人份

1 大匙椰子油

1 包天貝（大約 226 克）

1 罐椰奶（大約 382 克）

2 茶匙黃咖哩粉，或我的抗發炎牙買加咖哩粉（第 321 頁）

泰式紅辣椒醬，適量（1 茶匙辣味較為溫和）

1 茶匙喜馬拉雅鹽

2 茶匙新鮮萊姆汁

1. 將烤箱預熱至大約 200°C。

2. **烹調天貝：**將平底烤盤或淺的烘焙烤皿抹上椰子油。將天貝切成 5-6 片大小平均的長方形，鋪在烤盤或烤皿上。烤 30 分鐘，烤到 15 分鐘時翻面。

3. **製作咖哩醬：**在烤天貝的同時，將椰奶、咖哩粉、辣椒醬和鹽倒入醬汁鍋中，以中火煮滾。離火，拌入萊姆汁。

4. 將天貝從烤箱中取出。

5. 將天貝放入淺碗，上面盛上咖哩醬，上桌。

生酮 · 低碳 · 維根 · 素食

天貝佐印度菠菜醬 Tempeh with Indian Spinach Sauce

　　印度菠菜乳酪（sag paneer）是將菠菜和其他綠色葉菜一起燉煮幾小時製成，傳統吃法是搭配帕尼爾乳酪（paneer）一起食用，這種白色的小乳酪塊幾乎沒有味道。由於天貝的味道和口感跟帕尼爾乳酪很像，所以我做了一款類似印度菠菜醬的醬料（但是作法更為精簡，製作時間更短），搭配天貝非常美味。你可以將這道料理跟印度香糙米飯或南餅一起享用。

益處：菠菜和天貝含有蛋白質，有助於建構並修復肌肉、毛髮、指甲和肌膚等組織。菠菜還含有葉黃素，這種抗氧化劑可能有助於降低年齡相關性黃斑病變和白內障風險，甚至可以增加肌膚彈性，讓你看起來更年輕。天貝是由發酵黃豆製成，因此富含有助於腸道健康的益生菌。

分量：2人份

2大匙椰子油，分次使用
1包天貝（大約226克）
1把菠菜，洗淨、去莖
1把西洋菜苔或青花筍，洗淨、粗切
½杯洋蔥，切碎
½茶匙鹽
1茶匙大蒜，壓碎
½茶匙新鮮薑末或薑粉
少許肉豆蔻粉
少許鮮磨黑胡椒
½茶匙紅椒粉
¼茶匙葫蘆巴粉
¼茶匙香菜籽粉
1杯水

1. 將烤箱預熱至大約200℃。

2. **烹調天貝：**將平底烤盤或淺的烘焙烤皿抹上1大匙椰子油。將天貝切成5-6片大小平均的長方形，鋪在烤盤或烤皿上。烤30分鐘，烤到15分鐘時翻面。將天貝從烤箱取出，放涼。

3. **製作菠菜醬：**在烤天貝的同時，將剩下的椰子油倒入醬汁鍋，以中火加熱。將菠菜、西洋菜苔和洋蔥放入鍋中煮3-5分鐘，或直到蔬菜變軟。加入所有香料和水，燉煮12-15分鐘，或直到綠色葉菜變得軟嫩。用手持式攪拌棒（或倒入食物處理機或果汁機中）打約5分鐘，或直到醬料變得滑順。

4. 將天貝切成小方塊，放入淺碗，上面盛上菠菜醬。

無麩質・低碳・生酮・維根・素食

DP GH

天貝佐羅曼斯可醬
Tempeh with Romesco Sauce

　　天貝就像一塊空白的畫布，可以在上面疊上層層風味。這道食譜的靈感來自西班牙杏仁紅甜椒醬（羅曼斯可醬），我將天貝浸在醬裡，充分展現這道醬料的質地和風味。生杏仁可以在全食超市、豆芽超市（Sprouts）和喬氏超市買到。

益處： 堅果富含 Omega-3 脂肪酸，對心臟健康相當有益。天貝是由黃豆製成，黃豆含有纖維、蛋白質、鈣、鋅和抗氧化劑大豆異黃酮。大豆異黃酮（又稱植物雌激素）可以緩解更年期症狀、增加骨質密度、降低癌症風險，以及減少心臟病風險。由於天貝經過發酵，因此可以促進腸道健康。

分量：2人份

3大匙橄欖油，分次使用
1包天貝（大約226克）
½茶匙紅椒粉，分次使用
鹽和鮮磨黑胡椒，適量
2顆紅甜椒
¾杯生杏仁
1片白麵包
¼茶匙大蒜，壓碎
¼茶匙大蒜鹽

1. 將烤箱預熱至大約200℃。

2. **烹調天貝：** 將平底烤盤或淺的烘焙烤皿抹上1½大匙橄欖油。將天貝切成5-6片大小平均的長方形，撒上¼茶匙紅椒粉、鹽和黑胡椒，鋪在烤盤或烤皿上。

3. 將甜椒切半，去籽、去莖，放入烤盤或烤皿。天貝和甜椒之間要留空間，避免擠在一起。將天貝和甜椒烤30分鐘，烤到15分鐘時要翻面。

4. 將甜椒和天貝從烤箱取出。將甜椒放入食物處理機的容器。將天貝蓋好，保溫備用。

5. **製作羅曼斯可醬：** 將杏仁、麵包、大蒜、大蒜鹽和剩下的橄欖油與紅椒粉，倒入裝有甜椒的容器打10秒。刮下容器內側的醬料，再打20-30秒，或直到醬料變得滑順。

6. 將天貝盛盤，上面放上羅曼斯可醬，上桌。

維根・素食

B M S

加拿大楓糖漿烤豆腐
Canadian Maple Roasted Tofu

　　如果你覺得豆腐沒什麼味道，那麼這道甜甜鹹鹹、帶有香草和醬油風味的主菜，有可能會讓你改觀。只要用葡萄籽油、蘋果醋、楓糖漿和醬油或溜醬油簡單調製一下，就能做出一道美味滿點的主菜，在節日餐桌上完全上得了檯面。迷迭香、百里香和鼠尾草等新鮮的冬季香草，或是任何你喜歡的新鮮香草，都能讓這道料理更加出色。無論是素食者或葷食者，都會喜歡這道既療癒又有節慶氣氛的主菜！

益處：豆腐含有蛋白質、提升腦力的膽鹼、幫助身體產生能量的維生素 B$_6$、促進骨骼健康的鈣，另外也含有鋅，可能強化對感染的抵抗力、降低黃斑病變風險，並維持膠原蛋白和彈性蛋白，使肌膚保持美麗。

分量：2-3 人份

1 塊板豆腐，瀝乾水分、壓實

1 大匙葡萄籽油

1 大匙未經巴氏滅菌的蘋果醋（我喜歡用 Bragg 品牌）

1 大匙楓糖漿

1 大匙醬油或溜醬油

12-16 枝新鮮香草（例如迷迭香、百里香和鼠尾草）

特級初榨橄欖油（可略）

1. 將烤箱預熱至大約 190℃。

2. 在烘焙烤盤上鋪上烘焙紙或鋁箔紙。沿著豆腐塊最短的一邊切 2 刀，將豆腐塊切成 3 片方形。將切好的豆腐片鋪在烤盤上，備用。

3. 將葡萄籽油、蘋果醋、楓糖漿和醬油或溜醬油倒入小的攪拌碗拌勻。在豆腐片的每一面刷上大量醬料。將香草撒在豆腐片上。

4. 將烤盤放入烤箱的中層烤架，烤約 30 分鐘，或直到豆腐呈現金黃色並散發香氣。

5. 將豆腐從烤箱取出、盛盤。想要的話，可以在上面淋上橄欖油，然後上桌。

（如果使用溜醬油，則是無麩質料理）・維根・素食

素食料理全球豆類料理
vegetarian global beans

衣索比亞米豆 Ehiopian Black-eyed Peas

　　衣索比亞廚師會用一種叫做柏柏爾的常備香料。這種香料很受歡迎，所以世界各地大部分香料市場和許多超市都能買到。柏柏爾通常含有各種溫和與辛辣香料，包括辣椒、香菜、大蒜、薑、葫蘆巴、小豆蔻、肉豆蔻和丁香。更正統的柏柏爾還含有衣索比亞小豆蔻（korarima，不是一般的小豆蔻）、黑種草籽（nigella seed）和印度藏茴香。我用的是我的健腦非洲柏柏爾綜合香料，能為本身味道平淡的米豆增添美妙的複雜性（米豆最早是在非洲栽種）。你可以用這道豆類料理搭配白米飯、花椰菜飯，甚至是黑米飯一起享用，黑米飯的味道比白米飯或紅米飯更香甜。我是用壓力鍋烹調這道料理，你也可以用慢燉鍋來煮，或用烤箱以大約180°C烤3小時。

益處：米豆裡的蛋白質有助於增加肌力，維生素 B$_6$ 能從細胞層次產生能量，離胺酸這種胺基酸有助於修復組織，鈣能促進正常的神經信號傳遞和血液凝固，鋅有助於維持膠原蛋白和彈性蛋白，讓肌膚保持美麗。

1. 將米豆放入壓力鍋，倒水蓋過米豆。

2. 加入紅蔥頭、綜合香料、大蒜和鹽，煮40分鐘。

無麩質・維根・素食

分量：2-4 人份

2杯乾米豆

3½杯水

⅓杯紅蔥頭末

2茶匙健腦非洲柏柏爾綜合香料（第318頁）

3茶匙蒜末

½茶匙鹽

古巴黑豆 Cuban Black Beans

　　我在料理中加了枸杞來提升這道經典食譜的抗氧化價值。枸杞果實生長在喜馬拉雅山脈，在超市和網路上可以買到乾的枸杞。加了枸杞能為黑豆增添美妙的酸甜風味。傳統上會將這道黑豆盛在白飯上，撒上切碎的生洋蔥，再淋上醋食用。你也可以用花椰菜飯來代替。我是用壓力鍋烹調這道料理，你也可以用慢燉鍋來煮，只要根據需要調整烹調時間即可。

益處：枸杞含有維生素 C、花青素、硒和鋅，能為餐點增添各種健康益處，例如強化對感染的抵抗力、抑制特定癌細胞生長，並提升微血管功能。

1. 將黑豆放入壓力鍋，倒水蓋過黑豆。

2. 加入洋蔥、枸杞、大蒜、鹽和奧勒岡，煮 40 分鐘。

3. 想要的話，可以加入額外準備的白洋蔥和醋做裝飾。

無麩質．維根．素食

分量：2-4人份

2杯乾黑豆

3½杯水

⅓杯白洋蔥，切碎，另備⅓杯，裝飾用

⅓杯枸杞

3茶匙蒜末

1茶匙鹽

½茶匙乾奧勒岡

1-2茶匙未經巴氏滅菌的蘋果醋（我喜歡用 Bragg 品牌）或白醋，裝點用

拉丁斑豆 Latin Pinto Beans

胭脂樹紅醬又稱婀娜多醬，是墨西哥、中南美洲和西班牙料理中常見的佐料，能為米飯、魚類和燉菜料理增添風味和色澤。你可以在拉丁市場或網路上買到。我在這道食譜中使用的是鑲了紅甜椒的紅心橄欖，但若你比較喜歡卡斯特維特拉諾（Castelvetrano）等味道溫和的多肉青橄欖品種也可以，只是要記得去核。我是用壓力鍋烹調這道料理，你也可以用慢燉鍋來煮，或用烤箱以大約180℃烤3小時。

益處：胭脂樹紅醬提供維他命 E，可以促進健康的大腦功能。斑豆富含纖維，有助於預防便祕、幫助消化、控制食欲、降低血液中的膽固醇，甚至可能穩定餐後血糖，也能幫助降低心臟病和特定癌症的風險。

1. 將斑豆放入壓力鍋，倒水蓋過斑豆。
2. 加入黃洋蔥、胭脂樹紅醬、大蒜、青橄欖和鹽，煮40分鐘。

無麩質 · 維根 · 素食

分量：2-4人份

2杯乾斑豆

3½杯水

⅓杯黃洋蔥，切碎

1茶匙胭脂樹紅醬

3茶匙蒜末

⅓杯青橄欖，切碎

1茶匙鹽

地中海鷹嘴豆青醬沙拉
Mediterranean Chickpea-Pesto Salad

`Ao` `Dx` `GH` `S`

這道沙拉用青醬製成，是一道富含蛋白質的餐點。我喜歡將這道料理放到常溫後再上桌。這道食譜使用無鹽堅果，如果使用鹽味堅果，請將食譜中鹽的分量減為¼茶匙。你可以使用生堅果，但烤過的堅果風味更有深度。

益處：這道沙拉使用生的義大利羅勒葉，裡面的葉綠素能增加沙拉的抗氧化劑含量。鷹嘴豆（雞豆）裡的蛋白質有助於維持骨骼和肌肉健康，纖維具有排毒作用，可以促進腸道健康，右旋肌醇有助於穩定血糖水平。

1. **製作青醬：**將橄欖油、大蒜、鹽、羅勒和堅果放入配備標準刀頭的食物處理機，打7-10秒，或直到打成口感脆脆的醬料。

2. 將青醬倒入攪拌碗。

3. 按照包裝上的指示煮米形麵。將麵瀝乾，拌入青醬。

4. 拌入鷹嘴豆。

5. 趁沙拉還是微溫時上桌，或是放到常溫或冷藏後上桌。

維根・素食

分量：2-4人份
2大匙橄欖油
½茶匙蒜末
½茶匙鹽
1杯義大利羅勒葉，去莖，壓實放入杯中
½杯無鹽烤松子、腰果或杏仁
½杯義大利米形麵或以色列庫斯庫斯米
1罐鷹嘴豆（大約396-425克），濾掉豆汁，沖洗豆子

貝里斯燜豆飯 Belizean Beans & Rice

`GH` `S`

我的朋友薇奈特來自貝里斯，我們很喜歡聊聊她的家鄉菜。她跟我分享這道精典的貝里斯食譜。你可以根據個人喜好使用黑豆或斑豆。

益處：豆類是很棒的純素蛋白質來源。豆類含有豐富的纖維，有助於降低膽固醇，維持消化健康，此外也含有稱為離胺酸的胺基酸，有助於修復組織。

1. 將豆子、水、大蒜和洋蔥放入大鍋，以中火煮20-30分鐘，或煮到豆子軟硬適中的程度。

2. 加入米、椰奶和鹽，蓋上蓋子，以小火燜煮20分鐘，或直到米變軟。如果混合物變得太稠，可以一次加入½杯水。

無麩質・維根・素食

分量：6人份
2杯乾黑豆或斑豆
3½杯水，如有需要，可以多備一些
1茶匙蒜末
½杯洋蔥，切碎
1杯印度香糙米，洗淨
½杯椰奶
1茶匙鹽

伊卡利亞白腰豆沙拉
Ikarian Cannellini Salad

　　伊卡利亞是一座位於愛琴海的希臘島嶼，這裡被列為藍區，居民通常享有很長的壽命。他們的飲食啟發我創造這道食譜。你也可以不加菲達乳酪，把它做成一道純素餐點。

益處：白腰豆含有蛋白質，是身體產生血液和荷爾蒙所需的元素。橄欖油提供油酸，可以降低心臟病和炎性疾病的風險。紅酒醋裡的白藜蘆醇，有助於保護心臟、對抗癌細胞，甚至可能改善大腦的血流量。番茄含有茄紅素，具有降低癌症風險、幫助認知功能，以及促進攝護腺健康的潛力。

1. 將櫛瓜、黃瓜、洋蔥、白腰豆和番茄，放入大沙拉碗中翻拌。

2. 將橄欖油、紅酒醋、紅蔥頭、迷迭香、鹽和黑胡椒放入小攪拌碗中拌勻，然後倒入白腰豆和蔬菜中翻拌裹勻。

3. 將沙拉冷藏至少30分鐘，讓味道充分融合。

4. 準備上桌時，拌入菲達乳酪（如有使用），或將乳酪擺在桌上，讓客人自行添加。

無麩質・（如無使用菲達乳酪，則是維根料理）・素食

分量：2-4人份

2杯櫛瓜丁或其他夏南瓜丁

2杯黃瓜丁

¾杯紅洋蔥末

1罐白腰豆（大約425-453克），濾掉豆汁，沖洗豆子

¼杯日曬番茄乾，切碎，或1杯櫻桃番茄，切半

⅓杯特級初榨橄欖油

¼杯紅酒醋

1顆中型紅蔥頭，切碎

1茶匙迷迭香

¼茶匙鹽

鮮磨黑胡椒，適量

¼杯菲達乳酪，捏碎（可略）

其他素食食譜
more vegetarian recipes

夏威夷菠蘿蜜辣醬 Hawaiian Jackfruit Chili `DP`

我的夏威夷朋友普莉希拉（Priscilla）研究夏威夷的烹飪和食譜歷史，這些歷史能追溯到 一九五〇年代。她對這些食譜做了一點革新，讓它們更有益健康。她用沒有熟的青菠蘿蜜代替牛肉製作素的辣醬，並用細香蔥作裝飾。你可以用新鮮或罐裝青菠蘿蜜。青菠蘿蜜罐頭可以在喬氏超市和亞馬遜網站買到。烹煮辣醬之前，記得將豆子浸泡過夜。

益處：菠蘿蜜裡的類胡蘿蔔素可能有助於抑制癌症和腫瘤生長，維生素 B$_6$ 幫助身體從細胞層次產生能量，維生素 C 可以增強免疫系統，鉀可以支持神經和肌肉功能。

1. 將椰子油倒入大鍋，以中火加熱。加入菠蘿蜜、地瓜、洋蔥、大蒜和醬油或溜醬油，煮5-10分鐘，或直到蔬菜上色。

2. 加入蔬菜高湯、辣椒粉、紅辣椒片、黑胡椒、卡宴辣椒粉、孜然粉和鹽。攪拌均勻，煮滾。

3. 拌入鳳梨、甜椒和青椒。將火轉成小火，蓋上蓋子，燜煮8分鐘，或直到甜椒和青椒變軟。

4. 加入番茄、紅腰豆、斑豆和月桂葉，再次煮滾。將火轉成小火，不蓋蓋子，慢煮1.5小時，或直到水分減少，豆子和地瓜都煮軟。

5. 根據需要調整調味。拿掉月桂葉，用細香蔥裝飾，上桌。

維根・素食

分量：8-10人份

1大匙椰子油

1罐青菠蘿蜜（大約566克），或大約453克新鮮青菠蘿蜜，切成大約0.6公分的小塊

2條地瓜，切丁

1顆中型甜洋蔥（維達麗雅或毛伊品種），切丁

1茶匙蒜末

2大匙醬油或溜醬油

3杯蔬菜高湯

1/4茶匙辣椒粉

1/2茶匙紅辣椒片

1/2茶匙鮮磨黑胡椒

1/2茶匙卡宴辣椒粉

1茶匙孜然粉

2茶匙鹽

1杯鳳梨丁

1顆紅甜椒，切丁

1顆黃甜椒，切丁

2顆青椒，切丁

1罐青辣椒碎番茄或青辣椒番茄丁（大約396-425克），或將6顆羅馬番茄和1根青辣椒切丁

1杯紅腰豆，浸泡過夜、瀝乾

1杯斑豆，浸泡過夜、瀝乾

1片月桂葉

5根新鮮細香蔥，切碎，裝飾用

中東辣味鷹嘴豆堡
Middle Eastern Spicy Chickpea Burgers

我從油炸鷹嘴豆三明治得到靈感，將鷹嘴豆跟蔬菜、香草和香料混合，做出這道健康的素漢堡。有些素排是用油炸或油煎的，會增加熱量和丙烯醯胺（acrylamide），不過這道辣鷹嘴豆堡是用烘烤的方式烤到金黃。你可以將這道美味的鷹嘴豆排夾進全穀物麵包，搭配我的無國界薑黃—中東芝麻醬沙拉（第109頁）一起享用。

益處：鷹嘴豆含有蛋白質和促進腸道健康的纖維，鷹嘴豆裡的維生素 B_6 可以產生血清素，有助於支持大腦健康，離胺酸則能幫助修復組織。西洋芹提供維生素 A 和維生素 C 等抗氧化劑，可以對抗發炎，降低癌症風險。

1. 將烤箱預熱至大約220°C。

2. 將橄欖油倒入煎鍋，以中火加熱。加入洋蔥、大蒜、紅甜椒和西洋芹，拌炒約3分鐘，或直到蔬菜開始變軟。

3. 加入巴西里、咖哩粉、鹽、孜然粉、黑胡椒、卡宴辣椒粉、奧勒岡和羅勒，拌炒1-2分鐘，或直到蔬菜和調味料充分混合。將煎鍋離火。

4. 將鷹嘴豆放入食物處理機或果汁機，打成有粗顆粒的鷹嘴豆糊，如有需要，可以一次加入1大匙水。

5. 將鷹嘴豆糊、蔬菜混合物、蛋和日式麵包粉放入大攪拌碗，充分混合。

6. 將烘焙烤盤鋪上烘焙紙。用手將鷹嘴豆混合物捏成漢堡排狀，放入烤盤，烤約20分鐘，或直到表面呈現金黃色，烤到一半時翻面。

素食

分量：9片鷹嘴豆排

1大匙橄欖油

1顆小顆洋蔥，切丁

1茶匙蒜末

½顆中型紅甜椒，切丁

2根西洋芹，切末

¼杯新鮮巴西里，切末

2茶匙咖哩粉

½茶匙海鹽

½茶匙孜然粉

½茶匙鮮磨黑胡椒

¼茶匙卡宴辣椒粉

½茶匙乾奧勒岡

1茶匙乾羅勒葉

1罐鷹嘴豆（大約396-425克），濾掉豆汁，沖洗豆子

1-3大匙水

1顆蛋

1½杯日式麵包粉

摩洛哥燉蔬菜
Moroccan Braised Vegetables

北非綜合香料是來自摩洛哥的混合香料，裡面含有多達三十種香料！每個香料商都有自己的獨家配方，調配的比例是商業機密，絕對不能外傳。北非綜合香料通常含有丁香、全香子、黑胡椒、肉豆蔻皮、小豆蔻、肉桂、薑、薑黃、玫瑰花蕾、孜然、白胡椒、香菜、肉豆蔻、番紅花、月桂葉和紅椒粉。這款綜合香料通常用於烹調雞肉、羊肉或牛肉，以及燉煮蔬菜和塔吉鍋料理。它啟發我創造這道濃厚的素食燉菜，你可以搭配米飯、藜麥，或庫斯庫斯米一起享用。哈里薩辣醬是一種紅辣椒醬，可以在網路上或喬氏超市買到。你也可以在網路上買到北非綜合香料。

益處： 這道料理的所有蔬菜，都含有有益腸道的纖維和維生素。鷹嘴豆含有促進排毒的纖維和蛋白質，以及有助於穩定血糖水平的右旋肌醇。薑有助於緩解導致過敏症狀和關節疼痛的炎症。

1. 將橄欖油倒入塔吉鍋或厚底荷蘭鑄鐵鍋，以中火加熱。加入洋蔥，拌炒約2分鐘，或直到洋蔥開始變軟。加入大蒜，再炒1分鐘，或直到散發香氣。

2. 加入剩下的蔬菜、鷹嘴豆、蔬菜高湯、哈里薩辣醬、香草和香料。蓋上蓋子，以小火煮40分鐘，或直到所有蔬菜變軟，過程中偶爾攪拌。

3. 以薄荷葉和巴西里裝飾。

無麩質 · 維根 · 蔬食

分量：6人份

2大匙橄欖油

1顆中型甜洋蔥（維達麗雅或毛伊品種），切碎

1茶匙蒜末

2根大胡蘿蔔，切成大約1.2公分的硬幣片狀

2顆大地瓜，切丁

2根櫛瓜，切碎

1根大茄子，切丁

1/2杯花椰菜，切碎

1罐番茄丁（大約396-425克），瀝掉湯汁

1罐鷹嘴豆（大約396-425克），濾掉豆汁，沖洗豆子

1杯蔬菜高湯

2大匙哈里薩辣醬

1大匙新鮮薑末

1大匙新鮮巴西里，切碎

1大匙新鮮薄荷葉，切碎

1茶匙海鹽

1茶匙北非綜合香料

1/2茶匙薑黃粉

1/4茶匙鮮磨黑胡椒

額外準備新鮮薄荷葉和巴西里，裝飾用

藍區墨西哥蔬菜酥餅
Blue Zone Vegetable Quesadillas

墨西哥酥餅是出了名的不健康的。墨西哥酥餅確實含有大量脂肪和熱量，但還是可以把這道經典料理做得輕盈一點。雖然還是需要用到乳酪來讓餅皮黏合，但在餡料方面可以發揮創意，添加富含纖維的蛋白質和富含抗氧化劑的蔬菜，增加這道料理的營養價值。這道食譜的靈感來自加州羅馬琳達藍區，當地有很多吃素的基督復臨安息日會教徒。菠菜和鷹嘴豆讓酥餅更豐富、更有飽足感，辛辣的莎莎醬則為酥餅增添風味和口感。我喜歡將這道酥餅搭配我的阿茲特克煙燻辣椒莎莎醬（第69頁）和瑪雅黏果酸漿酪梨醬（第68頁）一起享用。

益處：斑豆含有蛋白質、纖維、修復組織的離胺酸、建構骨骼的鈣、運輸氧氣的鐵、呵護肌膚的鋅，以及幫助身體產生能量的維生素 B_6。菠菜也能提供蛋白質、鐵和纖維，同時含有抗癌的異硫氰酸酯。

分量：2片墨西哥酥餅

噴霧式橄欖油，用於噴塗

4片墨西哥玉米餅（大約15公分）

1杯刨絲乳酪（墨西哥綜合乳酪或傑克乳酪），分次使用

1杯素食墨西哥豆泥（refried beans），分次使用

1杯新鮮菠菜，粗切，分次使用

1. 將煎鍋噴上薄薄一層橄欖油，以中火加熱。將1張玉米餅放入煎鍋。

2. 在玉米餅上鋪上¼杯乳酪、½杯豆泥和½杯菠菜。

3. 在混合物上再鋪上¼杯乳酪和1張玉米餅。

4. 將上面那張玉米餅輕輕往下壓，每面煎2-3分鐘，或直到酥餅呈現金黃色、乳酪融化。

5. 將酥餅放到砧板上，切成4等份。

6. 重複同樣的步驟，把剩下的酥餅做完。搭配自己喜歡的莎莎醬和酪梨醬，趁熱上桌。

無麩質‧蔬食

配菜
side dishes

燕麥粥，由上依順時鐘方向排列分別為：甜豌豆蕈菇燕麥粥佐焦糖洋蔥、亞洲風味燕麥粥、波斯刺檗燕麥粥、義式燕麥粥佐蘆筍和帕馬森乳酪、希臘燕麥沙拉佐菲達乳酪（中間）

隨時來碗燕麥粥
any-meal oatmeals

義式燕麥粥佐蘆筍和帕馬森乳酪
Italian Oatmeal with Asparagus & Parmesan

　　這道料理的靈感來自義大利燉飯，但它不像燉飯一樣需要一直攪拌。用自製雞高湯來煮，味道遠比現成雞高湯還美味。我所有的全球鹹燕麥粥食譜都用鋼切燕麥，因為這種燕麥質地扎實，口感爽脆，是滾壓燕麥所沒有的。

益處： 燕麥含有燕麥醯胺（avenanthramide），是由多種抗氧化劑組成，具有抗發炎、抗發癢、抗刺激的特性。蘆筍富含葉酸，能從細胞層次產生能量，也能幫助大腦正常運作。

1. 將燕麥、雞高湯和大蒜放入大鍋，不蓋蓋子，慢煮20-30分鐘，或直到燕麥外脆內軟，過程中隨時攪拌。

2. 在燕麥煮好前5分鐘，加入蘆筍。

3. 燕麥和蘆筍煮熟之後，加入帕馬森乳酪攪拌，直到充分混合。

4. 離火，拌入黑胡椒。想要的話，可以多加一些帕馬森乳酪做裝飾。

無麩質

分量：2-4人份

4杯雞高湯

¼茶匙蒜末

1杯鋼切燕麥（我喜歡麥肯愛爾蘭鋼切燕麥〔McCann's Irish〕）

1¾杯蘆筍，切碎

½-1杯帕馬森乳酪，刨碎或刨絲，調味用

⅛茶匙鮮磨黑胡椒

希臘燕麥沙拉佐菲達乳酪
Greek Oatmeal Salad with Feta Cheese

這道料理是將燕麥拌入沙拉裡，所以我將煮好的燕麥拿來沖洗，洗掉多餘的澱粉，順便將燕麥沖涼。記得要用孔洞細小的濾盆來洗，否則會有太多燕麥被沖掉。

益處：燕麥含有胱胺酸，有助於促進身體自然排毒。紅酒醋含有醋酸（acetic acid），可能有助於減慢胃的排空速度，同時穩定胰島素水平。

1. 將燕麥、水和鹽放入大鍋，不蓋蓋子，慢煮 20-30 分鐘，或直到燕麥外脆內軟，過程中隨時攪拌。

2. 在煮燕麥的同時，將紅酒醋、橄欖油、奧勒岡、羅勒、百里香和巴西里放入大碗，混合均勻。

3. 將番茄、甜椒和橄欖加入油醋醬中，翻拌均勻。

4. 燕麥煮好後，用湯勺舀入濾盆，以冷水沖洗，用手指撥洗，直到不再洗出混濁物、燕麥變涼為止。

5. 將燕麥瀝乾，倒入沙拉中翻拌，直到充分裹上醬汁。

6. 輕輕拌入捏碎的菲達乳酪。

無麩質・素食

分量：2-4 人份

4 杯水

½ 茶匙喜馬拉雅鹽

1 杯鋼切燕麥（我喜歡麥肯愛爾蘭鋼切燕麥）

2 大匙紅酒醋

3 大匙特級初榨橄欖油

½ 茶匙乾奧勒岡

½ 茶匙乾羅勒

½ 茶匙乾百里香

¼ 杯新鮮巴西里，切碎

1 杯櫻桃番茄，切半

½ 顆紅甜椒，切丁

½ 杯卡拉瑪塔橄欖，去核、切半

½ 杯菲達乳酪，捏碎

甜豌豆蕈菇燕麥粥佐焦糖洋蔥
English Pea & Mushroom Oatmeal with Caramelized Onions

`DP` `Dx` `GH`

這道無麩質的鹹味配菜適合當作倫敦烤肉（London broil）、上等肋排或牛排的配菜。你可以前一天先做好這道料理。

益處：燕麥可以降低膽固醇並幫助消化。蕈菇具有排毒特性，可以多用一些入菜。

1. 將燕麥和牛高湯倒入大鍋，不蓋蓋子，慢煮20-30分鐘，或直到燕麥外脆內軟，過程中隨時攪拌。

2. 煮到最後10分鐘時，加入蕈菇（如果使用乾燥蕈菇，先用熱水浸泡20分鐘泡開）。

3. 煮到最後5分鐘時，加入甜豌豆（如果事先已經做好焦糖洋蔥，可以趁這個時候加進去，讓洋蔥有時間在鍋中加熱）。

4. 燕麥煮好之後，離火，加入焦糖洋蔥、辣根泥和適量黑胡椒。

無麩質

分量：2-4人份

1杯鋼切燕麥（我喜歡麥肯愛爾蘭鋼切燕麥）

4杯牛高湯

½杯新鮮或冷凍豌豆仁（我使用甜豌豆）

½杯新鮮或乾燥蕈菇（洋菇、褐蘑菇、香菇或羊肚菌）

½杯焦糖洋蔥（請見下方食譜）

⅛茶匙辣根泥

鮮磨黑胡椒，適量

焦糖洋蔥 Caramelized Onions

`IB`

焦糖洋蔥搭配幾乎任何牛肉料理都很美味。可以加進漢堡或酸奶牛肉（stroganoff）裡，或是用來做法式洋蔥湯。你可以事先做好焦糖洋蔥，冷藏可以保存大約一個星期。

益處：洋蔥可以幫助支持免疫系統。

1. 將烤箱預熱至大約200℃。

2. 將奶油放入鑄鐵煎鍋。

3. 將洋蔥圈切半，均勻鋪在煎鍋裡的奶油上，撒上鹽和黑胡椒。

4. 將煎鍋放入烤箱，烤30分鐘，或直到洋蔥邊緣變成深褐色，每5分鐘翻動一次。

5. 將煎鍋從烤箱取出，用雪莉酒洗鍋收汁，攪拌到所有的液體都被吸收，洋蔥也呈現漂亮的褐色為止。

無麩質 · 素食

分量：大約¾杯

1顆甜洋蔥（維達麗雅或毛伊品種），切成細圈

2大匙奶油

¼茶匙喜馬拉雅鹽

鮮磨黑胡椒，適量

比¼杯再少一點的雪莉酒（我喜歡哈維斯布里斯托奶油雪莉酒〔Harveys Bristol Cream〕）

亞洲風味燕麥粥 Asian Oatmeal　DP

這道配菜很適合搭配烤牛排，或是我的東南亞干貝（第153頁）、中式五香火雞／鵝肉（第119頁）、澳洲鴕鳥排（第123頁），或是韓式牛小排（第159頁）。黑蒜是將大蒜仔細陳化之後而成，風味圓潤柔和。黑蒜可以在亞洲市場和健康食品店買到。如果要把這道料理做成素食主菜，可以拌入一些豆腐、天貝或其他素肉。把它跟炒青花菜、白菜、荷蘭豆、胡蘿蔔、青蔥和／或竹筍拌在一起也很美味。

益處：燕麥有助於降低血液中的膽固醇水平。黑蒜可能有助於降低癌症和認知功能下降的風險。腰果提供豐富的蛋白質。

分量：2-4人份

4杯蔬菜高湯

2瓣中型黑蒜瓣

1-2茶匙新鮮薑末

1大匙醬油、溜醬油或柚子醬油

1杯鋼切燕麥（我喜歡麥肯愛爾蘭鋼切燕麥）

3/4杯生腰果片

1. 將蔬菜高湯、黑蒜、薑和醬油或溜醬油放入大鍋煮滾。
2. 加入燕麥，不蓋蓋子，慢煮20-30分鐘，或直到燕麥外脆內軟，過程中隨時攪拌。
3. 燕麥煮好之後，拌入腰果，離火。

（如果使用溜醬油，則是無麩質料理）‧素食

波斯刺檗燕麥粥 Persian Oatmeal with Barberries　Ao　IB

這道香料飯風格的配菜搭配烤雞或燉小羊腿非常美味。刺檗（barberry，波斯文為 zereshk）可以在中東市場買到。你也可以用紅醋栗乾或甜的蔓越莓乾代替。

益處：燕麥是消化緩慢的全穀物，因此能讓血糖保持穩定。刺檗富含維生素 C 和強大的抗氧化劑小檗鹼（berberine）。

分量：2-4人份

4杯水

1杯鋼切燕麥（我喜歡麥肯愛爾蘭鋼切燕麥）

少許番紅花絲

1/4茶匙喜馬拉雅鹽

1/8茶匙小豆蔻粉

1/2杯刺檗乾、紅醋栗乾或蔓越莓乾

1/2杯杏仁條或杏仁片

1. 將燕麥、水、番紅花絲、鹽和小豆蔻粉倒入大鍋，不蓋蓋子，慢煮20-30分鐘，或直到燕麥外脆內軟，過程中隨時攪拌。
2. 燕麥煮好之後，離火，拌入刺檗和杏仁。

無麩質‧維根‧素食

藍區蘋果鼠尾草花椰菜

其他配菜 *more sides*

藍區蘋果鼠尾草花椰菜
Blue Zone Apple-Sage Cauliflower

金黃色的花椰菜、幾枝新鮮的鼠尾草，加上一點酸酸甜甜的蘋果醬，這道美味的配菜搭配幾乎任何餐點都很完美。這道料理的靈感來自加州羅馬琳達藍區，當地大多是素食人口，居民都很長壽健康。

益處：花椰菜跟其他十字花科蔬菜一樣，富含具有排毒作用的纖維和抗癌硫化物吲哚和異硫氰酸酯。

1. 將烤箱預熱至大約220℃。
2. 將鼠尾草以外的所有食材放入大碗混合，直到花椰菜均勻裹上所有調味料。
3. 將花椰菜均勻鋪在烘焙烤盤上，上面平勻擺上鼠尾草。
4. 烤約30分鐘，或直到花椰菜呈現金黃色。想要的話可以拿掉鼠尾草，然後上桌。

無麩質・維根・素食

分量：2人份

3-4杯花椰菜，去莖枝（大約1顆的分量）

2大匙烤芝麻油

1/3杯無糖蘋果醬

1大匙未經巴氏滅菌的蘋果醋（我喜歡用Bragg品牌）

鹽和鮮磨黑胡椒，適量

3枝新鮮鼠尾草

薩丁尼亞菠菜 Sardinian Spinach

這道快速簡單的食譜使用來自義大利薩丁尼亞島藍區的蔬菜：菠菜。把菠菜跟一些大蒜、檸檬汁和酸豆一起拌炒，就是一道令人眼睛為之一亮的配菜了。如果你吃膩了生菜沙拉，或是在寒冷的天氣裡想來一道熱熱的菜時，吃煮過的菠菜，是獲得維生素的好方法。

益處：菠菜含有蛋白質，菠菜裡的葉酸有助於促進肌膚、毛髮和眼睛健康，葉黃素可能有助於保護肌膚免於環境損害，異硫氰酸酯則有抗癌作用。

1. 將檸檬汁、大蒜、橄欖油、鹽、黑胡椒和酸豆放入小碗混合。
2. 將菠菜和檸檬混合物放入大鍋，以中火輕輕拌炒4-6分鐘，或直到菠菜變軟、大蒜散發香氣。
3. 將鍋子離火，蓋上蓋子，讓菠菜靜置5分鐘。
4. 趁熱上桌，將多餘的湯汁舀到菜餚上面增添風味。

無麩質・生酮・低碳・維根・素食

分量：2人份

大約453克新鮮菠菜

1大匙新鮮檸檬汁

1茶匙蒜末

1大匙橄欖油

1/4茶匙猶太鹽

1/2茶匙鮮磨黑胡椒

2大匙酸豆

加州烤花椰菜 Bakes California Cauliflower

DP　Dx

我朋友泰瑞莎喜歡吃純素食物，她跟我分享這道食譜。將這道菜擺上桌非常賞心悅目。將花椰菜切開之後，可以淋上我的藍區酪梨松子沾醬（第76頁）或（純素）翠綠女神醬（green goddess salad dressing）上桌。

益處：花椰菜含有稱為吲哚和異硫氰酸酯的硫化物，具有排毒特性，可能可以中和致癌物質，藉此達到防癌作用，也能幫助身體調節雌激素。

分量：4-6人份

1顆花椰菜

2-3大匙一般或噴霧式橄欖油或椰子油

½茶匙鹽

1. 將烤箱預熱至大約150℃。

2. 將整顆花椰菜清洗乾淨，去除深色斑點。將莖部底端切平，讓花椰菜能平穩地放好，可以保留一些葉子。

3. 將花椰菜放入滾水川燙2-3分鐘。瀝乾。

4. 將整顆花椰菜抹油或噴油，撒鹽，放入烤皿。

5. 包上鋁箔紙，烘烤2小時，或直到花椰菜變軟。

6. 拿掉鋁箔紙，將烤箱轉為上火模式，烤3-5分鐘，或直到花椰菜頂端呈現金黃色。

無麩質・生酮・低碳・維根・素食

敘利亞球芽甘藍佐石榴和核桃 Syrian Brussels Sprouts with Pomegranate & Walnuts

敘利亞人會吃一種用石榴、辣椒和核桃做成的沾醬，叫做穆哈瑪拉醬（muhammara），我以此為靈感，做出這道色彩繽紛、人人喜愛的純素配菜。就連怕吃球芽甘藍的人，也會愛上這道搭配酸甜多汁石榴子和碎核桃的配菜。

益處：球芽甘藍富含促進腸道健康的纖維，也含吲哚和異硫氰酸酯等有益的抗氧化劑，可能有助於身體排毒，並透過中和致癌物質達到防癌作用。

1. 將烤箱預熱至200℃。

2. 將球芽甘藍跟椰子油、鹽和黑胡椒混勻，將切面朝下，平均鋪在烘焙烤盤上。

3. 將烤盤放入烤箱中層的烤架，烤30-40分鐘，或直到球芽甘藍變軟，有些地方呈現褐色。

4. 將球芽甘藍從烤箱取出、盛盤。撒上石榴子和碎核桃，淋上橄欖油和巴薩米克醋，上桌。

生酮‧低碳‧維根‧素食

分量：2人份

16顆球芽甘藍，切半

2大匙椰子油

鹽和鮮磨黑胡椒，適量

1/3杯石榴子

1/3杯核桃瓣和核桃塊（想要的話可以烤過）

2大匙特級初榨橄欖油

1大匙巴薩米克醋

Dx IB

哥斯大黎加木薯條
Costa Rican Cassava "Fries"

木薯（cassava）又稱尤卡（yuca，其英文與龍舌蘭植物絲蘭〔yucca〕相近），拉丁美洲、非洲、東南亞和加勒比海地區，都有種植和食用這種植物。木薯是富含澱粉的根莖類，可以製成木薯澱粉等食品。在菲律賓，木薯主要用來製作布丁和蛋糕等甜點，不過蒸熟搗泥之後，就是美味健康的澱粉替代品，可以取代馬鈴薯和米飯。在拉丁美洲（包括哥斯大黎加藍區尼科亞市），人們常將木薯切成長條油炸來吃，就像薯條一樣。我發現烤木薯條跟炸木薯條一樣吃來令人滿足，而且不會太油，也不會有任何有害的丙烯醯胺。

安全警示：烹調木薯前一定要把外皮削乾淨，而且切勿生吃。木薯外皮含有氰化物（cyanide），在高濃度的情況下有毒性。

益處： 木薯提供複合碳水化合物、具有排毒作用的纖維，以及有助於身體對抗感染的維生素 C。

1. 將烤箱預熱至大約 220℃。

2. 如果使用新鮮木薯，削掉堅韌的蠟質褐色外皮，以及褐色外皮底下的粉紫色層。將木薯切成大約 7.5 公分的長段。如果使用冷凍木薯，解凍之後直接跳到步驟 5。

3. 將木薯段放入鍋中，倒入足夠的水蓋過，以中大火煮滾 10-15 分鐘，或直到木薯段可以用叉子輕易叉入，兩端也開始綻開。

4. 用漏勺將木薯段從鍋中撈出，放在廚房紙巾上瀝乾。放涼到可以用手拿時，縱向切開木薯段，取出中間細長的木質長條。

5. 將木薯段切成條狀或塊狀，排成一層鋪在烘焙烤盤上。淋上橄欖油，用鹽、黑胡椒和香菜調味。

6. 烤約 20 分鐘，過程中翻面一次，烤到外酥內軟，木薯條就完成了。想要的話，可多加點鹽和黑胡椒調味。

7. 擠上一些新鮮萊姆汁，上桌。

無麩質・維根・素食

分量：2-4 人份

2 條中型新鮮木薯或 6 段冷凍木薯段

可以蓋過木薯的水量

2-3 大匙橄欖油

鹽和鮮磨黑胡椒，適量，另備調味用的分量

少許乾香菜或自己喜歡的乾香草

1 顆萊姆，擠汁用

北非翡麥 North African Freekeh

Dx　GH　S

古老穀物現在蔚為風潮，所以你可能聽過一種稱為翡麥的烤青麥。翡麥和翡麥料理來自北非。在這道食譜中，我將翡麥加上美味的大蒜、檸檬、薄荷、甜美的椰棗和營養豐富的切碎羽衣甘藍，做出一道營養均衡、風味十足的料理。翡麥可以在全食超市等健康食品店或網路上買到。

益處：翡麥富含纖維和蛋白質，能讓你幾個小時後都還覺得飽足。翡麥也含有提供能量的維生素 B、有助於心臟健康的 Omega-3 脂肪酸，以及有益骨骼健康的錳。生的羽衣甘藍含有葉綠素，可以幫助身體排毒。

1. 將4-5杯水倒入中鍋煮滾。加入翡麥，煮20-24分鐘，或直到翡麥大致變軟，但仍保有嚼勁。將翡麥離火，徹底瀝乾，保溫備用。

2. 在煮翡麥的同時，將橄欖油倒入中平底鍋，以中大火加熱。加入大蒜和杏仁，煮1分鐘，或直到散發香氣，過程中偶爾攪拌。

3. 加入羽衣甘藍、鹽和黑胡椒，煮2-4分鐘，或直到羽衣甘藍變軟，過程中偶爾攪拌。

4. 將炒好的杏仁和羽衣甘藍放入大碗，倒入翡麥一起翻拌。加入檸檬汁、檸檬皮屑、椰棗和薄荷，輕輕拌勻，然後趁熱上桌。

維根・素食

分量：4人份

½ 杯碎翡麥

2 茶匙橄欖油

2 茶匙蒜末

2 大匙杏仁片

1 把（4-5株）卷綠羽衣甘藍，去莖、粗切

½ 茶匙海鹽

½ 茶匙鮮磨黑胡椒

1 顆中型檸檬，榨汁、削下皮屑

1 顆帝王椰棗，去核、粗切

1 枝薄荷（大約3-6片葉子），摘下葉子、撕碎

以色列烤地瓜佐無花果
Israeli Roasted Sweet Potatoes with Figs

一般的配菜不會出現新鮮水果和烤蔬菜的組合，但擁有多元文化背景的以色列人卻創造出這道有趣又美味的料理。在以色列幾乎隨處都可見無花果生長。無論是用新鮮或乾的無花果來做這道食譜，都很美味。

益處：無花果富含天然糖分和具有排毒作用的可溶性纖維。無花果和地瓜都含有豐富的鈣和鉀等礦物質，也是類胡蘿蔔素的優質來源，有助於抑制癌細胞和腫瘤生長、降低心臟病風險，甚至支持免疫功能。

1. 將烤箱預熱至大約245°C。

2. 將每顆地瓜縱向切半再切半，切成4塊楔形塊狀。將16塊楔形地瓜塊跟3大匙橄欖油、檸檬汁、鹽和黑胡椒翻拌。

3. 將楔形地瓜塊皮朝下，平鋪在烘焙烤盤中，烤約25分鐘，或直到變軟、稍微上色。將地瓜塊從烤箱取出，放涼，然後盛盤。

4. **製作巴薩米克醋醬：**將巴薩米克醋和糖放入小醬汁鍋，加熱2-4分鐘，或直到醬汁開始變稠。離火。醬汁放涼的過程中會持續變稠，所以先備好½茶匙溫水，必要時加入溫水稀釋。

5. 將剩下的橄欖油倒入大炒鍋加熱，加入青蔥和紅辣椒，拌炒約4分鐘，或直到變軟，過程中隨時攪拌。離火。

6. 將無花果放入鍋中快速攪拌，讓味道融合。

7. 將無花果混合物盛到地瓜上，淋上巴薩米克醋醬，撒上捏碎的山羊乳酪（如有使用），以常溫上桌。

無麩質·（如果沒有使用山羊乳酪，則是維根料理）·素食

分量：4人份

4條小地瓜，刷洗乾淨

5大匙特級初榨橄欖油，分次使用

2大匙新鮮檸檬汁

喜馬拉雅鹽和鮮磨黑胡椒，適量

3大匙巴薩米克醋

1½大匙超細砂糖或砂糖

½茶匙溫水（如有需要）

12根青蔥，縱向對切，然後切成大約3.8公分的長段

1根紅辣椒，去籽，切成細粒

6顆無花果（乾無花果每顆切半，新鮮無花果每顆切成4等份）

大約140克軟山羊乳酪（可略）

東京大蒜味噌烤蔬菜
Tokyo Garlic-Miso Vegetables

若想在飲食中增加更多營養密度高的食物，烤蔬菜是最簡單的方法之一。這道料理結合夏季和全年性生產的蔬菜，再拌入增強免疫力的美味大蒜味噌醬料，讓營養與美味更加分。味噌是用發酵黃豆製成的濃稠醬料，有時也稱味噌醬或味噌黃豆醬，在亞洲食品店或各大超市的國際食品區都能買到。你可以使用味道溫和的白味噌，或味道濃郁的紅味噌。在東京，人們比較喜歡味道較濃的紅味噌或褐味噌。

益處：味噌的蛋白質含量很高，而且富含維生素 B_6、膽鹼、鈣和鋅。味噌是發酵食物，可以促進腸道健康，有助於增加免疫系統。

1. 將烤箱預熱至大約200°C，並將烘焙烤盤鋪上烘焙紙或鋁箔紙。

2. 將茄子、夏南瓜和櫛瓜切成大約2.5公分厚的圓片，與洋蔥和番茄一起用油翻拌，然後放進烤盤，烤20-30分鐘，或直到所有蔬菜呈現褐色。

3. 製作大蒜味噌醬： 將水、味噌醬、芝麻油、蜂蜜和大蒜一起拌約1分鐘。備用。

4. 將蔬菜從烤箱取出，與大蒜味噌醬一起翻拌，上桌。

（如果使用無麩質味噌，則為無麩質料理）· （如果使用龍舌蘭糖漿，則為維根料理）· 素食

分量：2人份

2-3大匙葡萄籽油或椰子油

3條日本或中國茄子

1條夏南瓜

1條櫛瓜

1杯洋蔥丁

$1\frac{1}{4}$杯原種櫻桃番茄

$\frac{1}{4}$杯水

1大匙味噌醬

1大匙烤芝麻油

$\frac{1}{2}$茶匙蜂蜜或龍舌蘭糖漿

2茶匙蒜末

美國西南烤玉米佐哈奇辣椒
Southwestern Roasted Corn with Hatch Chiles

辣椒是美國西南料理的精髓。辣椒的味道從甜美、溫和到火辣的都有，它的辣度來自一種叫做辣椒素的物質。哈奇辣椒是一種特別美味的青辣椒品種，種植於新墨西哥州，味道通常很溫和，大約40根中才有1根會特別辣。如果買不到新鮮的哈奇辣椒、安納海姆辣椒或帕錫亞辣椒，可以用罐裝哈奇辣椒來代替。這道料理也可以搭配玉米餅，變成一道前菜。

益處：辣椒是維生素 C 的優質來源，也含維生素 A、K、B$_6$ 和葉酸。辣椒也提供豐富的鉀、纖維和 β- 胡蘿蔔素。研究發現食用辣椒跟降低血壓和膽固醇有關。玉米和酪梨提供纖維，可以延長飽足感，而且可能具有排毒特性。

分量：2人份

4根玉米，剝去外皮

1根哈奇辣椒、安納海姆辣椒（Anaheim）或帕錫亞辣椒（Pasilla）

1顆酪梨，切丁

1/3 杯山羊乳酪，捏碎

1大匙新鮮萊姆汁

1大匙特級初榨橄欖油

鹽和鮮磨黑胡椒，適量

1. 將烤架加熱到中溫，並塗上薄薄一層油。

2. 將玉米和辣椒烤約20分鐘，或烤到玉米略微焦香，辣椒起泡為止。

3. 將辣椒放入牛皮紙袋，封好袋口，讓辣椒悶在蒸氣中約5分鐘，或直到辣椒變軟，然後去皮、切碎。

4. 將玉米粒從玉米棒上切下。將玉米粒、辣椒、酪梨、山羊乳酪、萊姆汁、橄欖油、鹽和黑胡椒放入大碗拌勻。

無麩質・素食

DP　GH

牙買加咖哩玉米飯 Jamaican Rice with Curried Corn

夏季正是各種美味玉米紛紛上市的季節，做這道料理正是時候。這道料理意外好吃、令人回味無窮，而它的美味祕訣，就是加了椰奶和我的抗發炎牙買加咖哩粉。你也可以使用現成的咖哩粉，但我的咖哩粉加了全香子和丁香，風味更加濃郁。

益處：糙米富含纖維，有助於預防便祕、促進腸道健康、降低血液中的膽固醇，以及穩定血糖。糙米也可能降低心臟病和特定癌症風險。椰奶含有中鏈脂肪酸，比奶類和肉類裡的長鏈脂肪酸更容易被身體分解。

1. **煮糙米：**將椰奶、水和鹽放入中型醬汁鍋，以大火煮滾。加入糙米，攪拌均勻，然後再次煮滾。煮滾之後立刻將火轉成小火，蓋上蓋子，燜煮50分鐘，或直到所有液體都被吸收、米飯變軟為止。離火，蓋子還是蓋著，靜置至少10分鐘。上桌前用叉子將飯翻鬆。

2. **煮玉米：**將椰子油倒入中型炒鍋，以中火加熱。加入玉米粒、牙買加咖哩粉和鹽，拌炒3-5分鐘，或直到玉米粒呈現鮮黃色。

3. 將玉米粒和糙米飯一起翻拌，以百里香和巴西里裝飾，上桌。

無麩質・維根・素食

分量：4-6人份

米飯

¾杯椰奶

1½杯水

½茶匙粗海鹽

1杯短粒糙米，浸泡過夜，徹底瀝乾

玉米

1茶匙粗海鹽

5根甜玉米，切下玉米粒（大約3½杯）

1大匙椰子油

¾茶匙抗發炎牙買加咖哩粉（第321頁）

1大匙新鮮百里香，切碎，裝飾用

1大匙新鮮巴西里，切碎，裝飾用

美洲原住民烤南瓜
Native American Squash

　　美洲原住民會把南瓜跟豆類一起種在玉米田裡。這道食譜使用三種不同種類的南瓜，具有美國西南部納瓦霍國[30]料理的風味。這些南瓜熱量不高，但很有飽足感。

益處：南瓜的橙色代表它富含類胡蘿蔔素，包括會被身體轉為維生素 A 的抗氧化 β- 胡蘿蔔素，以及抗發炎 β- 隱黃素（beta-cryptoxanthin）。類胡蘿蔔素是維持健康肌膚、良好視力和支持免疫系統的重要營養素。南瓜也是具有排毒作用的纖維的優質來源。

分量：2 人份

糖南瓜丁（sugar pumpkin）、橡子南瓜丁和胡桃南瓜丁（大約 3.8 公分的方塊），每種南瓜丁各 1 杯

1 顆大顆褐洋蔥，切成大塊

1 根安納海姆辣椒，切成大約 1.2 公分的粒狀

1/4 杯橄欖油

1/2 顆萊姆

1/2 茶匙辣椒粉

1/2 茶匙孜然粉

鹽和鮮磨黑胡椒，適量

1/4 杯新鮮香菜葉，切碎，裝飾用

1. 將烤箱預熱至大約 190℃。

2. 將所有蔬菜平鋪在烘焙烤盤上，並淋上橄欖油。

3. 將萊姆汁擠到蔬菜上翻拌，然後撒上辣椒粉、孜然粉、鹽和黑胡椒。

4. 烤 40 分鐘，或直到蔬菜變軟。

5. 用香菜裝飾。

無麩質 · 維根 · 素食

---

30. 納瓦霍國（Nvajo Country）是美國境內半自治的印第安原住民保留區，範圍涵蓋亞利桑那州東北部、猶他州東南部，和新墨西哥洲西北部，是美國最大的印第安原住民保留區。——譯者註

京都青花菜佐白味噌醬
Kyoto Broccoli with White Miso Dressing

　普通蔬菜可能會很單調，但是只要搭配美味的味噌和香料，就算是青花菜、花椰菜或羽衣甘藍，也會讓人一吃就愛上它。日本味噌是一種發酵黃豆醬，你可以在天然食品店的冷藏區買到。味噌的味道鹹香，有人形容這是泥土香氣。在日本京都，人們比較喜歡白味噌，它的風味比褐味噌和紅味噌更細緻。

益處：青花菜、花椰菜、高麗菜和球芽甘藍等十字花科蔬菜，含有略帶苦味的物質，可能有助於殺死癌細胞。味噌提供有助於腸道健康的益生菌。咖哩中的薑黃粉以其抗發炎特性著稱。

1. 將青花菜稍微蒸3-4分鐘，使其保有微脆的口感。瀝乾、備用。

2. **製作味噌醬：**將味噌和熱水倒入小攪拌碗混勻，直到味噌完全融解；記得水要夠熱，但是不能滾燙。拌入剩下的食材，直到醬料變得滑順綿密。如果需要稀釋醬料，可以一次加1茶匙額外的熱水。

3. 將醬料淋到青花菜上翻拌，直到充分裹上醬料。

（如果使用無麩質味噌，則是無麩質料理）·（如果使用純素美乃滋，則是維根料理）·素食

分量

4杯青花菜，去掉莖枝

1大匙白味噌醬

2茶匙熱水

2大匙美乃滋（純素或一般美乃滋）

1大匙純楓糖漿

1茶匙孜然籽（或1/8茶匙孜然粉）

1/2茶匙咖哩粉

1/2茶匙新鮮蒔蘿

東南亞菠蘿蜜
Southeast Asian Jackfruit

現在有愈來愈多人知道菠蘿蜜了。大部分的人都是把熟的菠蘿蜜當甜水果來吃，但在我的故鄉菲律賓，大家也會用沒有熟的青菠蘿蜜入菜，這種菠蘿蜜比較不甜，帶有鹹香的風味。你可以在亞洲市場或網路上買到罐裝的青菠蘿蜜。

益處： 菠蘿蜜富含複合碳水化合物，也是纖維的優質來源。菠蘿蜜裡的鉀可能可以降低骨質疏鬆症和腎結石的風險，維生素 B_6 有助於身體從攝取的食物中產生能量，此外也含維生素 C。

1. 將椰子油倒入深醬汁鍋加熱，加入洋蔥和紅甜椒，拌炒約5分鐘，或直到蔬菜變軟。

2. 加入大蒜，拌炒1分鐘。加入青蔥、墨西哥辣椒、百里香和煙燻紅椒粉，拌炒1分鐘，過程中持續攪拌。

3. 拌入薄鹽醬油或溜醬油和椰奶，煮滾。

4. 拌入菠蘿蜜和適量的鹽和黑胡椒。

5. 將火轉成小火，蓋上蓋子，燜煮30-40分鐘，或直到菠蘿蜜吸收大部分的椰奶。趁熱上桌。

（如果使用溜醬油，則是無麩質料理）·維根·素食

分量：4人份

1大匙椰子油

1顆大顆洋蔥，切末

1顆紅甜椒，切碎

½茶匙蒜末

3根青蔥，切末

½顆墨西哥辣椒，切碎

1茶匙新鮮百里香

¼茶匙煙燻紅椒粉

¼茶匙薄鹽醬油或溜醬油

4杯無糖椰奶

1罐青菠蘿蜜（大約453克），瀝掉湯汁

鹽和鮮磨黑胡椒，適量

賽普勒斯冬季蔬菜佐哈羅米乳酪
Cyprus Winter Vegetables with Halloumi

這道溫熱的烘焙烤盤料理源於法圖什（fattoush）沙拉，這是一種以番茄、黃瓜和皮塔餅製成的黎巴嫩料理，在中東各地菜單都能看到。我的食譜使用秋冬季蔬菜和哈羅米乳酪，這是一種類似菲達乳酪的半軟鹽鹵乳酪，在希臘、土耳其和賽普勒斯非常普遍。賽普勒斯製作哈羅米乳酪已有幾百年的歷史，當地政府甚至擁有哈羅米的商標。哈羅米乳酪可以在希臘市場、天然食品店、特色食品店，以及部分超市買到。鹽膚木可以在中東市場、特色食品店或香料店，以及網路上買到。這道料理當成一道輕盈的主菜也很不錯。

益處：斑紋南瓜是一種外皮堅硬、瓜肉鮮橘的冬季南瓜。這個顏色代表斑紋南瓜富含有益健康的類胡蘿蔔素（能被身體轉成維生素A）、葉黃素、鉀、纖維和葉酸，而且每杯熱量只有大約80大卡。紫高麗菜也是一種超級食物，是抗氧化劑等有益的植物性物質的優質來源，有助於防止細胞損害。紫高麗菜也含有大量的維生素 C、B₆ 和 K。

1. 將烤箱預熱至大約220°C，將烘焙烤盤抹上1大匙橄欖油。

2. 將大蒜、鹽、黑胡椒和3大匙橄欖油放入大碗混合。

3. 加入高麗菜、洋蔥、南瓜和胡蘿蔔翻拌，讓蔬菜充分裹上調味料。將蔬菜平鋪在烤盤上，把碗留下。

4. 將蔬菜烤25-30分鐘，或直到南瓜底下呈現褐色。用大刮鏟將蔬菜翻面。

5. 將皮塔餅、哈羅米乳酪和剩下的橄欖油，放入剛才留下的碗中翻拌，然後均勻倒在蔬菜上。

6. 再烤15-20分鐘，或直到南瓜能用叉子輕易叉開；高麗菜、洋蔥、皮塔餅和哈羅米乳酪烤出褐色斑點；乳酪本身也變軟為止。

7. 從烤箱取出，淋上蘋果醋，用鹽膚木粉和薄荷裝飾。

素食

分量：4人份

5大匙特級初榨橄欖油，分次使用

1茶匙蒜末

1茶匙猶太鹽

1茶匙阿勒波風味辣椒粉或碎紅辣椒片

½顆小顆紫高麗菜（大約283克），切成大約2.5公分的小塊

1顆中型紅洋蔥，切成8個楔形塊狀

大約680克斑紋南瓜（delicata squash）或其他冬季南瓜，切半，去籽，橫切成大約1.2公分厚的塊狀

1根大胡蘿蔔，切成硬幣片狀

1個大皮塔餅，分開餅皮，切或撕成大約3.8-5公分的小塊

大約226克哈羅米乳酪，切成大約2.5公分的小塊

2大匙未經巴氏滅菌的蘋果醋（我喜歡用Bragg品牌）

2茶匙鹽膚木粉，裝飾用

幾枝薄荷，裝飾用

DP GH

波蘭高麗菜佐野菇 Polish Cabbage with Wild Mushrooms

這道素食料理煮好之後放個一到兩天會更美味,就連聲稱自己不喜歡高麗菜或德國酸菜的人都會被吸引。這道料理的烹調過程需要兩天。為了達到最佳風味,請在第三天以小火重新加熱1小時後再吃。

益處:高麗菜被譽為超級食物。蕈菇熱量很低,而且含有十多種礦物質和維生素,包括銅、鉀、鎂、鋅,以及葉酸等多種維生素B群。德國酸菜是發酵食物,有助於促進腸道益菌的健康。

1. 將乾蕈菇放入小鍋,倒入足夠的滾水蓋過,浸泡15-20分鐘,或直到蕈菇泡開。瀝乾蕈菇,泡蕈菇的水保留備用。

2. 在泡蕈菇的同時,將高麗菜切成小塊。將高麗菜、水、月桂葉、胡椒粒、藏茴香、全香子和鹽放入大鍋,以中火煮約5分鐘,或直到高麗菜變軟。加入德國酸菜(不要瀝掉湯汁或沖洗),以中小火持續烹煮,同時一邊加入蔬菜(步驟3-6)。

3. 將新鮮蘑菇和奶油放入炒鍋,炒到呈現金黃色,然後倒入在煮高麗菜的鍋中。

4. 將洋蔥放入原本的炒鍋(如有需要,可以再加一點奶油),炒約5分鐘,或直到洋蔥變半透明,然後倒入高麗菜鍋中。

5. 將泡蕈菇的水倒入高麗菜鍋中,小心不要把碗底的雜質也倒進去了。將泡開的蕈菇切碎,放入鍋中。

6. 將番茄糊倒入鍋中,以小火持續烹煮約1小時。離火,靜置放涼。

7. 冷藏過夜。隔天再以小火烹煮約1.5小時。如有需要,可以多加一點水,使其保持類似燉菜的稠度。

無麩質 · 生酮 · 低碳 · (如果使用純素奶油,則是維根料理)

分量:4-6人份

1杯乾野菇(牛肝菌、龍蝦菇、羊肚菌、雞油菌或香菇)

½紫高麗菜

1½杯水

3片月桂葉

6顆整粒胡椒粒

½茶匙藏茴香

1茶匙全香子

1茶匙鹽

1罐帶汁德國酸菜(大約396克)

大約340克新鮮褐蘑菇或小貝拉菇,切片

3大匙奶油(或純素奶油)

1顆大洋蔥,切碎

2大匙番茄糊

甜點
desserts

派，由上依順時鐘方向排列分別為：夏威夷酪梨戚風派、菲律賓參薯「地瓜」派、尼科亞木瓜派、菲律賓椰子派

全球甜派
global pies

菲律賓參薯「地瓜」派
Filipino Ube "Sweet Potato" Pie

這道具有菲律賓特色的地瓜派不但美味，對健康也有益處。在菲律賓，我們會用參薯（也叫菲律賓紫薯）來做各種甜點，像是參薯乳酪蛋糕。這道派跟美國南方的地瓜派很類似。你也可以使用地瓜或其他薯類來代替參薯，不過就不會有參薯的漂亮紫色就是了。

益處：參薯亮麗的紫色代表其中含有花青素，這種物質可能有助於抑制癌細胞生長，同時改善大腦、眼睛和肌膚的微血管功能。

1. 將烤箱預熱至大約200℃。

2. 將派皮放入9吋的派盤。用叉子在派皮底部和側面戳洞，然後在派皮上壓上派石。烤15-20分鐘，或直到派皮呈現金黃色。

3. 烤好派皮之後，將烤箱的溫度降至大約180℃。將派皮放在流理臺上稍微放涼，並取出派石。

4. 將參薯丁或地瓜丁放入滾水中煮15-20分鐘，或直到變軟。瀝乾、放涼。

5. 將參薯丁或地瓜丁、奶油、椰糖、牛奶或杏仁奶、蛋、所有香料和香草精放入大攪拌碗或抬頭式攪拌機，打到滑順。

6. 將餡料倒到派皮上。可能要先將沒被餡料蓋到的派皮邊緣用鋁箔紙包起來，以免烤焦。將派放回烤箱，以大約180℃烤50分鐘，或直到將刀子插入派的中央，拔出來後沒有沾黏餡料即可。

分量：6-8人份

1張9吋派皮，冷凍派皮請先解凍

大約453克參薯丁或地瓜丁

½杯奶油，室溫軟化

1杯椰糖

½杯牛奶或杏仁奶

2大顆蛋

½茶匙肉豆蔻粉

½茶匙肉桂粉

¼茶匙全香子

1茶匙純香草精

菲律賓椰子派 Filipino Coconut Pie   `Ai`

在菲律賓，我們會把新鮮椰子剖開，喝椰子水、吃裡面甜甜嫩嫩的椰肉。在有些國家可能比較不好買到新鮮椰子，但你可以在亞洲市場買到真空包裝的冷藏或冷凍嫩椰肉。記得要先切碎椰肉並擠掉多餘的汁液。你也可以使用乾椰絲來代替。我也有在超市冷藏食品區看過新鮮椰子塊，用這個也可以。我喜歡在這道派上擠上蛋白霜，你也可以擠上打發鮮奶油，或什麼都不加。

益處：椰奶中的月桂酸，具有抗發炎、抗微生物、抗菌和抗病毒作用。

1. 將烤箱預熱至大約200°C。

2. 將派皮放入9吋的派盤。用叉子在派皮底部和側面戳洞，然後在派皮上壓上派石。烤11-20分鐘，或直到派皮呈現金黃色。讓派皮稍微放涼，並取出派石。

3. 將鹽、糖、椰奶、玉米澱粉水和蛋，放入大約3.7公升的耐酸鹼醬汁鍋，攪打均勻。

4. 將攪拌好的混合物以中火煮5-10分鐘，或直到跟卡士達醬一樣的稠度，過程中持續攪拌，必要時使用打蛋器攪打。

5. 將煮好的餡料離火，拌入椰肉和香草精，然後放在流理臺上放涼至少10分鐘。

6. 將餡料鋪到派皮上，然後冷藏2-3小時，讓餡料定型。

分量：6-8人份

1張9吋派皮，冷凍派皮請先解凍

½茶匙鹽

¾杯糖

6大匙玉米澱粉，用2大匙水溶解

2顆蛋，打散

1罐椰奶（大約382克）

1杯嫩椰肉（切碎，擠掉多餘的汁液）或乾椰絲

1茶匙純香草精

夏威夷酪梨戚風派 Hawaiian Avocado Chiffon Pie

這道奇特的食譜來自我的朋友普莉希拉，她專門研究夏威夷的歷史食譜。這道甜點質地非常柔軟，幾乎就像布丁一樣，味道非常美味。

益處：酪梨裡的纖維具有排毒作用，油酸具有抗發炎作用，維生素 K 有助於血液正常凝固，鉀有助於降低骨質疏鬆症和腎結石風險，β- 穀固醇可能有助於降低膽固醇。

1. 將烤箱預熱至大約 200°C。

2. 將酪梨、蛋黃、奶油、香料、¼ 杯糖和檸檬汁，放入小醬汁鍋，以小火煮約 5 分鐘，或直到糖融解。

3. 將吉利丁和滾水放入另一個碗攪拌，直到吉利丁完全融解，然後拌入酪梨混合物中。將酪梨混合物完全放涼，備用。

4. 將派皮放入 9 吋的派盤。用叉子在派皮底部和側面戳洞，然後在派皮上壓上派石。烤 15-20 分鐘，或直到派皮呈現金黃色。

5. 讓派皮完全放涼，並取出派石。

6. 將蛋白和 ½ 杯糖一起打發，然後拌入酪梨混合物中。

7. 將餡料舀入派皮上，冷藏至少幾個小時或過夜。

分量：6-8 人份

1 杯酪梨泥

3 顆蛋黃

1½ 大匙奶油

½ 茶匙肉豆蔻粉

1 茶匙肉桂粉

¾ 杯糖，分次使用

1 大匙新鮮檸檬汁

1 包原味吉利丁

¼ 杯滾水

1 張 9 吋派皮，冷凍派皮請先解凍

3 顆蛋白

尼科亞木瓜派 Nicoyan Papaya Pie

Dx GH

木瓜在哥斯大黎加的尼科亞長壽藍區非常普遍，當地居民可以活到一百歲以上。

益處：木瓜含有具有排毒作用的纖維，和有助於消化的木瓜酵素（papain）。

1. 將烤箱預熱至大約200°C。

2. 將1張派皮放入9吋的派盤。用叉子在派皮底部和側面戳洞，然後在派皮上壓上派石。烤15-20分鐘，或直到派皮呈現金黃色。

3. 在烤第一張派皮的同時，將第二張派皮擀開，然後切成長條，用於編織放在派上的格子派皮。

4. 將派皮從烤箱取出，稍微放涼。取出派石，放入木瓜切片。將烤箱的溫度降至大約160°C。

5. 將奶油、糖、所有香料、鹽和檸檬汁放入小碗，攪打均勻，然後倒到木瓜上。

6. 製作格子派皮：將生的派皮長條逐一鋪在派上面，每條中間間隔約2.5公分。以一橫一直的順序排列，做出編織的樣子。重複這個步驟，直到平均鋪滿整個派。

7. 以大約160°C烤45分鐘，或直到餡料定型，表面呈現金黃色。

分量：6-8人份

2張9吋派皮，冷凍派皮請先解凍

2杯熟木瓜切片

1大匙融化奶油

¼杯椰糖或紅糖

1茶匙薑粉

1茶匙肉桂粉

¼茶匙肉豆蔻粉

1茶匙鹽

1大匙新鮮檸檬汁

世界風味蛋糕 *worldly cakes*

美式草莓杏仁蛋糕
American Strawberry-Almond Cake

這道食譜很適合用無麩質麵粉來做。我比較喜歡 Cup4Cup 品牌麵粉的味道和質地。另外，我也使用羅漢果糖，用它代替一般的糖效果很棒。我建議購買含有赤藻糖醇（erythritol）的品牌，這樣就能按照1:1的比例來取代白糖，像是 Lakanto 品牌就有推出代替一般白糖的羅漢果經典白糖，以及代替一般紅糖的羅漢果黃金紅糖，在亞馬遜、沃爾瑪或健康食品店都能買到。（我在第270頁中式羅漢果香料餅乾有更多關於羅漢果糖和 Lakanto 品牌的介紹。）這個蛋糕就算上面不加打發鮮奶油，也很美味。

益處：羅漢果糖是由富含抗氧化劑的羅漢果汁製成，它的甜度大約是傳統糖的1百倍，卻不含熱量或碳水化合物。羅漢果糖不會提高血糖，很適合糖尿病患者食用。杏仁含有豐富的纖維、Omega-3脂肪酸和維生素 E。草莓含有豐富的維生素 C 和花青素，可能有助於抑制癌細胞生長，同時改善大腦、眼睛和肌膚的微血管功能。

1. 將烤箱預熱至大約160°C。

2. 將9吋的圓形蛋糕模塗油，然後鋪上烘焙紙。

3. 將蛋放入中碗打散，然後加入香草精、蜂蜜、優格、羅漢果糖或一般砂糖和奶油攪打。

4. 將杏仁粉、椰子粉（如有使用）、中筋麵粉、肉豆蔻粉、小蘇打粉、泡打粉和鹽過篩，放入另一個碗。慢慢將所有乾料拌入裝有濕料的碗裡。

5. 將麵糊倒入蛋糕模，烤22-25分鐘，或直到將牙籤插入蛋糕中央，拔出來後沒有沾黏麵糊。

6. 將蛋糕連同蛋糕模完全放涼，然後將蛋糕模倒扣到置涼架上。

7. 製作打發鮮奶油（如有使用）：用手持式或抬頭式電動攪拌機將重奶油打到濃稠，加入糖和香草精，繼續打到蓬鬆。快打好時，加入馬斯卡彭乳酪和一撮鹽，繼續打到融合。想要的話，可以多加一點糖。

8. 將打發鮮奶油（如有使用）塗到蛋糕上，蛋糕邊緣大約2.5公分不塗奶油。

9. 用草莓和杏仁片裝飾，上桌。。

（如果使用無麩質麵粉，則是無麩質料理）·（如果使用羅漢果糖，則是無糖料理）

分量：8人份

3顆蛋

1茶匙純香草精（或1根香草豆莢的種籽）

¼杯蜂蜜

¾杯香草優格或原味優格

⅓杯羅漢果糖（我用的是 Lakanto 品牌羅漢果黃金紅糖〔Lakanto Golden〕）或紅糖

3大匙奶油，融化、放涼

1杯杏仁粉

1杯椰子粉（也能根據喜好，再加1杯杏仁粉取代椰子粉）

½杯無麩質中筋麵粉（我喜歡 Cup4Cup 品牌）

¼茶匙肉豆蔻粉

1茶匙小蘇打粉

½茶匙泡打粉

¾茶匙鹽

打發鮮奶油（可略）

1杯重奶油

1大匙羅漢果糖（我用的是 Lakanto 品牌羅漢果黃金紅糖或經典白糖）、紅糖或白糖，額外準備調味用的分量

½大匙純香草精

½杯馬斯卡彭（mascarpone）乳酪

海鹽適量

裝飾

2杯草莓切片

¼杯烤杏仁片

土耳其杏桃杏仁蛋糕
Turkish Apricot-Almond Cake

世界上大部分的杏桃都是在土耳其種植和生產，其中也包括杏桃乾。土耳其有一句讚美用語是這麼說的：「只有大馬士革杏桃才能超越。」而這道純素蛋糕也只有大馬士革杏桃才能超越。

益處：杏桃裡的纖維具有排毒作用，鉀有助於平衡體內電解質，同時可能有助於降低膽結石和骨質疏鬆症風險，類胡蘿蔔素則能支持免疫功能。

1. 將烤箱預熱至大約180°C。

2. 將9吋的扣環式蛋糕模塗油或噴油，或將9吋的圓形蛋糕模塗油，然後鋪上圓形烘焙紙。

3. 將中筋麵粉、杏仁粉、糖、泡打粉和鹽放入大碗攪打。加入杏仁奶和蘋果醋拌勻。

4. 加入橄欖油和杏仁精，充分拌勻，大約要拌60下。（這道蛋糕沒有加蛋，需要麵粉裡的筋度撐起它的結構，所以一定要確實將麵糊拌整整60下，才能產生筋度）。將麵糊倒進蛋糕模。

5. 將切半杏桃切面朝上排放在麵糊上，烤30分鐘。

6. 烤到只剩2分鐘時，將杏桃果醬和1茶匙滾水放入小碗攪拌，備用。

7. 待麵糊定型時，將蛋糕從烤箱取出，在切半杏桃之間刷上杏桃果醬混合物。

8. 將蛋糕放回烤箱，再烤10-15分鐘，或直到稍微呈現金黃色，而且將牙籤插入蛋糕中央，拔出來後沒有沾黏麵糊。

9. 將蛋糕連同蛋糕模放在網架上放涼10分鐘。打開環扣，將蛋糕脫模，放到網架上放涼，大約需要30分鐘。

分量：8人份

椰子油或噴霧油（用於塗抹）

1杯中筋麵粉

½杯杏仁粉

½杯糖

1½茶匙泡打粉

½茶匙鹽

¾杯無糖原味杏仁奶

1茶匙未經巴氏滅菌的蘋果醋（我喜歡用Bragg 品牌）

½杯橄欖油

½茶匙純杏仁精

1罐濃厚糖漬切半杏桃（大約425克，我喜歡台爾蒙〔Del Monte〕品牌），瀝掉湯汁

1大匙杏桃果醬

1茶匙熱水

維根

256

Ai B IB

瓦倫西亞橄欖油柳橙蛋糕
Valencia Olive Oil Cake with Oranges

　　我特地設計這道食譜歌頌西班牙所盛產的橄欖油和柳橙，它們讓這款蛋糕變得濃密濕潤，讓你一吃就停不下手。

益處：橄欖油裡的油酸具有抗發炎作用，Omega-3脂肪酸有助於肌膚保持彈性水潤，膽鹼可能有助於降低膽固醇。柳橙提供維生素C，以及增強免疫力的槲皮素和類胡蘿蔔素。

分量：1個9吋蛋糕

1¼杯中筋麵粉

½茶匙泡打粉

½茶匙小蘇打粉

¾杯特級初榨橄欖油

¼杯柳橙汁

3大顆室溫蛋

¾杯糖

1茶匙柳橙皮屑

¼杯果乾（櫻桃、杏桃、李子果乾）或杏仁條

糖粉，適量，裝飾用（可略）

柳橙薄片，裝飾用

1. 將烤箱預熱至大約180℃。

2. 將麵粉、泡打粉和小蘇打粉放入大碗混勻，備用。

3. 將橄欖油和柳橙汁倒入附有蓋子的罐子，旋緊蓋子，搖晃均勻，備用。

4. 將蛋、糖和柳橙皮屑放入另一個碗，攪打幾分鐘，或直到混合物顏色變淡。

5. 將⅓麵粉混合物倒入蛋液混合物中攪打均勻，然後一邊攪打，一邊倒入⅓橄欖油混合物。重複這個過程2次，但小心不要過度攪拌。攪打過程中記得刮一下沉積在碗底的材料。

6. 將麵糊倒入塗過油、鋪上烘焙紙的9吋圓形蛋糕模，然後將蛋糕模放在流理臺上敲2下，敲出麵糊裡的氣泡。將果乾或杏仁條均勻撒在麵糊上。

7. 烤25-30分鐘，或直到將牙籤插入蛋糕中央，拔出來後沒有沾黏麵糊。

8. 將蛋糕從烤箱取出，放涼10分鐘，然後倒扣在置涼架上完全放涼。切蛋糕前先撒上糖粉（如有使用）。

9. 將蛋糕盛盤，上面擺上柳橙片。

非洲刺槐豆蛋糕
African Dawadawa Cake

刺槐豆粉是由非洲刺槐豆樹的種子發酵而成的調味品，氣味特殊，用於海鮮料理非常美味。不過除了海鮮，刺槐豆粉也可以增添其他類型料理的風味，例如加在巧克力蛋糕時，能為蛋糕帶來不可思議的鮮美深度。刺槐豆粉可以在亞馬遜網站買到。你可以用大蕉或味道更甜的香蕉製作這道蛋糕。乾香蕉片能為蛋糕口感增加脆度。

益處：由於刺槐豆粉經過發酵，因此有助於促進腸道健康，同時可能有助於支持免疫系統。

1. 將烤箱預熱至大約180℃。

2. 將20x20公分的方型烤模或長型烤模塗上，噴上薄薄一層奶油或椰子油。

3. 將糖和1份大蕉泥放入大碗，攪打均均。

4. 加入奶油、蛋和香草精，攪打均勻。

5. 加入麵粉、可可粉、小蘇打粉、刺槐豆粉和鹽，混合均勻。

6. 將剩下的大蕉泥拌入麵糊中。

7. 用刮刀將麵糊刮進烤模。

8. 將香蕉碎片均勻撒到麵糊上。

9. 烤20-25分鐘，或直到將牙籤插入蛋糕中央，拔出來後沒有沾黏麵糊即可。

分量：6-8人份

奶油、椰子油或噴霧油，用於塗抹

2/3杯糖或椰糖

2根熟透的大蕉或香蕉，搗泥，分次使用

6大匙奶油，融化、放涼

1大顆蛋

1茶匙純香草精

1杯中筋麵粉

1/4杯可可粉

1茶匙小蘇打粉

1/2大匙非洲刺槐豆粉

1/4茶匙鹽

1/4杯香蕉片，切碎

印度香料奶茶李子麵包
Indian Chai Tea & Plum Bread

Ai　Ao　Dx

香料奶茶是印度家家戶戶必備的飲料。一杯典型的香料奶茶包括富含抗氧化劑的紅茶、薑、小豆蔻、肉桂、黑胡椒、丁香和糖，用水煮開之後加入全脂牛奶。為了讓這道茶香麵包更美味，我使用了香料奶茶茶包和額外的香料。除了李子乾，你也可以用杏桃乾、芒果乾甚至鳳梨乾等任何果乾來代替，只是記得要將果乾切成小塊，然後拌入一些麵粉，避免全部沉到麵包底部。

益處：肉桂含有抗氧化和抗發炎特性。薑和小豆蔻有助於消化，並增強免疫系統。部分研究顯示香料奶茶裡的黑胡椒，可能有助於提升新陳代謝和消化。李子乾富含具有排毒作用的纖維。

1. 將烤箱預熱至大約190℃。

2. 以高溫將牛奶微波加熱約2分鐘，或直到牛奶很熱但未滾燙的程度。放入茶包，浸泡15分鐘，然後取出茶包丟掉。

3. 將大約22x12公分的長型烤模塗上或噴上食用油，鋪上烘焙紙，烤模每邊多留大約5公分長的烘焙紙。

4. 將茶、牛奶、蛋、椰糖和椰子油放入大碗攪打。

5. 加入麵粉、泡打粉、肉桂粉、小豆蔻粉、薑粉、鹽和全香子粉，攪拌均勻。

6. 加入¾杯李子乾，攪拌均勻，大約只要攪拌2-3下。

7. 將麵糊舀入長型烤模，將剩下的李子乾撒到麵糊上，再撒上原蔗糖。

8. 烤約1小時10分鐘，或直到將牙籤插入蛋糕中央，拔出來後沒有沾黏麵糊。

9. 將麵包連同烤模放到網架上放涼10分鐘。用手抓握剛才多留的烘焙紙，將麵包從烤模中取出。丟掉烘焙紙，將麵包留在網架上約1小時，或直到完全放涼。

分量：4人份

1杯全脂牛奶

2個印度香料茶包

食用油或噴霧油，用於塗抹

2大顆蛋

1杯椰糖

½杯融化的椰子油

2杯中筋麵粉

2茶匙泡打粉

1茶匙肉桂粉

½茶匙小豆蔻粉

½茶匙薑粉

½茶匙猶太鹽

¼茶匙全香子粉

1杯乾李子（李子乾），切末，分次使用

1大匙原蔗糖（ turbinado sugar ）[31]

31. 原蔗糖是一種加工程度較低、顆粒較粗的糖，因含有糖蜜，因此呈現天然的金黃色。——譯者註

瑞典巧克力豆蛋糕 Swedish Chocolate Chip Cake `DP`

　　我的朋友芭芭拉從她的瑞典籍祖母那裡學到這道食譜。這款簡單的蛋糕不能攪拌過頭，否則口感就不柔軟綿密了。黑巧克力豆跟濃郁的麵糊形成美妙的對比，如果你喜歡，也可以用角豆碎片代替巧克力豆。我事先將巧克力豆裹上一些麵粉，避免沉到蛋糕底部。只要稍微調整食材，就能輕鬆地將這款蛋糕做成無麩質、無糖，或無麩質又無糖的蛋糕。

益處：黑巧克力含有兒茶素，有助於抑制和對抗癌細胞、降低膽固醇，同時可能有助於降低心臟疾病和心臟病發的風險。除此之外，兒茶素甚至有助於預防蛀牙。

1. 將烤箱預熱至大約 180°C。

2. 將麵粉、糖和奶油放入中型攪拌碗，用奶油切刀或打蛋器混合到麵糊呈現小豌豆一樣的顆粒狀。

3. 拌入事先混入小蘇打粉的白脫牛奶和肉桂粉，攪拌到剛好混合即可。

4. 加入蛋並稍微攪拌。

5. 將一半的麵糊倒入大約 33 x 22 公分的烤模，最好使用金屬烤模。將巧克力豆均勻撒在麵糊上，然後倒入剩下的麵糊。

6. 烤 30-45 分鐘，或直到蛋糕呈現金黃色。蛋糕的質地會界於布朗迪（blondie）[33] 和咖啡蛋糕之間。

7. 放涼之後切成方塊。

（如果使用無麩質麵粉，則是無麩質料理）・（如果使用羅漢果糖，則是無糖料理）

分量：8-10 人份

2 杯中筋麵粉或無麩質麵粉（我喜歡 Cup4Cup 品牌）

2 杯紅糖或羅漢果糖（我使用 Lakanto 品牌羅漢果黃金紅糖）

¾ 杯軟化奶油

1 杯白脫牛奶，混入 1 茶匙小蘇打粉

少許肉桂粉

1 顆蛋

1½-2 杯黑巧克力豆或角豆碎片（carob chips）[32]，稍微裹上麵粉

---

32. 角豆碎片是由角豆樹果實製成形狀類似巧克力豆的食品，帶有天然甜味，卻沒有巧克力的苦味，可以當作巧克力豆的替代品。——譯者註

33. 布朗迪是類似布朗尼的方塊蛋糕，但麵糊裡並不含可可粉，而是以香草取代可可粉，此外也沒有添加巧克力，因此顏色呈現金黃色。——譯者註

黎巴嫩早安核桃蛋糕
Lebanese Morning Walnut Cake

　　我的黎巴嫩朋友會做這款比較不甜的蛋糕當作早上的甜點。我很喜歡它的核桃風味。

益處： 核桃裡的 Omega-3 脂肪酸有助於心臟健康，纖維有助於腸道健康，蛋白質可以支持健康的肌肉量，β-穀固醇可能有助於降低膽固醇。

1. 將烤箱預熱至大約180°C。

2. 將麵粉和泡打粉放入大碗，攪拌均勻。

3. 加入蛋、糖、核桃油和香草精，用手提式攪拌機以中速攪拌約3分鐘，或直到攪拌均勻。麵糊會很濃稠。

4. 加入碎核桃，再攪拌3分鐘，或直到攪拌均勻。

5. 將麵糊倒入塗上奶油和麵粉的空心菊花模。

6. 烤30-35分鐘，或直到將牙籤插入蛋糕中央，拔出來後沒有沾黏麵糊。

7. 立刻將蛋糕脫模，放到置涼架上放涼，然後撒上糖粉。

分量：6-8人份

2杯中筋麵粉

2茶匙泡打粉

4顆蛋

1½杯糖

1杯核桃油

1茶匙純香草精

1杯碎核桃

少許奶油和麵粉，用於塗抹

糖粉，裝飾用

餅乾 & 點心棒
cookies & bars

希臘蜂蜜餅乾 Greek Honey Cookies `Dx` `IB` `M`

這款香料餅乾是希臘聖誕節的經典代表。它的製作簡單，完美呈現柳橙和肉桂的風味，然後再浸入甜甜的柑橘糖漿。這種餅乾通常是用碎核桃作裝飾，但我選擇碎開心果，利用它的綠色增添節日的喜慶感。請將這些餅乾密封常溫保存。

益處：柳橙裡的類胡蘿蔔素可以支持免疫功能，膽鹼可以促進大腦健康，槲皮素有助於減少發炎，維生素 C 具有抗氧化作用。肉桂中的香豆素（coumarin）是天然抗凝血劑，丁香酚則是一種排毒劑。

1. 將烤箱預熱至大約 180℃。
2. 將麵粉、泡打粉、小蘇打粉和鹽過篩，放入大碗，備用。
3. 將柳橙皮屑和糖放入另一個碗抓拌，搓揉皮屑，使其釋出油脂。
4. 將橄欖油和植物油倒入柳橙皮屑糖中，用抬頭式或手持式電動攪拌機攪拌均勻。加入柳橙汁和香草精混合均勻。
5. 一次一杯將麵粉慢慢加入上個步驟的混合物中攪拌，直到混合均勻。做好的麵團不應太過鬆散，但也不能太硬，應該扎實、濕潤卻不黏手。
6. **製作餅乾**：捏一塊核桃大小的麵團，放在手掌中搓成光滑的小顆蛋形，然後放入未塗油或鋪上烘焙紙的烘焙烤盤。繼續搓餅乾麵團，然後放入烤盤，每個麵團間隔大約 5 公分，直到烤盤放滿為止。
7. 用大叉子的尖端在每個麵團中央交叉壓出格子圖案，壓好的麵團看起來像有點扁的橢圓形，然後放入烤箱。
8. 烤 25-30 分鐘，或直到餅乾略呈褐色。
9. **製作糖漿**：在烤餅乾的同時，將蜂蜜、砂糖、水、肉桂棒、丁香和檸檬皮放入醬汁鍋混勻、煮沸。將火轉小，不蓋蓋子，慢火煮 10-15 分鐘。拿掉肉桂棒、丁香和檸檬皮，拌入檸檬汁，備用。
10. **最後收尾**：趁餅乾仍溫熱時，小心地將餅乾浸入糖漿，讓兩面都吸收糖漿。用叉子或小刮刀將餅乾從糖漿中取出、盛盤。將碎開心果輕輕壓在餅乾上，然後撒上肉桂粉。

分量：大約 60 塊餅乾

餅乾麵團

6½ 杯中筋麵粉
2 茶匙泡打粉
1 茶匙小蘇打粉
少許鹽
1 茶匙柳橙皮屑
¾ 杯糖
1 杯橄欖油
1 杯植物油
¾ 杯新鮮柳橙汁
1 茶匙純香草精

糖漿

½ 杯蜂蜜
½ 杯砂糖
¾ 杯水
1 根肉桂棒
5 粒丁香
2.5-5 公分長的檸檬皮
1 茶匙新鮮檸檬汁

裝飾

¾ 杯粗磨開心果
肉桂粉

美國巧克力豆香料餅乾
American Chocolate Chip Spice Cookies

　　這款餅乾用了許多健康的材料,例如核桃、傳統滾壓燕麥、全麥麵粉和蘋果醬,在減少熱量的同時也能將營養最大化。雖然沒有用到奶油、白糖或紅糖,卻保有傳統風味和質地。

益處:燕麥具有抗發炎、抗氧化、抗發癢和抗刺激特性。燕麥裡的纖維和 Omega-3 脂肪酸有助於降低膽固醇。肉桂裡的肉桂醛是強大的抗氧化劑,香豆素則是天然抗凝血劑。

1. 將烤箱預熱至大約 180°C。

2. 將燕麥、低筋麵粉、中筋麵粉、肉桂粉、海鹽和小蘇打粉放入大碗混勻。

3. 將蛋、椰子油、蘋果醬、楓糖漿和香草精放入另一個碗混勻。

4. 將濕料混合物倒入乾料混合物,攪拌均勻,然後拌入碎核桃和巧克力豆。

5. 用湯匙將麵團一球球地舀入未塗油的烘焙烤盤上,每球麵團之間大約間隔5公分。烤12-14分鐘,或直到餅乾呈現金黃色。

分量:24塊餅乾

1杯傳統滾壓燕麥(不是即食或鋼切燕麥)

1杯全麥低筋麵粉

1杯中筋麵粉

1茶匙肉桂粉

½茶匙海鹽

1茶匙小蘇打粉

1顆全蛋

2大匙椰子油

⅓杯無糖蘋果醬

½杯楓糖漿

2茶匙純香草精

1杯碎核桃

1杯半甜巧克力豆

摩洛哥一口布朗尼
Moroccan Brownie Bites

你應該很難相信這款一口布朗尼竟然不用烘烤，而且是以水果為基底的純素甜點！這道食譜將來自摩洛哥的帝王椰棗跟核桃和可可粉融合在一起，創造出濃郁的巧克力甜點，非常適合在特殊場合、派對或假期享用。如果你不喜歡椰子，可以滾上各種堅果或其他配料——它的可能性沒有極限。

益處：椰棗裡的纖維可以降低血液裡的膽固醇，鉀除了有助於調節血壓，也是重要的電解質。核桃含有纖維、蛋白質、Omega-3脂肪酸，以及支持健康大腦功能的維生素 E。可可富含兒茶素，有助於抑制並對抗癌細胞。

分量：24顆2.5公分布朗尼球

2杯帝王椰棗，去核

2杯生核桃片

3/4杯純可可粉

1/4茶匙海鹽

1-3大匙水，依需要使用

1杯無糖椰子片

1. 將椰棗、核桃、可可粉和鹽放入食物處理機，打到變成帶有顆粒的濕潤麵團。

2. 一次加入1大匙水，直到麵團可以輕易地黏在一起，如有需要，刮下黏在容器內側的麵團。

3. 將麵團搓成一顆顆大約2.5公分的小球。

4. 將椰子片放入淺碗，將小球放入碗中搖滾，直到小球完全裹上椰子片。

5. 冷藏30-60分鐘。趁著冰涼或降到常溫之後上桌。

無麩質・無糖，但椰棗含有大量果糖・維根

摩洛哥燕麥椰棗餅乾
Moroccan Oatmeal-Date Cookies

我很喜歡經典美式燕麥餅乾，而椰棗和小豆蔻等摩洛哥風味的食材，則讓餅乾更加豐富健康。椰棗為這款甜點提供天然的甜味，因此奶油和糖的用量比一般食譜更少。除了中筋麵粉，這道食譜也使用了全麥麵粉，在保持鬆軟口感之餘更添纖維和營養。想要深入了解如何使用羅漢果糖代替一般砂糖，請見第270頁中式羅漢果香料餅乾。

益處：椰棗富含具有排毒作用的纖維，此外椰棗裡的維生素 B 群可以建構血球，鉀可以強健骨骼，鐵可以促進紅血球健康。在餅乾中加入燕麥可以增加纖維含量。小豆蔻含有桉葉油醇，這種抗發炎物質可以分解黏液，支持肺和消化系統健康。

1. 將烤箱預熱至大約 180℃。

2. 將低筋麵粉、中筋麵粉、小蘇打粉、鹽和小豆蔻粉放入中碗混勻。

3. 將奶油、紅糖、砂糖、蛋和香草精放入另一個碗混勻。

4. 將濕料倒入乾料中，用湯匙拌勻，然後拌入燕麥和椰棗，直到充分混合。

5. 用大湯匙將餅乾麵團塑成圓形，舀入未塗油的烘焙烤盤，每個麵團之間大約間隔 5 公分。

6. 烤 8-10 分鐘，或直到餅乾呈現金黃色。將餅乾放到置涼架上放涼。

（如果使用羅漢果糖，則是無糖料理，不過椰棗含有大量果糖）

分量：30 塊餅乾

½杯全麥低筋麵粉

¾杯未漂白中筋麵粉

1茶匙小蘇打粉

½茶匙鹽

¼茶匙小豆蔻粉

½杯軟化無鹽奶油

1杯紅糖（壓實入杯）或羅漢果糖（我用的是 Lakanto 品牌羅漢果黃金紅糖）

¼杯砂糖或羅漢果糖（我用的是 Lakanto 品牌經典白糖）

2大顆蛋

1茶匙純香草精

3杯傳統滾壓燕麥

1½杯帝王椰棗，去核、切碎

自製瑞士能量棒
DIY Swiss Energy Bars

　　瑞士人在一九○○年發明了果麥（müesli）[34]，自此之後人們就用這道料理做出多種美味變化，例如把它做成穀麥棒（granola bar）[35]。其實在家也能輕鬆利用自己喜歡的食材製作穀麥棒。這道無須烘焙的能量棒有椰棗的香甜滋味，和各種堅果的酥脆口感。記得要用自己最喜歡的堅果種類來做。喜歡的話，也可以把它搓成球狀，而不是做成條狀。跟孩子一起手作也很有趣！

益處：燕麥含有 β- 葡聚糖，有助於增強免疫力，可能也有降低膽固醇的作用。燕麥也含有色氨酸，除了有助於身體產生能量，也是血清素的組成要素，能促進大腦健康並提振心情。堅果富含有益心臟健康的 Omega-3 脂肪酸。

分量：10-12 條（或 20-24 顆）

2 杯生堅果（杏仁、胡桃、核桃、榛果或綜合堅果）

¼ 茶匙海鹽

20 顆帝王椰棗，去核

¼ 杯濃厚杏仁醬（無添加糖或油）

1 杯無糖椰子片

½ 杯燕麥（如有需要）

1. 將堅果和鹽放入食物處理機打成碎末，然後倒入攪拌碗中備用。

2. 將椰棗和杏仁醬放入食物處理機打成黏稠糊狀，可以做成條狀或搓成球狀的程度。

3. 將黏糊倒入裝有堅果的攪拌碗中，加入椰子片，然後用手搓揉混勻。如果混合物變得太黏，一次加入 ¼ 杯燕麥，直到混合物變得比較扎實、可以塑形的程度。

4. 將大約 22 公分的方型烘焙烤盤鋪上烘焙紙，將混合物均勻壓入烤盤中。上面蓋上蠟紙，冷藏 1 小時，然後切成條狀或搓成球狀。密封冷藏，用蠟紙隔開以免黏在一起。

無麩質・無糖，但椰棗含有大量果糖・維根

---

34. 瑞士果麥又稱木斯里或什錦早餐，主要成分是燕麥片、堅果、種籽、果乾或新鮮水果，傳統上會加入牛奶浸泡過夜，隔天早上當成冷食早餐。──譯者註

35. 穀麥起源於美國，主要成分是燕麥片、堅果、種籽和蜂蜜或甜味劑，通常會經過烘烤，以散狀或製成條狀食用。作者則將這道食譜設計成無需烘焙的點心。──譯者註

加州柿子餅乾 California Persimmon Cookies

這道食譜來自「食養」®團隊的朋友麗莎。這是她祖母的食譜，也是全家人最愛的甜點。她使用風光明媚的加州所種植的柿子。柿子是在一八〇〇年代由亞洲引進加州，現在許多加州郊區的住家後院都有種植。這道食譜最適合使用富有柿，因為它比八角柿更軟。一定要用熟透的柿子，這樣才夠軟，也沒有澀味。

益處：柿子含有類胡蘿蔔素，可能有助於抑制癌症和腫瘤生長、降低心臟病風險，並支持免疫功能。葡萄乾中的白藜蘆醇有助於保護心臟、對抗癌細胞，甚至可能改善大腦的血流量。

1. 將烤箱預熱至大約180°C。

2. 將麵粉和所有香料過篩，放入大碗，備用。

3. 將起酥油或奶油和糖放入另一個碗拌勻。

4. 將蛋、柿子果泥和小蘇打粉放入中碗攪打，然後倒入奶油混合物中混勻。

5. 加入麵粉和香料混合物，攪拌到剛好混勻，然後拌入葡萄乾和堅果。

6. 用湯匙將麵團一球球地舀入未塗油或鋪上烘焙紙的烘焙烤盤，每球麵團之間大約間隔5公分。

7. 烤8-10分鐘。放到網架上完全放涼。

8. 上面抹上我的橙香奶油乳酪糖霜。

（如果使用無麩質麵粉，則是無麩質料理）

分量：12人份

2杯中筋麵粉或無麩質麵粉（我喜歡 Cup4Cup 品牌）

¼茶匙鹽

½茶匙肉桂粉

½茶匙肉豆蔻粉

½大匙丁香粉

½杯植物起酥油或奶油

1杯糖

1顆蛋，打散

1杯柿子果泥

1茶匙小蘇打粉

1杯葡萄乾

1杯核桃或胡桃

1份橙香奶油乳酪糖霜（可略）

橙香奶油乳酪糖霜 Orange-Cream Cheese Frosting

1. 將奶油乳酪、奶油、柳橙皮屑和柳橙汁，放入電動攪拌機或食物處理機，打到綿密。加入糖粉，再打幾分鐘，或直到均勻混合、質地滑順。

2. 將每塊餅乾抹上大約1½茶匙糖霜，然後撒上碎堅果。

分量：大約1杯

大約85克軟化奶油乳酪

2大匙軟化奶油

1茶匙柳橙皮屑

1大匙柳橙汁

½杯糖粉

¾杯碎核桃或碎胡桃

聖特羅佩迷迭香蘋果棒 Saint-Tropez Rosemary-Apple Bars

迷迭香原生於法國南部聖特羅佩和坎城等地附近的沿海山坡地帶。這款美味鬆脆的點心棒融合了迷迭香、檸檬和蘋果等食材，其南法風味會讓客人大為驚豔。記得要用富士蘋果或澳洲青蘋，這類酸脆品種的蘋果。

益處： 蘋果含有槲皮素，有助於支持免疫系統、降低可能導致癌症的炎症，同時可能減少過敏症狀。迷迭香含有桉葉油醇，有助於分解黏液，支持肺部和消化系統健康。

分量：12塊方塊

椰子油或噴霧油，用於塗抹

2杯傳統滾壓燕麥（不是即食或鋼切燕麥）

¼杯全麥麵粉

1大匙新鮮檸檬皮屑

½茶匙海鹽

5大匙杏仁醬

½杯楓糖漿，分次使用

1茶匙純香草精

1顆酸脆蘋果（富士蘋果或澳洲青蘋），連皮一起磨碎

2大匙新鮮檸檬汁

1大匙新鮮迷迭香葉，切成細末

1. 將烤箱預熱到大約220℃。

2. 將20×20公分的玻璃烤皿塗上或噴上一層薄薄的油。

3. 將燕麥、麵粉、檸檬皮屑和鹽放入碗中混合。

4. 用手指將杏仁醬揉進燕麥混合物中，直到充分混合但仍帶顆粒的程度。

5. 加入¼杯楓糖漿和香草精，用木匙拌到楓糖漿均勻混合。

6. 將蘋果、檸檬汁、剩下的楓糖漿和迷迭香，放入另一個攪拌碗，翻拌均勻。

7. 將一半的燕麥混合物壓入烤皿中，將蘋果混合物均勻鋪在燕麥上，再將剩下的燕麥混合物壓在蘋果混合物上。

8. 烤18-20分鐘，或直到混合物呈現金黃色。完全放涼之後切成方塊。

無糖，不過楓糖漿和蘋果含有大量果糖‧維根

中式羅漢果香料餅乾
Chinese Monk Fruit Spice Cookies

羅漢果是來自中國的水果，加工成甜味劑後，味道比糖更甜。這種爬藤水果最早是在大約八百年前由佛教僧侶栽種，因而稱為羅漢果。將這種青綠圓潤果實的汁液乾燥製成粉末，其甜度比一般食用糖甜一百至二百倍。羅漢果糖在高溫下仍很穩定，因此可以用來烘焙。我建議買混合赤藻糖醇的羅漢果糖，這樣就能按照1:1的比例來取代白糖。Lakanto 品牌，就有推出羅漢果經典白糖和羅漢果黃金紅糖。經典白糖取代一般白糖，黃金紅糖取代一般紅糖，在沃爾瑪、健康食品店或亞馬遜上都能買到。

益處： 羅漢果汁含有稱為羅漢果苷（mogrosides）的抗氧化劑。這種果汁沒有熱量，不含碳水化合物或脂肪，不會讓血糖升高，因此適合糖尿病患者。

1. 將麵粉、杏仁粉、椰子粉、鹽、小蘇打粉、泡打粉和所有香料，放入中碗拌勻。

2. 將燕麥、果乾和黑巧克力豆（如有使用）放入大碗混勻。

3. 用抬頭式攪拌機或手將奶油和糖攪打直到滑順。一次加入1顆蛋，每次都要充分拌勻。加入水和香草精，充分拌勻。

4. 將麵粉混合物分3-4次加入奶油和糖的混合物中混勻，每加一次都要刮一下碗的內側。加入燕麥混合物，充分拌勻。

5. 用小的挖冰勺或湯匙，將麵團塑成一顆顆的麵球。蓋好麵球，冷藏過夜，讓燕麥吸收其他食材的味道。

6. 準備烘烤時，將烤箱預熱至大約180℃。

7. **製作香草香料糖（如有使用）：** 將所有食材放入附有蓋子的罐子，均勻搖晃，然後將每顆麵球滾上香草香料糖。

8. 將麵球放到未塗油的烘焙烤盤，每個麵球之間大約間隔5公分。

9. 烤9-12分鐘，或直到餅乾邊緣呈現金黃色並定型、但中央仍柔軟的程度。將餅乾放到置涼架上。如要存放，一定要把餅乾完全放涼。

（如果使用無麩質麵粉，則是無麩質料理）·（如果使用羅漢果糖，同時未用香料糖，則是無糖料理）

分量：12塊餅乾

2杯中筋麵粉或無麩質麵粉（我喜歡 Cup4Cup 品牌）

½杯杏仁粉

½杯椰子粉

½茶匙鹽

½茶匙小蘇打粉

1茶匙泡打粉

1茶匙肉桂粉

½茶匙薑粉

¼茶匙全香子粉

2½杯傳統滾壓燕麥（不是即食或鋼切燕麥）

2杯黃金葡萄乾（或黃金葡萄乾、蔓越莓乾、櫻桃乾和無糖椰子絲各½杯）

½杯黑巧克力豆（可略）

1杯奶油，另備2大匙

2杯羅漢果糖或紅糖

2大顆蛋

2大匙水

1大匙純香草精

香草香料糖（可略）

½杯糖

1大匙肉桂粉

½大匙薑粉

½大匙南瓜派香料

1茶匙香草粉

黎巴嫩椰棗手指餅乾 Lebanese Date Fingers

 DP GH

我的朋友莫娜和莎拉是一對母女檔,她們為家族的外燴事業烘焙這道美味的椰棗手指餅乾。我第一次品嚐時,就決定我的下一部食譜書一定要放這道食譜。椰棗泥(有時也稱烘焙用椰棗)可以在中東市場和網路上買到。

益處:椰棗是膳食纖維的優質來源,有益腸道健康。椰棗裡的鉀有助於降低中風、骨質疏鬆症和腎結石的風險,鎂則有助於調節血壓。

1. **製作麵團:**將麵粉和泡打粉放入大碗,充分混勻。加入剩下的麵團食材,用手搓揉,直到形成扎實的麵團。如有需要,可以多加一些麵粉。

2. **製作餡料:**將奶油、牛奶和椰棗泥放入小型不沾煎鍋,以中火拌煮約7分鐘,或直到混合物變得滑順。將混合物薄薄地鋪在烘焙烤盤上,放涼。用手指摸一下有沒有椰棗核的碎片,有的話把它挑除。

3. **製作手指餅乾:**將烤箱預熱至大約200℃。挖1大匙麵團搓成麵球。用手指或小湯匙在麵球中央壓出一個深深的凹口,填入1茶匙椰棗餡料,然後將麵團收口,將餡料包起來。將鉆板撒上一層薄薄的麵粉,放上包餡麵球,滾成像手指的圓柱形,長度大約7.5公分。重複同樣的步驟,把剩下的包餡麵球做完。

4. 將椰棗手指麵團放入烘焙烤盤,每個之間大約間隔5公分。烤12-17分鐘,或直到餅乾稍微呈現金黃色。完全放涼,撒上糖粉做裝飾(如有使用)。

分量:24-30條餅乾

麵團

3杯低筋或中筋麵粉,如有需要可以多備一些

1茶匙泡打粉

1杯無鹽奶油,融化、放涼

½杯杏仁油或核桃油

2杯原味優格

餡料

1包(大約368克)椰棗泥

1茶匙無鹽奶油

½杯牛奶

裝飾

糖粉(可略)

其他甜點
more desserts

月亮谷小精靈柑橘拿破崙派
Ojai Pixie Tangerine Napoleons

奧海鎮[36]位於洛杉磯北部,當地種植一種名為精靈柑橘（Pixies,寬皮柑的一種）的品種。這種無籽小柑橘非常適合用來製作這道甜點。這道食譜使用市售冷凍酥皮,製作起來非常簡單。此外,這裡用了椰奶製作卡士達醬,所以不含乳製品。你也可以使用藍莓或草莓取代橘子,做點小小變化。可以提前一天做好餡料冷藏過夜,才會香濃醇厚。

益處:柑橘和柳橙含有類胡蘿蔔素和維生素 C,兩者都能幫助增強免疫系統。柑橘也提供槲皮素,除了有助於支持免疫系統,也能降低可能導致癌症的炎症。

1. 將烤箱預熱至200°C。

2. 將4顆橘子榨出¼杯果汁,然後削下1大匙皮屑。

3. **製作柑橘奶餡:**將麵粉、糖和橘子汁,倒入雙層隔水加熱鍋中攪拌均勻。拌入橘子皮屑和椰奶,煮5-10分鐘,或直到混合物變稠,過程中偶爾攪拌。離火,拌入利口酒。如果混合物變得太稀,繼續煮到濃稠。將餡料放在流理臺上放涼,然後冷藏至少幾個小時或過夜。

4. **製作酥皮:**將酥皮橫向切成3段,再將每段切成3片,總共得到9片。用叉子在每片酥皮上戳洞,避免烘烤過程中變得太膨。將每片酥皮間隔大約2.5公分,放入鋪了烘焙紙的烘焙烤盤。烤12-15分鐘,或直到酥皮呈現金黃色、膨起高度大約5-7公分。將酥皮從烤箱取出,放在置涼架上完全放涼。

5. **組合拿破崙派:**將每片酥皮橫向切成2片。將其中一片酥皮上塗一點柑橘奶餡,再將另一片酥皮蓋上來。將剩下的餡料平均分配,塗在每塊組合好的酥皮頂端。

6. 將剩下的橘子小心剝去外皮。用一把利刀將每瓣橘子輕輕切成4片,去除所有的籽。將每塊拿破崙派裝飾上幾片橘子片。

7. 立刻上桌,或先冷藏,待要食用時再取出。

（如果使用羅漢果糖,則是無糖料理,但橘子含有大量果糖）

分量:9個拿破崙派

8顆橘子（4顆用於榨汁和削皮屑）

3大匙中筋麵粉

¼杯羅漢果糖（我用 Lakanto 黃金紅糖或經典白糖）或椰糖

1杯椰奶

1大匙柳橙利口酒

1張冷凍酥皮,解凍

---

36. 奧海（Ojai）在印第安語中的意思為月亮谷。——譯者註

藍區瑞波焦糖布丁 Blue Zone Ripple Flan

瑞波植物奶，是用豌豆蛋白所製作的植物奶，不含乳製品和堅果，在加州非常普遍，尤其是長壽藍區羅馬琳達，在部分商店和網路上都買得到。只要加點巧思，就能用它製作這道非乳製品焦糖布丁。我用深色龍舌蘭糖取代焦糖，讓這道甜點少一點加工成分，並多一分天然。

益處：瑞波植物奶的糖分是牛奶的一半，但因為它經過營養強化，所以鈣質更多。它也含有促進肌肉和骨骼健康的蛋白質，以及有助於心臟健康的 Omega-3 脂肪酸。

1. 將烤箱預熱至180℃。

2. 將龍舌蘭糖漿倒入鍋裡，以小火慢煮，直到收汁到只剩一半。將糖漿倒入2個布丁模，或1個大約10x15公分的耐熱玻璃烤皿，備用。

3. 將全蛋、蛋黃、植物奶和糖放入中等大小的碗中打勻。

4. 用細網篩將蛋液過篩到布丁模或烤皿中，撒上萊姆皮屑，然後將布丁模或烤皿放入一個深烤盤。

5. 將水倒入深烤盤內，直到水淹到布丁模或烤皿側面一半高之處。將深烤盤放入烤箱，烤40分鐘，或直到布丁定型。

6. 用刀子沿著布丁模或烤皿內側劃一圈，讓布丁脫模，然後倒扣到盤中。可以趁熱或冰過之後上桌，喜歡的話可以放上新鮮莓果。

無麩質・（如果使用羅漢果糖，則是無糖料理，不過龍舌龍糖漿會讓血糖升高）

分量：4-6 人份

⅓杯深色龍舌蘭糖漿

2顆全蛋

6顆蛋黃

2杯瑞波品牌（Ripple）無糖原味植物奶

½杯椰糖或羅漢果糖（我用 Lakanto 品牌）

2茶匙萊姆皮屑

B Dx

中式珊瑚草凍
Chinese Coral Grass Gello

珊瑚草（麒麟菜屬）是生長在海裡珊瑚礁周圍的海藻。它跟洋菜或鹿角菜膠一樣，煮過之後會呈現膠狀。皺葉角叉菜（Irish sea moss）也跟珊瑚草很像，如果買不到珊瑚草，可以用皺葉角叉菜代替。珊瑚草（有時也稱海燕窩）可以在亞洲市場或網路上買到。中國人會把珊瑚草跟水果一起煮成果凍狀的甜點。我則喜歡把做好的珊瑚草凍切塊，跟碎冰、龍舌蘭糖漿和椰奶或椰漿一起放入小碗食用，單吃也很好吃。

益處： 珊瑚草含有碘、鐵、鈣，以及膠原蛋白的建構元素，有助於維持肌膚健康。珊瑚草也提供具有排毒作用的纖維，而且熱量很低。煮過珊瑚草留下的汁液，可以用於局部肌膚美容護理。

分量：4-6人份

2杯珊瑚草（又稱海燕窩）

可以蓋過珊瑚草的水量，用於浸泡

3大匙龍舌蘭糖漿

1杯椰奶或椰漿

¼杯新鮮藍莓

¼杯新鮮草莓，切碎

1. 將珊瑚草放在濾盆裡，以自來水沖洗去沙，然後放進大鍋，加入冷水蓋過珊瑚草。（你可以用剪刀剪短珊瑚草的枝，方便放進鍋子，煮的時候也比較快溶解。）

2. 將珊瑚草放在流理臺上浸泡約2小時。

3. 瀝水，更換新的冷水蓋過珊瑚草，然後放進冰箱浸泡至少4小時或過夜。

4. 準備要煮時，瀝水，更換新的水蓋過珊瑚草。不蓋蓋子，以小火煮約1小時。

5. 加入龍舌蘭糖漿、椰奶和新鮮水果。用力攪到珊瑚草枝溶解。倒入大碗或果凍模，冷藏至少2小時或過夜，使其凝固。

無麩質・維根

Dx IB

菲律賓木薯椰子甜點
Filipino Cassava-Coconut Delight

　　我小時候在菲律賓時，媽媽都會做這道簡單又健康的甜點給我們吃。它有天然的甜味和堅果風味，可以減少甜味劑的用量。想要了解更多木薯（又稱尤卡）的資訊，請見我的哥斯大黎加木薯條食譜（第236頁）。想要深入了解如何使用羅漢果糖，請見中式羅漢果香料餅乾食譜（第270頁）。我比較喜歡用嫩椰肉來做這道食譜，但如果你買不到，也可以用一般椰子。

　　安全警示：烹調木薯前一定要把外皮削乾淨。絕對不能生吃。木薯外皮含有氰化物，在特定濃度下會有毒性。

益處：木薯含有增強免疫力的維生素C。椰子有助於快速補充能量，同時含有膳食纖維，可以幫助身體自然排毒，並在消化時減緩葡萄糖釋放。

1. 將木薯片放入蒸鍋或裝有少量水的鍋中，蒸20分鐘左右，或直到變軟。如果使用冷凍木薯，請先解凍。

2. 將木薯片放入淺盤中排好，淋上奶油。

3. 將糖和肉桂粉（如有使用）混勻，撒在木薯片上。

4. 放上椰絲，趁熱或放到常溫後上桌。

無麩質・（如果使用羅漢果糖，則是無糖料理）

分量：大約4人份

大約453克新鮮或冷凍木薯，切成大約0.6公分厚的片狀

¼杯融化奶油

¼杯糖或羅漢果糖（我用的是 Lakanto 品牌）

¼茶匙肉桂粉（可略）

1杯無糖的新鮮椰絲、乾燥椰絲或嫩椰肉

日式地瓜球
Japanese Sweet Potato Balls

 DP　Dx　GH

這道食譜來自長壽藍區沖繩縣，這座日本熱帶島嶼上的居民因為飲食、生活方式和社會結構等因素，活得格外長壽健康。沖繩曾以各種顏色的地瓜為主食，像是白地瓜、紅地瓜和紫地瓜。如果找不到多種顏色的地瓜，用任何一種顏色的地瓜都行。

益處： 地瓜富含多種營養素，是促進排毒的纖維、維生素 A、維生素 B₆、維生素 C、錳和鉀的優質來源。地瓜也含有大量的 β 胡蘿蔔素，有助於眼睛健康和支持免疫系統。地瓜裡的纖維和抗氧化劑可以促進腸道健康，可能也能幫助對抗癌細胞。

分量：3-4人份

3條中型白地瓜、紫地瓜和／或紅地瓜，去皮、切成大約2.5公分的小塊

1大匙紅糖或羅漢果糖（我喜歡用 Lakanto 黃金紅糖）

½杯芝麻或碎杏仁

2茶匙肉桂粉

1. 將地瓜煮軟或蒸軟。

2. 將每個顏色的地瓜分開倒入大碗，跟糖一起搗成泥。

3. 將地瓜泥完全放涼，用手將不同顏色的地瓜泥分開搓成大約2.5公分的地瓜球。

4. 將芝麻或碎杏仁平均鋪在烘焙烤盤或乾淨桌面上。將地瓜球放在上面滾，以均勻裹上芝麻或碎杏仁。

5. 撒上肉桂粉。

無麩質・（如果使用羅漢果糖，則是無糖料理，不過地瓜含有大量果糖）・維根

Ao

摩洛哥米布丁
Moroccan Rice Pudding

這道布丁需要花點時間來製作，不過做出來非常好吃。傳統作法不會加小豆蔻，但我還是加了一些來增加它的抗氧化價值。這道布丁可以趁熱吃，或放到常溫甚至冰過再吃。橙花水是中東和摩洛哥甜點中的常見食材，你可以在中東市場買到。不要把橙花水加進布丁，把它放在餐桌上讓客人自行取用。

益處： 肉桂含有強大的抗氧化劑肉桂醛。小豆蔻具有抗氧化、抗微生物和抗病毒特性。

1. **製作杏仁奶：** 將一半的杏仁放入食物處理機，加入½杯燙水，打成液體狀。將杏仁汁倒入篩網用力擠壓，過篩到大型醬汁鍋裡。將篩網裡的杏仁泥放回食物處理機，加入剩下的杏仁和燙水，打成液體狀，再次倒入篩網，擠壓過篩到醬汁鍋裡。將杏仁渣倒掉。

2. 在醬汁鍋裡加入2杯水，煮滾。

3. 倒入米、糖粉、小豆蔻和肉桂棒，攪拌均勻。加入一半的奶油、鹽、杏仁精和大約1公升牛奶，攪拌均勻，然後再次煮滾。

4. 將火轉成小火，蓋上蓋子，燜煮30分鐘。如有需要，可以再加一點牛奶。

5. 打開蓋子，繼續小火慢煮約15分鐘，過程中持續攪拌。再加一點牛奶，隨時攪拌，直到米變得絲滑濃稠，但仍帶有液體狀。牛奶一收乾就再加一點。嚐一下甜度。味道應該是微甜的，如有需要，可以再加一些糖。

6. 拌入剩下的奶油，直到奶油融化、混勻。將布丁倒入大碗，撒上碎開心果，跟橙花水（如有使用）一起上桌。

無麩質

分量：8-10人份

⅔杯整顆去皮杏仁

1杯燙水，分次使用

2杯水

2¼杯短粒米，用冷水沖洗，直到洗出來的水變清澈

½杯糖粉

¼茶匙小豆蔻

2支肉桂棒

⅓杯奶油，分次使用

½茶匙粗鹽

¾茶匙杏仁精

大約2公升牛奶，分次使用

⅓杯碎開心果，裝飾用

⅓杯橙花水（可略）

M S

菲律賓比賓卡米蛋糕
Filipino Bibingka Rice Cakes

這道富有嚼勁的美味小糯米糕，在菲律賓被稱為比賓卡 (bibingka)，人們特別喜歡在聖誕季節吃這個當早餐。烤好的比賓卡，通常會撒上鹹蛋和乳酪，然後淋上融化的奶油和糖作裝飾。我把配料換成無糖椰絲，盡量讓這道蛋糕更健康。在美國很難找到加拉彭米糊 (galapóng，將稍微浸泡發酵的糯米磨成的米糊)，所以這道食譜用白米粉代替。傳統作法會將比賓卡放在鋪有香蕉葉的陶鍋中烘烤。香蕉葉可以在亞洲市場或網路上買到。如果買不到，用烘焙紙也可以，只是會少了香蕉葉所帶來的淡淡清香。這道蛋糕可以趁熱吃，也可以放到常溫再吃。

益處：蛋裡的蛋白質是建構肌肉的必要元素，膽鹼可以支持大腦健康，葉黃素有助於眼睛健康，維生素 D 有助於強健骨骼、牙齒和指甲。蛋也含有苯丙胺酸、色胺酸和酪胺酸等胺基酸，也有促進大腦健康的作用。

分量：6-7個

2½ 杯白米粉

5 茶匙泡打粉

¼ 茶匙鹽

½ 杯奶油，融化、放涼

2½ 杯砂糖

7 顆蛋

2½ 杯椰奶

½ 杯全脂牛奶

6-8 片香蕉葉或烘焙紙

無糖椰絲，裝飾用

1. 將烤箱預熱至190℃。

2. 將白米粉、泡打粉和鹽放入大碗混勻。

3. 拌入奶油和糖。

4. 拌入蛋，再拌入椰奶和牛奶攪打混勻。

5. 將6-7個小烤盅或1個大烘焙烤盤鋪上香蕉葉或烘焙紙，把多餘的部分裁掉。將米糊倒入烤盅或烤盤。

6. 烤15-30分鐘，或直到蛋糕呈現金黃色。

7. 將蛋糕從烤箱取出，放在網架上放涼，然後撒上椰絲作裝飾。

無麩質

瑪雅香辣巧克力醬
Mayan Spicy Chocolate Sauce

　　這款巧克力醬本身就是一道甜點！香濃的巧克力和香辣的卡宴辣椒，讓人嚐一口就念念不忘。早在西元前五百年，瑪雅人就會將可可磨粉，跟水、玉米粉和辣椒一起混合，做成巧克力飲料來喝。加入杏仁油能讓巧克力變得更絲滑，淋在香草冰淇淋、磅蛋糕或新鮮水果上美味無比。

益處：可可含有一種稱為大麻素（anandamide）的「極樂」化學物質，能讓人產生愉悅感。它也含有可可鹼（theobromine），可以改善血流，並讓血管擴張，藉此降低血壓。

分量：4人份
大約170克高品質半甜巧克力
4大匙杏仁油
少許卡宴辣椒粉

1. 將巧克力放入雙層隔水加熱鍋中融化。

2. 加入杏仁油和卡宴辣椒粉。

3. 使用或保存前先放涼5-10分鐘，放入玻璃罐裡冷藏可以保存二至四週。

無麩質・維根

飲料
drinks

蘇打水，由右上依順時鐘方向排列分別為：洋香瓜蘇打水、藍莓蘇打水、柳橙蘇打水、草莓蘇打水、鳳梨蘇打水和西瓜蘇打水

世界風味水果蘇打水
worldly fruit sodas

鳳梨蘇打水 Pineapple Soda

`GH` `IB`

　　我之前買了一台 SodaStream 氣泡水機，可以將水變成氣泡水。那時我就在想，不知道能不能用來將新鮮果汁變成氣泡果汁，結果真的可以！如果你沒有氣泡水機，可以將⅓杯氣泡水跟⅓杯果汁混在一起。如果你有倒飲料用的旋蓋瓶子，可以把鳳梨蘇打水裝進瓶子，冷藏1小時或過夜之後再喝。

益處：鳳梨含有增強免疫力的維生素 C 和鳳梨酵素，這種酵素有助於分解蛋白質，進而促進消化。

1. 將鳳梨丁放入食物處理機或果汁機，如果鳳梨很多汁就不需要加水。將鳳梨打到滑順。

2. 如果要用氣泡水機，將⅔杯鳳梨汁倒入⅓杯水中。如果沒有，則將鳳梨汁倒入⅓杯氣泡水中。

3. 啟動氣泡水機，將鳳梨汁打氣，或將氣泡水拌入鳳梨汁中攪勻。

無麩質・維根

分量：1人份

1 杯鳳梨丁

1 杯水（如有需要）

⅓杯水或氣泡水

柳橙蘇打水 Orange Soda

Ai　IB

益處：柳橙含有維生素 C 和槲皮素，兩者都有增強免疫力的作用。槲皮素也能降低炎症。

1. 將柳橙丁和水放入食物處理機或果汁機打到滑順。

2. 如果要用氣泡水機，將⅔杯柳橙汁倒入⅓杯水中。如果沒有，則將柳橙汁倒入⅓杯氣泡水中。

3. 啟動氣泡水機，將柳橙汁打氣，或將氣泡水拌入柳橙汁中攪勻。

無麩質・維根

分量：1人份

1 杯柳橙丁，去籽

1 杯水

⅓杯水或氣泡水

蜜瓜蘇打水 Honeydew Soda

Ao　DP

益處：蜜瓜含有兩種強大的抗氧化劑：葫蘆素可能有助於抑制癌細胞生長，超氧化物歧化酶可以對抗自由基所造成的細胞損害。

1. 將蜜瓜丁和水放入食物處理機或果汁機。如果蜜瓜不夠甜，可以加入龍舌蘭糖漿一起打到滑順。

2. 如果要用氣泡水機，將⅔杯蜜瓜汁倒入⅓杯水中。如果沒有，則將蜜瓜汁倒入⅓杯氣泡水中。

3. 啟動氣泡水機，將蜜瓜汁打氣，或將氣泡水拌入蜜瓜汁中攪勻。

無麩質・維根

分量：1人份

1 杯蜜瓜丁

1 杯水

1 大匙龍舌蘭糖漿
（如有需要）

⅓杯水或氣泡水

草莓蘇打水 Strawberry Soda

益處：草莓含有增強免疫力的維生素 C，和有助於抑制癌細胞生長的花青素。

分量：1人份

1杯新鮮草莓，去蒂

1杯水

⅓杯水或氣泡水

1. 將草莓和水放入食物處理機或果汁機打到滑順。

2. 如果要用氣泡水機，將⅔杯草莓汁倒入⅓杯水中。如果沒有，則將草莓汁倒入⅓杯氣泡水中。

3. 啟動氣泡水機，將草莓汁打氣，或將氣泡水拌入草莓汁中攪勻。

無麩質・維根

洋香瓜蘇打水 Cantaloupe Soda

益處：洋香瓜含有兩種強大的抗氧化劑：葫蘆素可能有助於抑制癌細胞生長，超氧化物歧化酶可以對抗自由基所造成的細胞損害。

分量：1人份

1杯洋香瓜丁

1杯水

1大匙龍舌蘭糖漿（如有需要）

⅓杯水或氣泡水

1. 將洋香瓜丁和水放入食物處理機或果汁機。如果洋香瓜不夠甜，可以加入龍舌蘭糖漿一起打到滑順。

2. 如果要用氣泡水機，將⅔杯洋香瓜汁倒入⅓杯水中。如果沒有，則將洋香瓜汁倒入⅓杯氣泡水中。

3. 啟動氣泡水機，將洋香瓜汁打氣，或將氣泡水拌入洋香瓜汁中攪勻。

無麩質・維根

DP

藍莓蘇打水 Blueberry Soda

益處：藍莓含有花青素，可能有助於抑制癌細胞生長。

分量：1人份

1杯藍莓

1杯水

1/3杯水或氣泡水

1. 將藍莓和水放入食物處理機或果汁機打到滑順。

2. 如果要用氣泡水機，將2/3杯藍莓汁倒入1/3杯水中。如果沒有，則將藍莓汁倒入1/3杯氣泡水中。

3. 啟動氣泡水機，將藍莓汁打氣，或將氣泡水拌入藍莓汁中攪勻。

無麩質・維根

DP

西瓜蘇打水 Watermelon Soda

益處：西瓜含有花青素和葫蘆素，可能有助於抑制癌細胞生長，另外也含促進心臟健康的茄紅素。

分量：1人份

1杯西瓜丁，去籽

1杯水

1/3杯水或氣泡水

1. 將西瓜丁和水放入食物處理機或果汁機打到滑順。

2. 如果要用氣泡水機，將2/3杯西瓜汁倒入1/3杯水中。如果沒有，則將西瓜汁倒入1/3杯氣泡水中。

3. 啟動氣泡水機，將西瓜汁打氣，或將氣泡水拌入西瓜汁中攪勻。

無麩質・維根

地中海香草檸檬水

其他飲品 *more drinks*

地中海香草檸檬水
Lemonade with Mediterranean Herbs

檸檬水搭配很多香草都很好喝。大部分的檸檬水都含有大量糖分，不過用一半檸檬水兌一半氣泡礦泉水，就能減少許多熱量。香草能讓檸檬水的風味更細緻高雅。你可以一次做一大壺，只要記住氣泡水和檸檬水的比例為4:1。

益處：地中海香草具有各種很棒的營養益處，例如羅勒有寧神作用，迷迭香有抗發炎作用，百里香有助於恢復健康。檸檬裡的維生素 C 和槲皮素，可以增強免疫系統，葉酸則能促進肌膚、毛髮和眼睛健康。

1. 將羅勒葉和迷迭香或百里香放入大玻璃杯，用木匙搗碎。

2. 加入氣泡水，倒入檸檬汁，攪拌均勻。

無麩質・維根

分量：1人份
2 片新鮮羅勒葉
1 枝新鮮迷迭香或百里香
1 杯冰氣泡水
¼ 杯冷檸檬水

牙買加鳳梨洛神花茶
Jamaican Pineapple-Hibiscus Quencher

洛神花茶冰冰地喝十分清涼提神，這款飲料在加勒比海、牙買加、墨西哥和貝里斯非常普遍。我決定加鳳梨汁來提升它的風味。大家普遍認為果汁有益健康，不過果汁的糖分和熱量其實很高。這道食譜可以讓你享受鳳梨汁，又不會攝取太多熱量。你可以在拉丁和加勒比海市場買到洛神花粉、水果花茶粉 (agua fresca powder) [37]，或乾燥洛神花。把乾燥洛神花泡入熱水，就是洛神花茶了。

益處：多年以來，洛神花茶一直被用於預防高血壓、降低血糖、支持肝臟功能、舒緩經痛，以及促進消化。它是維生素 C 的來源，含有有益健康的類黃酮，同時具有通便作用。鳳梨汁含有抗氧化劑維生素 C 和 β- 胡蘿蔔素，有助於對抗陽光和汙染所造成的肌膚傷害，進而改善整體膚質。維生素 C 還能幫助膠原蛋白生成，能讓肌膚緊緻、結構強健。

1. 將鳳梨汁、洛神花茶和萊姆汁倒入大玻璃杯，加入氣泡水拌勻。

2. 放上新鮮鳳梨片和／或萊姆片作裝飾。

無麩質・維根

分量：1人份
½ 杯鳳梨汁
¾ 杯洛神花茶
¼ 杯新鮮萊姆汁
1 杯冷氣泡水
1 片萊姆或鳳梨切片，裝飾用

37. Aguas frescas 為西文，直譯為涼水，是一種無酒精的清涼飲料，主要成分包括一種或多種水果、麥片、花茶、種籽、糖和水，在墨西哥和許多拉丁美洲國家非常普遍。——譯者註

尼加拉瓜椰子鳳梨果昔
Nicaraguan Coconut-Pineapple Smoothie

　　尼加拉瓜有一種名為「利里歐」(Lirio) 的白鳳梨品種，比夏威夷的白錐糖鳳梨 (white sugarloaf pineapple) 更圓一些。這種鳳梨可以在梅麗莎／世界各地農產品 (Melissa's/World Variety Produce) 訂購。雖然一年四季都能買到新鮮鳳梨，不過它的盛產期是3月到整個夏季。這種白鳳梨的滋味有如人間珍饈：微酸、柔軟，帶有熱帶風味，是世界上最好吃的鳳梨！不過，它的價格加上運費也不便宜。你也可以用黃鳳梨來做這道果昔。在亞洲市場、墨西哥市場或網路上，可以買到冷凍或罐裝的椰肉和嫩椰肉。

益處：白鳳梨和黃鳳梨含有纖維和鳳梨酵素，可以幫助消化。鳳梨也是維生素 C 的來源，可以幫助身體對抗感染、預防白內障、促進組織再生，可能甚至可以降低癌症和中風的風險。

分量：2-3杯果昔

1 杯椰肉或嫩椰肉

¼ 杯椰子水

1 杯白鳳梨丁或黃鳳梨丁

½ 杯水

2 杯碎冰

1. 將椰肉和椰子水放入果汁機打到滑順，備用。

2. 將鳳梨和水放入果汁機打到滑順。

3. 加入剛才打好的椰子和碎冰，攪打約1分鐘，或直到滑順。

無麩質‧維根

巴哈馬芭樂蜜露
Bahamian Guava Nectar

　　芭樂是一種香甜的水果，生長在中等大小的樹上，在世界各地熱帶地區都很常見，包括夏威夷、巴哈馬、中南美洲和亞洲。這種小果實很多籽，所以大多榨成果汁來喝，但也可以像蘋果一樣連皮一起吃。對於沒吃過芭樂的人，喝了這款飲料一定會愛上這種水果。

益處：新鮮芭樂裡的纖維有助於支持消化系統，進而促進自然排毒；維生素 C 有助於身體對抗感染，幫助組織再生；茄紅素可能有助於降低癌症風險、支持認知功能和促進攝護腺健康；鉀可以控制血壓和平衡電解質。

分量：4人份

8杯甜熟芭樂片

8杯水

4杯冰塊，分次使用

適量羅漢果糖（我用的是 Lakanto）或龍舌蘭糖漿

4片檸檬片，裝飾用

1. 將芭樂和水放入中型鍋子煮1小時，或直到芭樂變軟。

2. 用搗泥器在水中將芭樂搗碎。

3. 用濾勺過篩。

4. 再用紗布過篩。

5. 以1杯芭樂汁配1杯冰塊的比例放入果汁機，加入適量羅漢果糖或龍舌蘭糖調味，打到冰塊變成碎冰。

6. 放上檸檬片，上桌。將剩下過篩後的芭樂汁冷藏保存。

無麩質・維根

印度馬薩拉香料滋補奶茶

印度馬薩拉香料滋補奶茶
Indian Chai Masala Tonic

Ai　Ao　Dx

茶的印度文是 chai，香料的印度文是 masala。這道美味豐富的滋補飲料富含各種抗氧化和抗發炎香草和香料。做成冰的來喝，就是一款清涼提神的飲料。

益處： 小豆蔻具有抗微生物、抗毒和抗氧化特性，跟黑胡椒一起食用，具有不錯的抗癌作用。肉桂和小豆蔻含有具有抗發炎和排毒作用的丁香酚。

1. 將黑胡椒粒、小豆蔻莢、丁香、肉桂棒和肉豆蔻放入煎鍋，以中火乾炒，直到散發香味。離火，放入研缽中磨碎。

2. 將水、薑末、薑黃末、紅茶和磨碎的香料，放入醬汁鍋，以中火煮滾，然後將火轉成小火，不蓋蓋子，慢煮4分鐘。

3. 加入牛奶和蜂蜜或羅漢果糖。將火調高到剛好煮滾。

4. 離火，過濾，倒入馬克杯中趁熱飲用，或倒入裝有冰塊的玻璃杯中享用。

無麩質

分量：1人份

2顆黑胡椒粒

2個青綠小豆蔻莢

1顆丁香

½根肉桂棒

⅛茶匙鮮磨肉豆蔻

1大匙紅茶散茶或1個紅茶茶包

大約115毫升的水

½茶匙薑末

½茶匙薑黃末

大約115毫升的低脂牛奶

適量蜂蜜或羅漢果糖

夏威夷酪梨奶昔
Hawaiian Avocado Shake

DP

夏威夷酪梨是我嚐過果味最濃的酪梨。這種酪梨又大又光滑，跟我在加州用的表皮凹凸不平的小顆酪梨很不一樣。我因此想到用夏威夷酪梨做了這款清涼微甜的奶昔，可以當作一道營養的早餐或午餐。

益處： 酪梨含有蛋白質、促進腸道健康的纖維，以及兩種有益心臟健康的酸類：油酸和 Omega-3 脂肪酸。此外，酪梨提供鉀、維生素 K 和 β- 穀固醇，可能有助於縮小腫大的攝護腺和降低膽固醇水平。

將所有食材放入果汁機中打到滑順。

無麩質・維根

分量：1人份

1杯酪梨果肉

½杯水

½杯淡椰奶

3大匙龍舌蘭糖漿

1杯碎冰

中式荔枝冰沙 Chinese Lychee Slushies

Ao **IB** **S**

荔枝原產於中國南方，每年五月到十月可以在農產品區買到新鮮荔枝，罐裝荔枝則全年都有。這種水果甜美多汁、營養豐富，夏天吃最棒了。冷凍嫩椰肉可以在亞洲市場或網路上買到。

益處：荔枝不含飽和脂肪或膽固醇，卻富含膳食纖維、多種維生素和礦物質。荔枝是維生素 C 的來源，也含鉀等抗氧化劑，有助於對抗自由基和炎症。荔枝也提供銅，可以幫助建構紅血球。

將所有食材放入果汁機中，打到滑順。

無麩質・維根

分量：2杯冰沙

1杯罐裝或新鮮荔枝果肉，切碎

½杯嫩椰肉

1杯碎冰

½杯罐裝荔枝的糖漿或龍舌蘭糖漿（可略）

坎昆芒果冰沙 Cancún Mango Shake　GH　IB

來自墨西哥的阿陶爾夫芒果（Ataulfo mangoes）不是紅色，而是金黃色的。這種芒果肉質滑嫩，纖維比其他品種的芒果少很多，很適合做冰沙。喝了這款清涼的飲料，感覺好像在坎昆度假一樣。

益處：芒果含有有益腸道的纖維、保護細胞的葉酸，以及支持免疫力的類胡蘿蔔素和維生素 C。

將所有食材放入果汁機，打到稠度跟冰沙一樣。

無麩質・維根

分量：2杯冰沙

1杯芒果丁

1杯碎冰

½杯水

1-2大匙龍舌蘭糖漿
（根據芒果甜度決定是否使用）

孟買小豆蔻綠茶

孟買小豆蔻綠茶 Bombay Cardamom Green Tea

我有一個朋友超愛她自己在最喜歡的印度餐廳喝到的小豆蔻冰茶。你可以在印度和中東超市買到小豆蔻茶，不過自己製作也很簡單，再說家裡常備一些小豆蔻，做起菜來也方便。

益處：小豆蔻有抗氧化和利尿特性，有助於管理血壓。小豆蔻也有抗發炎作用，可能含有幫助抗癌的物質。

1. 按照包裝上的指示泡茶，泡濃一點，加冰塊以後才不會變得太淡。

2. 將小豆蔻粉放入濾茶器，浸泡在熱茶中20分鐘以上。

3. 在每個玻璃杯裡放入冰塊，將茶倒入杯中。放上楔形檸檬塊和薄荷葉裝飾。

無麩質．維根

分量：大約1公升

1公升高品質沖泡綠茶（我用的是 Art of Tea 的有機綠茶，需要4-5個茶包）

2茶匙小豆蔻粉

每杯4-8顆冰塊

楔形萊姆塊，裝飾用

薄荷葉，裝飾用

加州菠菜草莓能量飲料
California Spinach-Strawberry Booster

想要快速補充能量，你需要這款簡單又好喝的蔬果昔。它可以當成帶了就走的方便早餐或運動後的美味點心。蔬果昔會加蛋白質來讓營養均衡，不過除了蛋白粉之外，你還有其他選擇。像優格這類原形食物就能提供蛋白質，選用原味優格或植物性優格可以減少糖分，有助於平衡碳水化合物的攝取量。米奶、杏仁奶、椰奶優格和椰奶的蛋白質較低，牛奶和豆漿的蛋白質含量會比較高。如果是加了綠色葉菜的蔬果昔，記得要用香草精和水果來調味。這道食譜是靠草莓和香蕉增添天然甜味，這類碳水化合物燃燒也比較慢。

益處：這款健康飲料富含來自草莓中的抗氧化劑，可以幫助恢復活力，菠菜中的蛋白質可以提供飽足感和體力。

1. 將所有食材放入大果汁機中，打到滑順。

2. 如有需要可以加水，讓蔬果昔呈現容易飲用的滑順稠度。

無麩質．（如果使用植物奶或優格，則是維根料理）

分量：2杯蔬果昔

2杯生的嫩菠菜

1½杯無糖杏仁奶、豆漿或牛奶

½根小香蕉

1杯冷凍草莓

大約170克原味優格或植物性優格

½茶匙純香草精

水（如有需要）

廣東龍眼果昔 Cantonese Longan Smoothie

IB **S**

龍眼原產於南亞，與荔枝屬於近親水果。半透明的果肉包住黑色的果核，看起來就像龍的眼睛，故名龍眼。龍眼跟荔枝一樣甜美多汁，不過龍眼比較小顆，甜度稍低一點。龍眼可以新鮮食用，也能用於湯品、點心、甜點和酸甜風味的食物。你可以在亞馬遜和梅麗莎/世界各地農產品等網站買到新鮮龍眼，也可以在網路上和部分亞洲超市買到罐裝龍眼。

益處：龍眼富含支持免疫系統的維生素 C，可以提供 80% 每日所需。龍眼也含鐵、磷、鎂和鉀等礦物質，有助於骨骼健康，此外也富含維生素 A 等抗氧化劑。在自然療法中，龍眼被用於治療胃痛和失眠，據說也有鎮定神經系統的效果。

將所有食材放入果汁機中，打到滑順。

無麩質・維根

分量：2 杯果昔
1 杯罐裝或新鮮龍眼果肉，切碎
½ 杯新鮮椰肉
1 杯碎冰
½ 杯水
½ 杯罐裝龍眼的糖漿或龍舌蘭糖漿（可略）

佛州青芒果冰沙 Florida Green Mango Shake

B **DP** **M**

在東南亞和印度，人們很習慣用青芒果或未熟芒果做料理。未熟芒果可以生吃、可以像這道食譜一樣打成飲料，也可以做成沙拉、醃製品和印度芒果甜酸醬。芒果粉是東南亞和印度料理很常使用的香料和肉質嫩化劑，是將青芒果的果肉乾燥之後磨成粉末。我喜歡用湯米阿特金斯芒果，這個名字來自一九五○年代在佛州培植出這種耐放品種的栽種者。青芒果的味道不是很甜，所以可能需要加點龍舌蘭糖漿調整味道。

益處：青芒果含有葉酸，有助於支持細胞健康；促進肌膚、毛髮和眼睛健康；幫助大腦功能；預防某些先天性缺陷；甚至可能預防特定癌症。青芒果也含維生素 C，有助於組織再生，幫助降低癌症和中風的風險。

將所有食材放入果汁機，打到稠度跟冰沙一樣。

無麩質・維根

分量：2 杯冰沙
1 杯青芒果丁或未熟芒果丁（我喜歡湯米阿特金斯〔Tommy Atkins〕芒果）
1 杯碎冰
½ 杯水
4-6 大匙龍舌蘭糖漿，調味用

東南亞菠蘿蜜果昔
Southeast Asian Jackfruit Smoothie

別被菠蘿蜜可怕的外表給嚇到了。這種水果原產於東南亞,最早可能是出現在印度,是熱帶國家常吃的營養水果。菠蘿蜜是世界上最大的樹果,最重可長到大約 45 公斤,不過大部分的重量介於 5-10 公斤。菠蘿蜜有淺綠色的刺狀外皮,聞起來有一股特殊的怪味,但吃得來可比聞起來好吃多了 —— 有點像在吃黃箭口香糖。你可以在亞馬遜買到罐裝菠蘿蜜,一些高級超市也有在賣新鮮菠蘿蜜。

益處: 菠蘿蜜富含蛋白質、維生素 B 群和鉀,有助於降低中風、骨質疏鬆症和腎結石風險。雖然椰子中的脂肪大多是飽和脂肪,不過它還含有一些中鏈脂肪酸,可以更快地被身體分解為能量。椰子和菠蘿蜜都含有纖維,可以支持排毒作用。

將所有食材放入果汁機中,打到滑順。

無麩質 · 維根

分量:1 杯果昔

¼杯新鮮或罐裝菠蘿蜜,切碎

1 杯冷凍嫩椰肉

½杯椰子水

1 杯冰塊

芝加哥超級能量蔬菜汁
Nuclear-Strength Chicago Vegetable Juice

Ao **Dx**

這款飲料很像「純真瑪麗」(Virgin Mary)，就是沒加伏特加的「血腥瑪麗」(Bloody Mary)。V8蔬菜汁是在一九三〇年代在芝加哥開發出來的，裡面含有番茄、甜菜、西洋芹、胡蘿蔔、萵苣、巴西里、西洋菜和菠菜汁。至於辣椒水，我喜歡用是拉差辣醬，但你可以用自己喜歡的品牌。

益處：這款蔬菜汁富含抗氧化劑和維生素，熱量也很低。巴西里、西洋菜和菠菜富含具有排毒作用的葉綠素。迷迭香有助於預防過敏和舒緩鼻塞，羅勒和奧勒岡具有天然的鎮靜作用。

1. 將羅勒、迷迭香和奧勒岡放進大玻璃杯，用搗碎棒或湯匙搗碎。

2. 加入蔬菜汁、檸檬汁和萊姆汁。擠入自己喜歡的辣椒水，攪拌均勻。

3. 加入碎冰或冰塊，再次攪拌。立刻上桌。

生酮・低碳・維根

分量：1人份

6片新鮮羅勒葉

1枝新鮮迷迭香

1枝新鮮奧勒岡

1杯冰的低納蔬菜汁
（例如 V8 品牌蔬菜汁）

1大匙新鮮檸檬汁

1大匙新鮮萊姆汁

適量辣椒水

$1/2$-1 杯碎冰或多塊冰塊

考艾白鳳梨冰沙
Kauai White Pineapple Slushie

　　之前有位朋友跟我提起白鳳梨，她說這種鳳梨的果肉柔軟色白，味道特別甜美芬芳，不像一般鳳梨那麼酸，口感也沒那麼粗糙又多纖維。這讓我非常好奇，決心要嚐鮮一下！經過將近一年四處打聽，找遍特色市場之後，我終於找夏威夷有一家提供宅配服務的農場。這種鳳梨稱為考艾錐糖鳳梨（Kauai Sugarloaf Pineapple）或可娜錐糖鳳梨（Kona Sugarloaf Pineapple），栽種數量很少，主要是在夏威夷的農夫市集販售，但也可以在網路上訂購。不過注意，它的價格非常昂貴，因為稀有加上空運成本，每顆要價超過台幣9百元！當然，你也可以使用黃鳳梨來做這道食譜，只是記得一定要用很熟的鳳梨，不然不好打成果汁。

益處：無論是白鳳梨或黃鳳梨，都含有增強免疫力的維生素C，此外也含纖維和鳳梨酵素，兩者都能幫助消化。鳳梨酵素也有抗發炎、抗凝血和抗癌特性。部分研究顯示定期食用鳳梨有助於緩解關節炎的症狀。

1. 將鳳梨去皮、切開，切掉鳳梨芯、切塊。
2. 將鳳梨塊和水放入果汁機中，打到滑順。
3. 想要的話可以加入碎冰。

無麩質・維根

分量：2-3杯冰沙

½顆白錐糖鳳梨或黃鳳梨

1杯冷水

碎冰（根據喜好使用）

特別加碼
extras

大蒜蛋黃醬，由上依順時鐘方向排列分別為：阿卡普科大蒜蛋黃醬、印度大蒜蛋黃醬、德國大蒜蛋黃醬、法式大蒜蛋黃醬，以及泰式／越南大蒜蛋黃醬（中間）。

法式大蒜蛋黃醬

印度大蒜蛋黃醬

大蒜蛋黃醬 *aiolis*

自製法式大蒜蛋黃醬 Homemade French Aioli

　　大蒜蛋黃醬是法式沾醬，是一種大蒜風味濃郁的美乃滋醬，無論是沾薯條、蒸朝鮮薊或蝦子，都非常美味。它可以塗在三明治上，也可以當作濃厚的沙拉醬。它也非常變化豐富，可以搭配各種香料，做出各國風味的沾醬和醬料。做這款大蒜蛋黃醬需要多練習幾次，才能讓醬料完美乳化，只要記住倒油的時候要慢慢地倒就行了。大蒜蛋黃醬密封冷藏可以保存長達兩週。

益處：蛋含有膽鹼，可以支持健康的大腦功能和記憶。蛋黃裡的維生素 D 有助於強健骨骼、牙齒和指甲，維生素 K 有助於正常凝血，葉黃素可以降低年齡相關性黃斑病變和白內障風險，同時可能有助於增加肌膚彈性。

分量：大約1杯

2顆放牧雞蛋的蛋黃
1茶匙蒜末
¼茶匙海鹽
⅛茶匙白胡椒
½杯芥花油
½杯特級初榨橄欖油
1大匙新鮮檸檬汁

1. 將蛋黃、大蒜、海鹽和白胡椒放入食物處理機或果汁機，打約10秒，或直到完全混合。

2. 將芥花油和橄欖油放入小碗攪勻。將混合好的油以細而穩定的流動方式慢慢倒入調味過的蛋黃醬中，邊倒邊攪打。必要時暫停機器，並刮下容器內側的醬料。打5-10分鐘，或直到混合物變稠。

3. 拌入檸檬汁。

無麩質・生酮・低碳・素食

德國大蒜蛋黃醬

阿卡普科大蒜蛋黃醬

速成法式大蒜蛋黃醬 Fast French Aioli ⬛M ⬛S

我用美乃滋當作大蒜蛋黃醬的基底，因為這比自己用油來乳化蛋黃更快速簡單。好樂門是我最喜歡的品牌，因為它的風味適合當成醬料基底，而且不會太甜。

益處： 蛋含有膽鹼，可以支持健康的大腦功能和記憶。蛋黃裡的維生素 D 有助於強健骨骼、牙齒和指甲，維生素 K 有助於正常凝血，葉黃素可以降低年齡相關性黃斑病變和白內障風險，同時可能有助於增加肌膚彈性。

將所有食材倒入小碗，攪打均勻。

無麩質・生酮・低碳・素食

> **分量：1杯**
> 1杯美乃滋（我用的是好樂門美乃滋〔Hellmann's/Best Foods〕）
> 1茶匙蒜末
> 1茶匙檸檬汁
> 1/8茶匙鮮磨黑胡椒

大蒜蛋黃醬變化版 Aioli Variations

無論是用速成或較花時間的方法製作，只要做好基底醬後，你就可以加入任何材料，做出各式各樣深具各國風味的醬料了。它的可能性沒有極限。

阿卡普科大蒜蛋黃醬： 將1顆酪梨搗泥，拌入基底醬中，直到變成滑順、細緻、濃稠的沾醬或淋醬。

德國大蒜蛋黃醬： 將4茶匙黃芥末或芥末籽醬拌入基底醬中。

印度大蒜蛋黃醬： 將4茶匙自己喜歡的咖哩粉拌入基底醬中。

紐約水牛城大蒜蛋黃醬： 將2茶匙法蘭克紅辣醬（Frank's RedHot Sauce）拌入基底醬中。

泰式／越南大蒜蛋黃醬： 將2茶是拉差辣醬拌入基底醬中。

奶油，由上依順時鐘方向排列分別為：紐約客牛排奶油、普羅旺斯奶油、馬薩特蘭奶油、中東奶油、義式奶油、菲律賓參薯奶油（中間）

世界風味奶油 *worldly butters*

菲律賓參薯奶油 Filipino Ube Butter

B **DP**

參薯是一種生長在菲律賓的紫色薯類。我們會把這種香甜的紫色塊根水煮之後搗泥，加入甜點、做成乳酪蛋糕和參薯醬。你可以在亞洲市場或網路上買到參薯醬。這道奶油很適合塗在貝果或烤麵包上當早餐吃。如果覺得不夠甜，可以拌入一點糖粉。密封冷藏可以保存長達兩週。

益處：參薯含有花青素，可能有助於抑制癌細胞生長，同時改善大腦、眼睛和肌膚的微血管功能。

將奶油和參薯醬一起搗泥，直到均勻混合。

分量：1杯

½杯（1條）無鹽奶油或植物性抹醬，軟化

½杯參薯醬

紐約客牛排奶油 New York Steak Butter

Dx **IB**

這款奶油是專為搭配美味的紐約客烤牛排而設計的。它也適合當作牛排三明治的抹醬，塗在麵包卷或馬鈴薯上也很可口。黑松露鹽，其實就是加了乾燥黑松露碎屑的鹽，能為紅肉提供完美的鮮味深度，在特色食品店和部分超市可以買到。你可以用炒香菇末來代替香菇粉，不過要加一些亞麻籽粉來吸附牛排醬，食材才能充分混合。密封冷藏可以保存長達兩週。

益處：香菇跟所有蕈菇一樣具有排毒特性，主要是因為裡面含有硒的成分。香菇也提供一種稱為蘑菇多醣（lentinan）的物質，這種物質已被證實可以增強免疫系統。此外，香菇也有助於降低血液中的膽固醇水平。

1. 將幾朵乾香菇放入香料研磨器中，磨成粉末。

2. 將奶油、黑松露鹽、香菇粉和牛排醬放入小碗，搗到均勻混合。一開始牛排醬會很難跟奶油融合，但搗到最後就會混合了。

分量：½杯

½杯（1條）無鹽奶油或植物性抹醬，軟化

¼茶匙黑松露鹽

1大匙香菇粉（乾蕈菇粉）

1大匙牛排醬（我用的是李派林伍斯特醬〔Lea & Perrins Worcestershire〕）

中東奶油

義大利奶油

中東奶油 Middle Eastern Butter

DP

　　石榴糖蜜可以在各個中東市場買到。它是用濃縮的石榴汁製成，味道很酸，所以我加了一些糖來緩和它的酸度。將這款奶油抹在烤雞上，融化之後非常美味，拌進白飯也很不錯。密封冷藏可以保存長達兩週。糖蜜容易與奶油分離，因此將剩下的奶油拿來用前先攪拌一下。

益處：石榴富含花青素，有助於提升大腦、眼睛和肌膚的微血管功能，甚至可以抑制癌細胞生長。

將所有食材搗到均勻混合為止。

> 分量：½杯
>
> ½杯（1條）無鹽奶油或植物性抹醬，軟化
>
> 2大匙石榴糖蜜
>
> 1大匙椰糖或紅糖

義大利奶油 Italian Butter

DP

　　這款奶油非常適合用來製作大蒜麵包，拌入天使細麵中也很美味。這道食譜可以使用乾燥香草來做，因為奶油中的水分會讓香草變軟。如果使用新鮮迷迭香，葉子超過0.5公分要先磨碎或切碎。密封冷藏可以保存長達兩週。

益處：迷迭香和羅勒都含有桉葉油醇，可能有助於分解黏液，很適合在過敏季節或感冒咳嗽時攝取。大蒜提供大蒜素，這種硫化物可以抑制細菌和病毒生長、幫助稀釋血液，同時可能有助於降低心臟病、心臟病發、中風和特定癌症的風險。

將所有食材搗到均勻混合為止。

> 分量：½杯
>
> ½杯（1條）無鹽奶油（或植物性抹醬），軟化
>
> ½杯帕瑪森乳酪，刨碎
>
> 1茶匙乾羅勒
>
> 1茶匙乾奧勒岡
>
> 1茶匙碎大蒜或大蒜粉
>
> ½茶匙乾迷迭香

馬薩特蘭奶油

普羅旺斯奶油

馬薩特蘭奶油 Mazatlán Butter `DP`

　　將這款奶油塗在玉米麵包上超級好吃！塗在整根玉米上，或是烤胡蘿蔔或櫛瓜上讓它融化，也很美味。加在鬆餅上也很不錯。想吃辣一點，可以用塔金品牌（Tajin）辣椒粉或卡宴辣椒粉來取代辣味較溫和的辣椒粉。密封冷藏可以保存長達兩週。

　　益處：辣椒富含支持免疫力的維生素 C。另外也含有辣椒素，可能有助於降低餐後血糖水平，甚至誘發癌細胞死亡。

將所有食材搗到均勻混合為止。

分量：½杯

½杯（1條）無鹽奶油或植物性抹醬，軟化

1 茶匙龍舌蘭糖漿

1 茶匙辣椒粉

普羅旺斯奶油 Provençal Butter `Ai`

　　普羅旺斯綜合香料，是用法國普羅旺斯地區的多種地中海香草調製而成，通常含有龍蒿、馬鬱蘭、百里香、香薄荷、迷迭香、奧勒岡和薰衣草。我是用自己的配方調製，但你可以買現成的普羅旺斯綜合香料。這款奶油搭配烤馬鈴薯、小牛肉、豬肉或雞肉都很美味，塗在晚餐麵包卷上也很好吃。密封冷藏可以保存長達兩週。

　　益處：酸豆其實是醃漬的花蕾，裡面含有生育醇，這是維生素 E 的一種形式，可以穩定細胞膜並幫助降低發炎。

1. 將奶油、綜合香料和大蒜粉搗到均勻混合。
2. 用刮鏟將酸豆拌入奶油裡。

分量：½杯

½杯（1條）無鹽奶油或植物性抹醬，軟化

1 茶匙普羅旺斯綜合香料（第321頁）

1 茶匙大蒜粉或碎大蒜

1 茶匙酸豆，濾掉湯汁，用廚房紙巾將酸豆拍乾

特別再加碼 *more extras*

菲律賓芒果青 Filipino Pickled Green Mangoes

| B | DP | IB |

我媽媽曾教我做各種醃菜、蜜餞和果醬。她在這道食譜裡，增加了中國甘草根來增添色澤。甘草可以製作許多傳統中藥方，在亞洲市場或網路上都買得到。你可以用任何品種的未熟青芒果來醃製，像是阿陶爾夫、馬尼拉、泰國或墨西哥青芒果都可以，外皮愈綠愈好。這道芒果青在菲律賓是很普遍的街頭小吃，夏天時搭配烤肉一起吃非常清爽。把它裝入3-4個玻璃罐中冷藏，可以保存幾個星期。

益處： 除了含有纖維，芒果裡的維生素 C 可能有助於降低癌症和中風的風險，類胡蘿蔔素可以支持免疫功能，葉酸有益肌膚、毛髮和眼睛健康。甘草根的主要活性成分是甘草素（glycyrrhizin），這種物質讓甘草根帶有甜味，同時具有抗氧化、抗發炎和抗微生物特性。

大約 680-900 克

4顆青芒果，去皮，切成細長條

½杯岩鹽

2茶匙未經巴氏滅菌的蘋果醋（我喜歡用 Bragg 品牌）

3½杯水，分次使用

8條甘草根

1杯糖或羅漢果糖

3-4個消毒過的附蓋梅森罐（大約226克）

1. 將芒果條、岩鹽、蘋果醋和2杯水放入大碗，冷藏8小時或過夜。

2. 將芒果條瀝乾，用一塊布吸乾多餘水分。

3. 將剩下的水和甘草根放入玻璃鍋中煮滾10-15分鐘，或直到水變得略黃。取出甘草根丟掉。

4. 將甘草水離火，加入糖或羅漢果糖，拌到糖全部溶解、變成糖漿。將糖漿完全放涼。

5. 將芒果條直立裝入梅森罐（祕訣：將罐子稍微傾斜會比較好裝），直到裝滿為止，頂端留下大約1公分的空間。

6. 用液體量杯將糖漿倒入梅森罐中，直到完全蓋過芒果條。將蓋子旋緊。冷藏至少24小時再食用。

無麩質・維根・素食

醃漬日本柿子
Pickled Japanese Persimmons

　　柿子是從亞洲（主要是日本）傳到美國的。八角柿的口感很像蘋果，在不同的熟度階段都可以吃，不像它的近親富有柿必須完全成熟時才能食用。切好的柿子請泡入水中，等到要醃製時再取出，以免柿子變色。

益處：除了含有纖維，柿子裡的類胡蘿蔔素可能有助於抑制癌症和腫瘤生長，葉黃素和維生素 C 可能有助於提升肌膚彈性。醋是發酵食物，可以促進腸道健康，進而增強免疫系統。

分量：大約450克

½杯未經巴氏滅菌的蘋果醋（我喜歡用 Bragg 品牌）

4茶匙猶太鹽

2大匙糖或蜂蜜

2顆八角柿，切成條狀，泡入水中

1個消毒過的附蓋梅森罐（大約450克）

1. **製作醃汁：**將蘋果醋、鹽和糖放入小鍋煮滾。將火轉成小火，一邊攪打，一邊慢煮3分鐘，或直到鹽和糖完全溶解。離火，完全放涼。

2. 將柿子條瀝乾，直立裝入梅森罐（祕訣：將罐子稍微傾斜會比較好裝），直到裝滿為止，頂端留下大約1公分的空間。

3. 用液體量杯將醃汁倒入梅森罐中，直到完全蓋過柿子條。將蓋子旋緊。冷藏至少24小時再食用。

無麩質・維根

馬尼拉芒果醬 Manila Mango Preserves

馬尼拉芒果又稱卡拉寶芒果（Carabao）或菲律賓芒果，是我最喜歡的芒果品種。它的果肉柔軟滑嫩，不像某些品種纖維那麼多。《金氏世界紀錄》將之評選為世界上最甜的芒果品種。這種芒果甜到甚至可能不需要加糖。如果使用其他芒果品種，或是芒果還不夠熟，可能需要加糖或甜味劑，同時也要加½水。這道果醬密封冷藏可以保存至少兩週。

益處：芒果含有纖維和維生素C，芒果裡的類胡蘿蔔素可以支持免疫功能，葉酸有益肌膚、毛髮和眼睛健康。

1. 將芒果去皮、去掉果核、切片，然後用搗泥器搗碎。

2. 將芒果泥和水（如有使用）放入耐酸鹼醬汁鍋（例如玻璃、銅或琺瑯鑄鐵鍋）。以大火將混合物煮混。

3. 將火轉成小火，不蓋蓋子，慢煮15分鐘，或直到醬汁變稠，過程中偶爾攪拌。

4. 加入糖、羅漢果糖或木糖醇（如有使用），繼續慢煮15分鐘，或直到糖完全溶解，過程中偶爾攪拌。

5. 離火，放涼。

無麩質・維根

分量：2杯
4顆熟馬尼拉芒果（或其他芒果品種）
½杯水（可略）
½杯糖、羅漢果糖或木糖醇

DP

摩洛哥番茄甜酸醬
Moroccan Tomamo Chutney

分量：4-6人份

2顆中型洋蔥

1大匙橄欖油

5杯熟櫻桃番茄，切成楔形塊狀

1茶匙檸檬皮屑

6大匙蜂蜜

海鹽適量

1/4杯烤芝麻

少許橙花水（可略）

這款經典的摩洛哥甜酸醬，非常適合搭配畜肉、魚類或雞肉。把它厚厚一層塗在烤過的厚切鄉村麵包上，也很美味。正宗的摩洛哥甜酸醬會添加橙花水，在網路上或中東市場就能買到。如果不用橙花水，其他食材都是容易取得，或是家裡早就有的材料。這道醬料密封冷藏可以保存至少兩週。

益處：煮過的番茄含有更多好吸收的茄紅素，這種抗氧化劑可以促進細胞健康，也能幫助抗癌。

1. 將洋蔥切成大約0.6公分的的洋蔥圈，然後將洋蔥圈切成一半。

2. 將橄欖油以小火加熱，放入洋蔥拌炒約10分鐘，或直到洋蔥變軟、呈現半透明。

3. 加入番茄塊和檸檬皮屑，再煮15-20分鐘，或直到番茄變得很軟。

4. 離火，拌入蜂蜜、鹽和烤芝麻。加一點橙花水（如有使用）。

5. 放涼、冷藏。

無麩質

聖地牙哥糖漬柿子
San Diego Persimmon Compote

我很喜歡柿子，我在加州聖地牙哥的農場就有種柿子。我比較喜歡用富有柿（又稱日本柿子或柿果）來做這道食譜。一定要用熟透的富有柿，這樣中間的果肉會像果凍一樣軟，否則會太澀。這道果醬密封冷藏可以保存至少兩週。

益處：柿子提供維生素 C，有助於身體對抗感染、幫助預防白內障、促進組織再生，同時可能有助於降低癌症和中風的風險。羅漢果糖不含糖分或碳水化合物，不會影響血糖，因此適合糖尿病患者。

分量：大約 4 杯

¼ 杯水

1 杯糖或羅漢果糖（我喜歡 Lakanto 品牌原味羅漢果糖〔Lakanto Original〕）

1 杯熟富有柿，洗淨、去蒂、去皮、切丁或搗泥

1. 將水和糖或羅漢果糖放入大的耐酸鹼醬汁鍋（例如玻璃、銅或琺瑯鑄鐵鍋）煮滾約 5 分鐘，或直到糖完全溶解。

2. 加入柿子，煮約 25 分鐘，或直到柿子大多煮軟、醬料變稠的程度。

3. 放涼、冷藏。

無麩質．（如果使用羅漢果糖，則是無糖料理，不過柿子含有大量果糖）．維根

DP

法式檸檬油醋醬佐龍蒿和紅蔥頭
French Lemon Vinaigrette with Tarragon & Shallots

分量：大約 2/3 杯

1 瓣大蒜瓣，壓碎或切末

1 大匙紅蔥頭，切碎

2 茶匙新鮮龍蒿，切碎

2 大匙新鮮檸檬汁

1/2 杯特級初榨橄欖油

1 茶匙第戎芥末醬

海鹽和鮮磨黑胡椒，適量

龍蒿，是一種葉子很長、顏色深沉的香草，味道近似茴香或甘草，在法國料理和經典法式綜合香草（fines herbes blend）中很常用到。這道油醋醬非常適合搭配綠色沙拉，也能當作新鮮蔬菜的沾醬。如果要用它來做青醬，只要將新鮮龍蒿的分量加一倍，加入 1/4 杯核桃或松子，放入食物處理機中打勻，就變成美味的麵包抹醬或義大利麵醬！

益處：龍蒿富含多酚，可能有助於提高免疫功能、保護心血管系統，同時幫助預防 DNA 損傷。紅蔥頭裡的維生素 A 有助於美容，鉀則可以降低骨質疏鬆症的風險。

將所有食材放入碗中，用打蛋器用力攪打。倒入玻璃容器中密封冷藏可保存約兩週。

無麩質‧維根

綜合香料
spice blends

健腦非洲柏柏爾綜合香料
Brain-Boosting Berbere African Spice Blend

DP **M**

　　柏柏爾綜合香料在非洲已有很多年的歷史，常被用於各種不同用途。這款綜合香料源於衣索比亞或厄利垂亞，也有可能同時源自這兩個國家。裡面通常含有各種溫和與辛辣香料，包括辣椒、香菜、大蒜、薑、葫蘆巴、小豆蔻（印度品種）、肉豆蔻和丁香。更正統配方的，還會加入衣索比亞小豆蔻、黑種草籽和印度藏茴香等種籽。我會用這款香氣濃烈的綜合香料，為炒菜、湯品和燉菜調味。它帶有一點辣味，但是不會過辣。

益處： 葫蘆巴含有膽鹼，可能有助於支持健康的大腦功能和記憶。辣椒和紅椒粉富含維生素 C，可能有助於降低中風的風險。大蒜中的大蒜素，也有降低中風風險的作用。香菜籽中的鎂，有助於增加 γ- 胺基丁酸（GABA），可以提振情緒。孜然中的抗氧化劑番紅花醛，可能具有抗憂鬱的特性。

將所有材料放入小碗中混勻。裝入密封玻璃罐，存放於陰涼處。

無麩質

分量：大約 1¼ 杯

½ 茶匙葫蘆巴粉

½ 杯墨西哥辣椒粉

¼ 杯匈牙利或西班牙紅椒粉

1 茶匙薑粉

1 茶匙洋蔥粉

½ 茶匙鮮磨黑胡椒

½ 茶匙香菜粉

½ 茶匙孜然粉

¼ 茶匙肉豆蔻粉

½ 茶匙大蒜粉

⅛ 茶匙丁香粉

⅛ 茶匙肉桂粉

⅛ 茶匙全香子粉

美顏恰特馬薩拉綜合香料[38]
Chaat Masala Spice Blend for Beauty

　　印度幾乎家家戶戶都備有這款簡單的綜合香料，主要拿來加在水果沙拉、烤雞、魚肉，或撒在甜瓜上。你可以在亞馬遜網站上，甚至是沃爾瑪超市買到芒果粉。

益處： 芒果裡的維生素 C，是膠原蛋白的前驅物，有助於組織再生；葉酸有助於生成健康的紅血球，也能支持細胞自然生長和複製；抗氧化劑類胡蘿蔔素，則有抗癌和增強免疫力的作用。

將所有材料放入小碗中混勻。裝入密封玻璃罐，存放於陰涼處。

無麩質

分量：大約 ¼ 杯

2 大匙孜然籽，稍微炒過、磨粉

滿滿 1 大匙芒果粉

1 茶匙喜馬拉雅鹽

1 茶匙匈牙利或西班牙紅椒粉

---

38. Chaat 在印度語中意為「舔」或「嚐」，是傳統街頭小吃的統稱，通常是由炸麵團配上各種配料製成，味道多為辛香鹹味，有些也會做成甜的。──譯者註

中式五香粉 Chinese 5-Spice Blend

這款綜合香料不只含有五種香料，但是它融合了中式料理中的五種基本味道：甜、苦、鹹、辛、酸，能讓口味達到和諧平衡。加進炒菜和烤肉中，能讓菜餚的味道更豐富。

益處：丁香中的丁香酚，是一種抗發炎排毒物質。甜茴香籽含有抗癌物質茴香腦。香菜籽中的抗氧化劑 α- 蒎烯具有抗病毒、抗菌、抗腫瘤和抗發炎特性。肉桂含有天然抗凝血劑和食慾抑制劑香豆素、丁香酚，還有肉桂醛，這種獨特的抗氧化劑具有強大的抗菌和抗病毒作用。

1. 將大煎鍋以中火加熱。
2. 將肉桂和鹽以外的所有材料放入鍋中輕輕拌炒，直到散放香氣。放涼。
3. 將炒過的材料和肉桂放入食物處理機或香料研磨器，研磨約20秒，或直到變成細粉。
4. 拌入鹽，裝入密封玻璃罐，存放於陰涼處。

無麩質

分量：大約¼杯

5顆整粒八角
4茶匙花椒粒
2茶匙丁香
2茶匙甜茴香籽
2茶匙香菜籽
2根肉桂棒，剝成中等大小的碎塊
½茶匙喜馬拉雅鹽

克里奧調味料 Creole Seasoning

這款綜合香料的靈感來自克里奧[39]和肯瓊料理，可以增添海鮮、畜肉和雞肉的風味。你也可以把它拌進湯品和燉菜中。

益處：奧勒岡富含各種抗氧化劑和抗菌物質，此外也有維生素K，有助於調節健康的凝血作用。百里香為這款綜合香料增添抗菌活性，以及殺菌和抗真菌特性。卡宴辣椒粉中的維生素C具有抗氧化作用，花青素可以提升微血管功能，辣椒素可能具有調節餐後血糖和引發癌細胞死亡的作用。

將所有的材料放入罐中均勻搖晃。裝入密封容器並存放於陰涼處。

無麩質

分量：大約⅓杯
1大匙洋蔥粉
1大匙大蒜粉
1大匙乾奧勒岡
1大匙乾羅勒
½大匙乾百里香
½大匙鮮磨黑胡椒
3大匙煙燻紅椒粉
¼-½茶匙卡宴辣椒粉

---

39. 克里奧一詞最初是用於描述出生在西印度群島、法屬美洲區域，或西屬美洲區域的歐洲或非洲裔族群，以及他們的語言、傳統或料理。——譯者註

護心杜卡綜合香料
Dukka Spice Blend for Heart Health

DP

這款源自埃及的綜合香料融合堅果、種籽和香料,常被當作薄餅抹醬或沾醬。

益處:堅果和芝麻含有 Omega-3 不飽和脂肪酸,一般認為可以促進心臟健康。現在我們已經知道攝取不飽和脂肪而不是飽和脂肪,可以提升心血管健康。香菜籽中的鎂,有助於降低血壓,硒可以保護心臟和調節血液凝結。鹽膚木也有幫助降低血壓的作用。孜然裡的鐵能將氧氣運輸到全身,錳則是抗自由基酵素的組成元素。

分量:大約 1 ³⁄₄ 杯

⅓杯香菜籽
3大匙孜然籽
1杯烤杏仁或榛果
1茶匙海鹽
2大匙鹽膚木
¼杯烤芝麻

1. 將香菜籽和孜然籽放入大煎鍋,以小火輕輕拌炒3分鐘,過程中持續攪拌。
2. 將芝麻以外的所有材料放入食物處理機或果汁機,打到變成跟粗沙一樣的質地。
3. 加入芝麻混勻。
4. 裝入密封玻璃容器並冷藏保存。

無麩質

普羅旺斯綜合香料 Herbes de Provence

　　這款經典的法國綜合香料是用普羅旺斯地區生長的香草製成，可以用來為畜肉、禽肉，魚類、蔬菜和雞蛋料理調味。

益處：甜茴香籽含有稱為茴香腦的強大抗癌物質。迷迭香中的抗發炎物質桉葉油醇可以分解黏液，用於局部有助於支持肺部功能。

將所有材料放入小碗中混勻。裝入密封玻璃罐，存放於陰涼處。

無麩質

分量：大約⅓杯

1茶匙乾羅勒

1茶匙甜茴香籽

1茶匙乾馬鬱蘭

1茶匙乾奧勒岡

1茶匙乾百里香

1茶匙乾薰衣草花蕾（可略）

1大匙乾迷迭香

1大匙乾香薄荷

抗發炎牙買加咖哩粉
Jamaican Curry Powder with Anti-Inflammatory Benefits

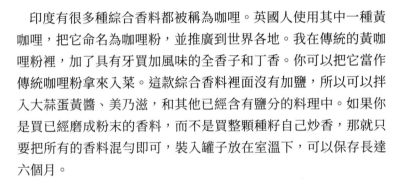

　　印度有很多種綜合香料都被稱為咖哩。英國人使用其中一種黃咖哩，把它命名為咖哩粉，並推廣到世界各地。我在傳統的黃咖哩粉裡，加了具有牙買加風味的全香子和丁香。你可以把它當作傳統咖哩粉拿來入菜。這款綜合香料裡面沒有加鹽，所以可以拌入大蒜蛋黃醬、美乃滋，和其他已經含有鹽分的料理中。如果你是買已經磨成粉末的香料，而不是買整顆種籽自己炒香，那就只要把所有的香料混勻即可，裝入罐子放在室溫下，可以保存長達六個月。

益處：薑黃含有薑黃素，這種強大的抗發炎物質，有助於預防阿茲海默症，同時可能降低心臟病和其他炎性疾病的風險。黑胡椒裡含有一種稱為胡椒鹼的物質，可以增加身體對薑黃素的吸收，所以一定要搭配使用。跟油或肉等含有脂肪來源的食材一起食用，也可以增加這些營養素的吸收。

1. 將鍋子加熱，將香菜籽、孜然籽、葫蘆巴籽、黃芥末籽和全香子放入鍋中，以中大火輕輕拌炒。

2. 將所有材料放入研缽或香料研磨器中，磨成細粉。

3. 裝入密封罐中，存放於室溫下。

無麩質

分量：大約½杯

2大匙薑黃粉

1大匙香菜籽

1大匙孜然籽

3茶匙葫蘆巴籽

2茶匙黃芥末籽

2茶匙黑胡椒粒

1½茶匙全香子

1茶匙薑粉

1茶匙香蒜粒

¾茶匙卡宴辣椒粉，調味用

2粒丁香

增強免疫力日式七味粉
Japanese 7-Spice Blend for Immune Strength

Dx **IB**

在日本料理中，這款綜合香料是加在麵、飯和味噌湯裡食用。你也可以把它撒在酪梨上，或加進爆米花或薯條中。如果把它加入橄欖油和米醋，則可當作雞肉或蝦子的醃料。海苔細片是用乾燥海藻製成，在亞洲市場或網路上都很好買到。

益處：柑橘皮和辣椒中的維生素 C，具有強大的免疫力增強效果。海藻中的抗氧化劑葉綠素具有排毒作用，碘則可減少細菌滋生。大蒜中的大蒜素，可以抑制細菌和病毒生長，同時具有潛在的抗癌特性。

1. 將黑胡椒粒、橙皮、紅辣椒粉和海苔細片放入食物處理機或果汁機中，打到所有材料均勻混合並帶有顆粒狀。

2. 拌入白芝麻、黑芝麻和大蒜粉。

3. 裝入密封玻璃罐，存放於陰涼處。

無麩質

分量：大約2/3杯

1 大匙黑胡椒粒
1 大匙乾橘皮或橙皮
1 大匙紅辣椒粉
2 大匙海苔細片
2 茶匙白芝麻
2 茶匙黑芝麻
2 茶匙大蒜粉

馬拉喀什綜合香料 Marrakesh Spice Mix

 Ao **M**

這款來自摩洛哥的甜鹹綜合香料能為小羊肉、禽肉，以及胡蘿蔔和花椰菜等蔬菜增添異國風味。

益處：丁香和肉桂都具有殺菌特性。孜然含有番紅花醛，這種抗氧化劑可能具有一些抗憂鬱特性。這些香料粉含有錳、鈣、鉀、磷、鎂和鐵等微量礦物質，可以增加額外的營養。

將所有材料放入小碗中混勻。裝入密封玻璃罐，存放於陰涼處。

無麩質

分量：大約1/2杯

2 大匙肉桂粉
2 大匙孜然粉
2 大匙香菜粉
1 茶匙卡宴辣椒粉
1 茶匙丁香粉

防癌西南綜合香料
Southwestern Spice Blend for Cancer Prevention

這款綜合香料的主角是孜然。把它用於牛排、玉米或肉丸都非常適合。加進任何含有辣椒的菜餚或美國西南料理也很完美。這款綜合香料沒有添加辣椒粉和紅椒片，你可以根據個人喜好搭配新鮮辣椒使用，甚至是跟味道溫和的青椒一起使用。

益處：孜然含有番紅花醛，這種強大的抗氧化劑具有抗癌特性。大蒜裡的大蒜素是一種硫化物，可能有助於降低癌症風險。數千年來，黑胡椒一直被應用於阿育吠陀醫學，裡面含有同樣具有潛在抗癌作用的胡椒鹼。

將所有材料放入小碗中混勻。裝入密封玻璃罐，存放於陰涼處。

無麩質

分量：大約1/2杯

1/2 杯孜然粉

2 茶匙大蒜粉

3/4 茶匙鮮磨黑胡椒

1 茶匙香菜粉

1 茶匙乾奧勒岡

1/2 茶匙紅椒粉（任何品種皆可）

3/4 茶匙喜馬拉雅鹽

西班牙香料 Spanish Rub

這款大膽而又風味十足的綜合香料，非常適合搭配各種鹹香菜餚。可以試試把它加進鮭魚、豆腐、雞肉或燉番茄中。

益處：紅椒粉富含維生素C，這種抗氧化劑有助於身體抵抗感染、預防白內障、促進組織再生，可能還能幫助降低癌症和中風的風險。檸檬皮含有維生素C和一些鎂和鐵。

將所有材料放入小碗中混勻。裝入密封玻璃罐，存放於陰涼處。

無麩質

分量：大約1杯

6 大匙煙燻紅椒粉

3 大匙西班牙或匈牙利甜味紅椒粉

3 大匙乾香菜

2 大匙孜然粉

2 大匙粗海鹽

1 大匙乾檸檬皮粉

1 1/2 茶匙鮮磨黑胡椒

坦都里綜合香料 Tandoori Spice Blend

這款來自印度的綜合香料，會為夏日烤肉大會增添異國風情。在開始烤牛肉、小羊肉、雞肉、蝦子或劍魚前，先撒上這種香料。

益處：這款綜合香料裡的成分，具有強大的抗氧化、抗發炎（黑胡椒能提升薑和薑黃的抗發炎作用）、抗菌和殺菌特性（尤其是肉豆蔻、丁香和肉桂）。孜然則可能具有潛在的抗憂鬱或抗焦慮特性。

將所有材料放入小碗中混勻。裝入密封玻璃罐，存放於陰涼處。

無麩質

分量：大約⅔杯

3大匙薑粉

3大匙香菜粉

1大匙孜然粉

2大匙匈牙利或西班牙紅椒粉

1大匙鮮磨黑胡椒

2茶匙海鹽

1½茶匙薑黃粉

1½茶匙肉豆蔻粉

1½茶匙丁香粉

1½茶匙肉桂粉

薩塔香料 Za'atar Spice Blend

這款綜合香料在中東地區相當普遍，可以加進蔬菜料理、優酪沾醬、薄餅等食物裡面。你可以選擇要不要加辣椒片，傳統配方雖然不含辣椒片，不過加了確實可以更增美味。

益處：百里香和孜然含有銅，有助於形成肌膚、骨骼和關節所需的膠原蛋白，此外也能保護神經和幫助細胞產生能量。香菜籽中的硒，可以支持排毒作用、幫助肌膚保持彈性，同時增加對感染的抵抗力。

將所有材料放入小碗中混勻。裝入密封玻璃罐並冷凍保存，以維持最佳鮮度。（使用前無須解凍）。

無麩質

分量：大約¼杯

1大匙乾百里香或奧勒岡碎末

2茶匙孜然粉

1大匙香菜粉

1大匙烤芝麻

1大匙鹽膚木

½茶匙猶太鹽

¼茶匙辣椒片（可略）

對照資源
resources

各地區香料 *spices by region*

非洲
- 辣椒
- 肉桂
- 孜然
- 非洲刺槐豆
- 大蒜
- 薑
- 葫蘆巴
- 辣木葉

美國南部
- 黑胡椒
- 卡宴辣椒
- 細香蔥
- 肉桂
- 費來粉（檫木葉）
- 蘘蜀葵
- 糖蜜
- 肉豆蔻
- 香草
- 維達麗雅洋蔥

美國西南部
- 黑胡椒
- 奇亞籽
- 辣椒
- 香菜
- 孜然
- 洋蔥
- 日曬番茄

紐西蘭 & 澳洲
- 鼠尾草

藍區：
希臘伊卡利亞
- 茴香
- 月桂葉
- 肉桂
- 香菜
- 蒔蘿
- 大蒜
- 薄荷葉
- 肉豆蔻
- 奧勒岡
- 迷迭香
- 日曬番茄
- 百里香

藍區：
加州羅馬琳達（素食）
- 黑胡椒
- 蔓越莓
- 接骨木莓果
- 甘草根
- 馬鬱蘭
- 肉豆蔻
- 巴西里
- 石榴
- 紅洋蔥
- 日曬番茄
- 百里香

藍區：
哥斯大黎加尼科亞
- 可可／巧克力
- 辣椒

藍區：
日本沖繩
- 高湯
- 醃薑
- 芝麻
- 紫蘇葉
- 山葵

藍區：
義大利薩丁尼亞
- 羅勒
- 大蒜
- 馬鬱蘭
- 洋蔥
- 奧勒岡
- 日曬番茄
- 百里香

加勒比海島嶼（古巴、牙買加、波多黎各）
- 全香子
- 哈瓦那紅辣椒
- 洛神花
- 蘇格蘭圓帽辣椒

中國
- 全香子
- 黃耆
- 薑
- 喜馬拉雅鹽
- 芝麻
- 花椒
- 八角
- 白胡椒

法國
- 茴香
- 黑胡椒
- 酸豆
- 細香蔥
- 甜茴香
- 薰衣草
- 薄荷葉
- 芥末
- 洋蔥／紅蔥頭
- 艾斯佩雷辣椒
- 迷迭香
- 鼠尾草
- 海鹽
- 龍蒿
- 百里香
- 香草豆
- 白胡椒

德國
- 黑胡椒
- 棕洋蔥
- 藏茴香籽
- 芹菜籽
- 甜茴香籽
- 啤酒花
- 辣根
- 杜松子
- 芥末

大不列顛
- 黑胡椒
- 細香蔥
- 肉桂
- 接骨木莓果
- 辣根
- 馬鬱蘭
- 蕁麻
- 肉豆蔻
- 香草

夏威夷
- 黑胡椒
- 咖啡
- 毛伊洋蔥
- 香草

冰島 & 斯堪地那維亞
當歸
芹菜籽
杜松子
甘草
蕁麻
玫瑰果

印度
印度藏茴香／獨活草籽
印度羅勒籽
小豆蔻
丁香
香菜
孜然
咖哩葉
葫蘆巴
高良薑
大蒜
薑
肉豆蔻
羅望子
薑黃

韓國
當歸
辣椒
大蒜
薑
人蔘
芝麻

墨西哥
胭脂樹紅
辣椒
煙燻辣椒
香菜
刺芹

土荊芥
洛神花
墨西哥辣椒
南瓜籽
羅望子
香草

中東、土耳其 & 以色列
肉桂
香菜
孜然
薄荷葉
巴西里
石榴
鹽膚木

美洲原住民
蔓越莓
甘草根
藥蜀葵
南瓜籽
鼠尾草

北美
（摩洛哥 & 埃及）
印度藏茴香／獨活草籽
香菜
孜然
哈里薩辣醬
紅椒粉

波斯／伊朗
印度藏茴香／獨活草籽
小豆蔻
肉桂
石榴
番紅花
刺檗

南美洲
辣椒
巧克力
瑪卡根
巴西里

俄羅斯 & 東歐
藏茴香
芹菜籽
香葉芹
蒔蘿
西伯利亞人蔘
酸模
龍蒿

東南亞
（泰國、印尼、菲律賓）
明日葉
辣椒和辣醬
香菜
大蒜
薑
香茅
薄荷葉
辣木葉
斑蘭葉
打拋葉

西班牙
婀娜多
洋蔥
紅椒粉
日曬番茄

菜單 *menus*

中南美洲
- 尼加拉瓜椰子鳳梨果昔（第290頁）
- 祕魯檸檬汁醃生魚（第73頁）
- 阿根廷奇米丘里醬烤鮭魚（第144頁）或中美洲大比目魚（第148頁）
- 哥斯大黎加木薯條（第236頁）
- 尼科亞木瓜派（第253頁）

墨西哥
- 瑪雅黏果酸漿酪梨醬（第68頁）、阿茲特克煙燻辣椒莎莎醬（第69頁）或墨西哥仙人掌莎莎醬（第70頁）佐墨西哥玉米餅
- 阿茲特克莓果沙拉佐奇亞籽醬（第113頁）
- 杜蘭戈烤蝦佐梨果仙人掌莖片和梨果仙人掌油醋醬（第143頁）或藍區墨西哥蔬菜酥餅（第226頁）
- 瑪雅香辣巧克力醬（第282頁）佐新鮮水果

法國
- 法式烤蔬菜佐綠色沙拉（第114頁）
- 法式辣扁豆湯（第93頁）
- 普羅旺斯豬排（第160頁）或勃艮第燉野味鹿肉（第175頁）
- 聖特羅佩迷迭香蘋果棒（第269頁）

地中海
- 地中海香草檸檬水（第289頁）
- 地中海白豆抹醬（第78頁）
- 羅馬豆腐沙拉（第102頁）
- 野豬波隆那肉醬（第169頁）或西西里寬帶麵佐青醬科夫塔肉丸（第183頁）
- 瓦倫西亞橄欖油柳橙蛋糕（第257頁）

希臘
- 伊卡利亞芝麻菜沙拉佐菲達乳酪和松子（第114頁）
- 希臘小羊肉和香料蔬菜優格醬薄餅（第199頁）或義大利麵佐伊卡利亞核桃青醬（第51頁）
- 希臘燕麥沙拉佐菲達乳酪（第229頁）
- 希臘蜂蜜餅乾（第263頁）

摩洛哥
- 長棍麵包切片佐摩洛哥番茄甜酸醬（第314頁）
- 馬拉喀什肉丸（第58頁）
- 摩洛哥胡蘿蔔紅扁豆湯（第91頁）
- 北非雞肉（第125頁）、丹吉爾烤春雞（第135頁）、摩洛哥燉蔬菜（第225頁）
- 北非翡麥（第237頁）
- 摩洛哥米布丁（第280頁）

中東
- 中東檸檬香草鷹嘴豆湯（第87頁）
- 貝魯特塔布勒沙拉（第106頁）
- 土耳其茄子鑲小羊肉核桃（第173頁）或鮭魚佐以色列克梅辣醬（第150頁）
- 賽普勒斯冬季蔬菜佐哈羅米乳酪（第247頁）
- 土耳其杏桃杏仁蛋糕（第256頁）

印度
- 南餅佐印度薄荷青醬（第52頁）
- 咖哩雞湯（第82頁）
- 蒙古式烤吳郭魚（第152頁）或天貝佐印度菠菜醬（第214頁）
- 印度香料奶茶李子麵包（第259頁）佐印度馬薩拉香料滋補奶茶（第293頁）

日本
- 日式明日葉 & 酸豆橄欖醬（第77頁）
- 沖繩甜辣蕎麥麵彩虹沙拉（第108頁）
- 日式鮭魚佐四季豆（第151頁）或大阪炒雞肉（第137頁）

- 日式地瓜球（第279頁）

中國

- 水煮蝦佐吳上校番茄沙司（第185頁）
- 北京烤鴨沙拉（第101頁）
- 北京串烤（第157頁）或中式五香火雞／鵝肉（第119頁）
- 中式羅漢果香料餅乾（第270頁）佐中式荔枝冰沙（第294頁）

東南亞

- 泰式青芒果沙拉（第107頁）
- 寮國豬肉丸（第65頁）
- 東南亞干貝（第153頁）或泰式咖哩鳳梨蝦（第145頁）
- 菲律賓參薯「地瓜」派（第250頁）

菲律賓

- 潘帕嘉芭樂湯（第95頁）
- 菲律賓燉綠豆（第149頁）
- 東南亞菠蘿蜜（第245頁）
- 菲律賓椰子派（第251頁）

美國

- 紐約鮭魚炸角（第78頁）
- 美式牛排館風味馬鈴薯佐焦糖洋蔥（第201頁）或美式燉肉（第161頁）
- 美國西南烤玉米佐哈奇辣椒（第241頁）
- 美國巧克力豆香料餅乾（第264頁）

維根

- 奧勒岡維根蕈菇湯（第92頁）
- 加州烤花椰菜（第234頁）佐藍區酪梨松子沾醬（第76頁）
- 牙買加咖哩玉米飯（第242頁）
- 摩洛哥一口布朗尼（第265頁）

素食

- 約旦香草鷹嘴豆泥（第74頁）
- 加州大麻籽沙拉佐草莓和羽衣甘藍（第105頁）
- 加拿大楓糖漿烤豆腐（第216頁）或天貝佐羅曼斯可醬（第215頁）
- 敘利亞球芽甘藍佐石榴和核桃（第235頁）
- 瑞典巧克力豆蛋糕（第260頁）

自助午餐

- 古巴黑豆玉米沙拉（第103頁）
- 越南蝦仁米線沙拉佐沾醬（第99頁）
- 印度火雞肉丸（第63頁）
- 夏威夷菠蘿蜜辣醬（第223頁）
- 中東辣味鷹嘴豆堡（第224頁）
- 藍區蘋果鼠尾草花椰菜（第233頁）
- 非洲刺槐豆蛋糕（第258頁）
- 菲律賓比賓卡米蛋糕（第281頁）
- 世界風味水果蘇打水（第284-287頁）

早餐或早午餐餐點

- 喜馬拉雅果昔盅佐枸杞和可可（第208頁）
- 美洲原住民烤地瓜佐火雞和蔓越莓（第204頁）
- 南非咖哩肉末盅（第167頁）
- 月亮谷小精靈柑橘拿破崙派（第273頁）
- 黎巴嫩早安核桃蛋糕（第261頁）
- 加州菠菜草莓能量飲料（第297頁）
- 芝加哥超級能量蔬菜汁（第301頁）

正式晚餐

- 熱帶鮮蝦雞尾酒（第76頁）
- 法式蟹肉可麗餅（第147頁）
- 英式烤鴨佐雪莉肉汁（第130頁）
- 薩丁尼亞菠菜（第233頁）
- 麵包卷佐義大利奶油（第308頁）
- 美式草莓杏仁蛋糕（第255頁）

比較健康的代糖
healthier sugar substitutes

龍舌蘭糖漿 Agave Nectar

以 2/3 杯取代 1 杯糖。

注意：食譜裡的液體要減 2 大匙；烤溫度要降 25 度。

大麥麥芽糖漿 Barley-malt Syrup

以 1¼ 杯取代 1 杯糖。

注意：食譜裡的液體要減 2-3 大匙；焙烘料理要加 1/16 茶匙泡打粉。

糙米糖漿 Brown-Rice Syrup

以 1¼ 杯取代 1 杯糖。

注意：食譜裡的液體要減 2-3 大匙；焙烘料理要加 1/16 茶匙泡打粉。

椰糖 Coconut Sugar

以 2/3 杯取代 1 杯糖。

注意：攪拌前先用毛巾蓋住攪拌碗，避免糖粉噴得廚房到處都是。

棗糖 Date Sugar

以 2/3 杯取代 1 杯糖

注意：攪拌前先用毛巾蓋住攪拌碗，避免糖粉噴得廚房到處都是。

赤藻糖醇 Erythritol

取代比例：

1 杯糖＝1-1½ 杯赤藻糖醇

1 大匙糖＝1 大匙赤藻糖醇，依口味再多加一些

1 茶匙糖＝1 茶匙赤藻糖醇，依口味再多加一些

注意：赤藻糖醇的甜度比糖的甜度低約 80%，可能需要多加一些才能達到相同的甜度。

楓糖漿 Maple Syrup

以 3/4 杯取代 1 杯糖

注意：食譜液體要減 1/4 杯；加 1/8 茶匙泡打粉。

羅漢果糖 Monk Fruit Sweetener

取代比例：

1 杯糖＝1 杯羅漢果糖

1 大匙＝1 大匙，依口味再多加一些

1 茶匙＝1 茶匙，依口味再多加一些

注意：大部分的羅漢果糖會混合赤藻糖醇和羅漢果。如果需要計算熱量，它的熱量是 0。有些烘焙料理可能要用一半羅漢果糖搭配一半蜂蜜或椰糖。我們喜歡用 Lakanto 品牌的羅漢果糖做各種料理。

甜菊糖 Stevia

取代比例：

1 杯糖＝1 茶匙甜菊糖粉或 1 茶匙甜菊糖漿

1 大匙糖＝1/4 茶匙甜菊糖粉或 6-9 滴甜菊糖漿

1 茶匙糖＝1 撮甜菊糖粉或 2-4 滴甜菊糖漿

注意：只用甜菊糖做烘焙料理效果不是很好，因為它會改變食物的質地。不過你可以用甜菊糖取代一部分的糖、赤藻糖醇或木糖醇。

崔薇亞[40] Truvia

取代比例：

1 茶匙糖＝1/4 茶匙（½ 小包）

1 大匙糖＝1¼ 茶匙（1½ 小包）

1/4 杯糖＝1 大匙外加 2 茶匙（6 小包）

1/3 杯糖＝2 大匙外加 1 茶匙（8 小包）

1 杯糖＝1/3 杯外加 1½ 茶匙（24 小包）

注意：崔薇亞是用甜菊植物提煉而成的 0 熱量甜味劑。該公司也推出結合糖和甜菊糖的烘焙產品。

木糖醇 Xylitol

1 杯木糖醇取代 1 杯糖

注意：一開始先用木糖醇取代一部分的糖即可，注意有沒有引起腸胃不適。

---

40. 崔薇亞是可口可樂公司的甜菊代糖品牌名稱，目前臺灣尚無固定的譯法。——譯者註

公制換算

烤箱溫度

250° F	＝120° C
275° F	＝135° C
300° F	＝150° C
325° F	＝160° C
350° F	＝180° C
375° F	＝190° C
400° F	＝200° C
425° F	＝220° C
450° F	＝230° C
475° F	＝245° C
500° F	＝260° C

烹調用量

16大匙	＝1杯
12大匙	＝3/4杯
10大匙＋2茶匙	＝2/3杯
8大匙	＝1/2杯
6大匙	＝3/8杯
5大匙＋1茶匙	＝1/3杯
4大匙	＝1/4杯
2大匙	＝1/8杯
2大匙＋2茶匙	＝1/5杯
1大匙	＝1/16杯
2杯	＝1品脫
2品脫	＝1夸脫
3茶匙	＝1大匙
48茶匙	＝1杯

烹飪換算表

1/8茶匙	＝0.5毫升
1/5茶匙	＝1毫升
1/4茶匙	＝1.25毫升
1/2茶匙	＝2.5毫升
3/4茶匙	＝3.7毫升
1茶匙	＝5毫升
1¼茶匙	＝6.16毫升
1½茶匙	＝7.5毫升
1¾茶匙	＝8.63毫升
2茶匙	＝10毫升
1大匙（1/16杯）	＝15毫升
2大匙（1/8杯）	＝29.5毫升
1/5杯	＝47毫升
1/4杯（4大匙）	＝59毫升
1/2杯	＝118.3毫升
1杯	＝237毫升
2杯或1品脫	＝473毫升
3杯	＝710毫升
4杯或1夸脫	＝0.95升
4夸脫或1加侖	＝3.8升
1液體盎司	＝30毫升（28克）
1磅	＝454克

以下九個特別符號標示每道食譜的
健康和美容益處，類別如下：

Ai　抗發炎
降低全身問題性慢性發炎，幫助身體
優雅老化，同時降低罹患疾病和感染
的風險。

Ao　抗氧化
預防並修復由自由基引起的細胞氧化
損傷。

B　美容
促進肌膚和頭髮活力，幫助維持眼睛
健康。

Dx　排毒
支持體內然排毒系統，包括支持肝臟
功能和健康。

DP　預防疾病
降低常見退化性和與年齡相關的疾病
風險因素（例如癌症和糖尿病）。

GH　腸道健康
促進消化健康，維持腸道內活躍的微
生物群。

IB　增強免疫力
支持身體對抗感染的能力，加強免疫
的警戒和應對功能。具有抗菌作用。

M　心智
改善情緒、記憶力和注意力。

S　體力
保護骨質密度和關節，幫助修復和建
構肌肉組織。

抗老「食養」® 指南
下頁圖表列出我的食譜中的「食養」®、營養
來源，以及其對你健康福祉的益處。

抗老「食養」® 指南 *guide to age-defying FoodTrients®*

物質	分類	益處
4- 羥基異亮氨酸 4-hydroxyisoleucine	胺基酸	降低腸道中葡萄糖的吸收率。
大蒜素 allicin	硫化物	抑制細菌和病毒生長；可能有助於降低膽固醇；可以降低心臟病、中風和特定癌症的風險。
茴香腦 anethole		強大的抗癌劑。
花青素 anthocyanins	類黃酮	可能有助於抑制癌細胞生長；有助於改善大腦、眼睛和肌膚的微血管功能。
β- 葡聚醣 beta glucans	碳水化合物	支持免疫系統；可能有助於降低膽固醇。
β- 穀固醇 beta-Sitosterol	類固醇	尚在研究其減少攝護腺肥大和降低膽固醇水平的能力。
鳳梨酵素 bromelain	酵素	抗發炎；幫助分解蛋白質，促進消化；抗凝血和抗癌特性。
咖啡酸 caffeic acid	酚	抗氧化；抑制癌細胞生長。
鈣 calcium	礦物質	促進骨骼和牙齒生長、促進正常的神經信號傳導和血液凝固；調節血壓。
辣椒素 capsaicin		可能有助於平衡餐後血糖水平；可能引發癌細胞死亡。
類胡蘿蔔素（包括 β- 胡蘿蔔素和玉米黃素 carotenoids (including beta-carotene and zeaxanthin)）		抗氧化；抑制癌症和腫瘤生長；降低心臟病風險；支持免疫功能。
兒茶素 catechins	類黃酮	抑制和對抗癌細胞；幫助降低膽固醇；降低心臟病風險。
查耳酮 chalcones	酚	抗菌、抗真菌、抗腫瘤和抗發炎特性。
葉綠素 chlorophyll		抗氧化；含有鎂；控制細菌生長；排毒；預防特定癌症。
膽鹼 choline	維生素	支持健康的大腦功能和記憶力；有助於保護肝臟；具有防止膽固醇累積的作用。
檸檬醛 citrol		抗真菌、抗微生物、利尿、收斂、抗發炎、抗氧化。
銅 copper	礦物質	形成膠原蛋白，促進肌膚、骨骼和關節健康；保護神經；幫助建立紅血球。
香豆素 coumarin		消化之後會轉變為天然血液稀釋劑；減少組織腫脹；抑制食慾。
葫蘆素 cucurbitacin	類固醇	抗發炎；可能有助於抑制癌細胞生長。
薑黃素 curcumin	酚	抗發炎；有助於預防阿茲海默症；可以降低心臟病、發炎和特定癌症風險。
胱胺酸 cystine	胺基酸	協助體內自然排毒過程。
右旋肌醇 D-chiro-inositol		有助於穩定血糖水平。
薯蕷皂素 diosgenin		誘發細胞凋亡，可能因此有助於抑制多種癌症發展。
桉葉油醇 eucalyptol		抗發炎；分解黏液；局部使用時有助於支持肺部。
丁香酚 eugenol		殺菌與麻醉作用（特別是在口腔）；抗發炎；排毒。
纖維 fiber	碳水化合物	有助於預防便祕、幫助消化、增加飽足感，有助於降低血液中的膽固醇。此外也有助於降低心臟病和特定癌症風險，同時有助於排毒。
薑辣素 gingerol		抗發炎；緩解噁心和發炎症狀；降低特定癌症風險。
人蔘皂苷 ginsenosides		抗微生物、抗真菌、抗氧化；抑制癌細胞生長；保護神經。
麩醯胺酸 glutamine	胺基酸	幫助骨骼和關節；是重要的腦部化學物質 GABA 的前驅物。
組胺酸 histidine	胺基酸	必需胺基酸；蛋白質的前驅物。

食物	益處分類
葫蘆巴	預防疾病
椰子油、魚、大蒜、薑、芥末、堅果、洋蔥、全穀物	抗發炎、預防疾病、增強免疫力、心智
甜茴香	抗發炎、預防疾病
藍色、紫色或紅色蔬果；紅酒	美容、預防疾病、心智
燕麥、大麥、蘑菇	增強免疫力、預防疾病
酪梨、堅果、植物油	預防疾病
鳳梨	抗發炎、腸道健康
大麥、咖啡	抗氧化、預防疾病
杏桃、猴麵包果、乳製品、深綠色葉菜、乾燥豆類、無花果、堅果、鮭魚、沙丁魚、豆腐	預防疾病、體力
辣椒	預防疾病
橙色水果（如杏桃、瓜類、木瓜、水蜜桃）和橙色蔬菜（如胡蘿蔔、南瓜、南瓜屬植物、地瓜）	抗氧化、預防疾病、增強免疫力
蘋果、莓果、紅茶、黑巧克力、葡萄、綠茶	美容、預防疾病、腸道健康、心智
明日葉	抗發炎、增強免疫力
生食綠色植物（如藻類、羅勒、香菜、小球藻、巴西里、小麥草）	抗氧化、排毒、預防疾病
杏仁、牛肝、藍莓、青花菜、高麗菜、西洋芹、咖啡、蛋、蠶豆、葫蘆巴、柳橙、花生、藜麥、黃豆	心智
香茅	抗發炎、抗氧化、增強免疫力
豆類、蕎麥、深綠色葉菜、蛋、堅果、禽肉、貝類	美容、體力
肉桂	抗發炎、預防疾病、腸道健康
苦瓜、黃瓜、葫蘆屬植物、南瓜、南瓜屬植物、西瓜、櫛瓜	抗發炎、預防疾病
薑黃	抗發炎、抗氧化、預防疾病、心智
乳製品、蛋、畜肉、全穀物（如福尼奧米）	排毒
牛肝、蕎麥、豆類、黃豆、全穀物	預防疾病
葫蘆巴	預防疾病
羅勒、月桂葉、小豆蔻、尤加利、迷迭香、鼠尾草	抗發炎
全香子、羅勒、月桂葉、肉桂、丁香、肉豆蔻	抗發炎、排毒、增強免疫力
水果、穀物、豆類、蔬菜	美容、強健大腦、排毒、預防疾病、腸道健康
薑	抗發炎、預防疾病
人蔘	抗氧化、預防疾病、增強免疫力、心智
巴西里、生菠菜	心智、體力
乳製品、蛋、魚、畜肉、禽肉、芝麻、黃豆	體力

物質	分類	益處
過氧化氫 hydrogen peroxide		殺菌和抗菌。
吲哚 indoles	硫化物	支持排毒;透過中和致癌物質幫助預防癌症;製造指甲、毛髮和肌膚中角蛋白之必需營養素。
肌醇 inositol	碳水化合物	促進 GABA 生成,有助於提振大腦健康和心情。
菊糖 inulin	碳水化合物	穩定血糖;增加鈣質吸收;促進腸道益菌生長。
碘 iodine	礦物質	對甲狀腺功能相當重要;減少細菌滋生。
鐵 iron	礦物質	重要礦物質,有助於將氧氣運送到全身。
大豆異黃酮（植物雌激素）isoflavones (phytoestrogens)	類黃酮	緩解更年期症狀;增加骨質密度;降低癌症風險; 降低心臟病風險。
異硫氰酸酯 isothiocyanates	硫化物	支持排毒;透過中和致癌物質幫助預防癌症;製造指甲、毛髮和肌膚中角蛋白之必需營養素。
月桂酸 lauric acid	脂肪	抗發炎;具有抗微生物、抗菌和抗病毒特性,能預防感染;改善膽固醇平衡;提升攝護腺健康。
白胺酸 leucine	胺基酸	必需胺基酸;肝臟和肌肉中固醇的前驅物。
葉黃素 lutein	維生素	抗氧化;降低年齡相關性黃斑病變和白內障風險; 可能有助於保護肌膚免受環境損害。
茄紅素 lycopene	維生素	抗氧化;可能有助於降低癌症風險;幫助認知功能; 促進攝護腺健康。
離胺酸 lysine	胺基酸	幫助修復組織。
鎂 magnesium	礦物質	幫助調節血壓、增強肌肉、強健牙齒、從細胞層次產生能量、增強 GABA。
錳 manganese	礦物質	基本元素;對抗自由基; 幫助骨骼形成;攝取過量可能有毒。
褪黑激素 melatonin		抗氧化;有助於健康睡眠,讓人一夜好眠。
甲硫胺酸 methionine	胺基酸	必需胺基酸;磷脂的前驅物;促進組織生長和修復。
柚皮素 naringenin	類黃酮	具有抗菌、抗真菌、抗病毒特性;強大的抗氧化劑,減少 DNA 氧化損傷。
硝酸鹽 nitrate	礦物質	硝酸鹽會轉化為一氧化氮,進而降低血壓。
油酸（橄欖油刺激醛、橄欖苦苷）oleic acid (oleocanthal, oleuropein)	脂肪	降低心臟病和炎性疾病的風險。
Omega-3 脂肪酸 omega-3 fatty acids	脂肪	抗發炎;維持肌膚彈性和保濕;可能有助於降低三酸甘油酯;可以降低中風和失智症風險;幫助記憶和血液循環。
木瓜酵素 papain	酵素	幫助分解蛋白質,促進消化。
苯丙胺酸 phenylalanine	胺基酸	多巴胺的建構要素,有助於促進大腦健康。
磷 phosphorous	礦物質	幫助肌肉正常收縮;幫助神經正常運作;有助於建構蛋白質;有助於產生能量。
藻藍素 phycocyanin	類黃酮	具有強大的抗氧化特性,已被證明可以抑制特定癌細胞。
蒎烯（α- 蒎烯）pinene (and alpha-pinene)		具有抗病毒、抗菌、抗腫瘤、抗發炎和鎮靜特性。
胡椒鹼 piperine		抗發炎、抗氧化,能讓薑黃素和白藜蘆醇各容易被人體吸收利用。
各種多酚 polyphenols (various)	酚	提升免疫功能;保護心血管系統;幫助防止 DNA 損傷;對抗癌細胞。
鉀 potassium	礦物質	抗氧化;有助於控制血壓並維持電解質平衡;可能降低中風、骨質疏鬆症和腎結石的風險;支持神經和肌肉功能。
原花青素（單寧）proanthocyanidins (tannins)	類黃酮	幫助細胞排出毒素和致癌化學物質;促進動脈健康;降低血栓風險。

食物	益處分類
蜂蜜	增強免疫力
白菜、青花菜、高麗菜、花椰菜、大蒜、葡萄柚、辣根、羽衣甘藍、芥菜、芥末籽、洋蔥、蘿蔔、西洋菜、山葵	美容、排毒、預防疾病
香蕉、青花菜、糙米	心智
朝鮮薊、牛蒡根、菊苣	預防疾病、腸道健康、體力
海草	增強免疫力
豆類、牛肉、甜菜、黑糖蜜、鷹嘴豆、蛋、魚、扁豆、牡蠣、禽肉、菠菜、豆腐	體力
味噌、黃豆（毛豆）、豆漿、醬油、豆腐	預防疾病、體力
白菜、青花菜、高麗菜、花椰菜、大蒜、葡萄柚、辣根、羽衣甘藍、芥菜、芥末籽、洋蔥、蘿蔔、西洋菜、山葵	美容、排毒、預防疾病
椰奶、椰子油、羊奶、棕櫚仁油	抗發炎、預防疾病、增強免疫力
牛肉、乳製品、蛋、魚、燕麥、禽肉、米、黃豆	體力
動物性脂肪（如奶油）、朝鮮薊、蛋黃、綠色葉菜（如青花菜、羽衣甘藍、菠菜）、番茄	抗氧化、美容
番茄（尤其是煮過的）、番茄糊、紅葡萄柚、西瓜	抗氧化、預防疾病、心智
豆類、扁豆、畜肉、禽肉、黃豆	美容、體力
綠色葉菜、堅果、黃豆、海鮮、茶、全穀物	美容、預防疾病、心智、體力
孜然、仙人掌莖片、霹靂果、龍蒿、百里香	排毒、體力
明日葉	抗氧化、心智
巴西堅果、麥片穀物、蛋、魚、畜肉、芝麻	體力
可可、葡萄柚、希臘奧勒岡、酸櫻桃、番茄（尤其是番茄糊）	抗氧化、增強免疫力
甜菜、綠色葉菜	預防疾病
酪梨、橄欖油、霹靂果	抗發炎、抗氧化、預防疾病
魚、堅果（尤其是核桃）、種籽（尤其是亞麻籽）、全穀物	抗發炎、美容、預防疾病、心智
木瓜	腸道健康
乳製品、禽肉、畜肉、燕麥	心智
乳製品、蛋、魚、畜肉、禽肉	體力
螺旋藻	抗氧化、預防疾病
大麻、松子、鼠尾草、薑黃	抗發炎、預防疾病、增強免疫力
黑胡椒、白胡椒	抗發炎、抗氧化、預防疾病
啤酒、莓果、咖啡、橄欖油、石榴	預防疾病、增強免疫力
橡子南瓜、杏桃、香蕉、猴麵包果、無花果、奇異果、皇帝豆、辣木葉、馬鈴薯、李子、靈芝、菠菜	預防疾病、心智、體力
蘋果、莓果、黑巧克力、葡萄籽、紅酒、紅葡萄	排毒、預防疾病

物質	分類	益處
益生菌 probiotics		增強免疫力；幫助消化；控制發炎。
蛋白質 protein	胺基酸	增強免疫力；幫助消化；控制發炎。
槲皮素 quercetin	類黃酮	支持免疫系統，降低可能導致癌症的炎症；可能降低過敏。
白藜蘆醇 resveratrol	酚	有助於保護心臟；可能改善大腦的血液流動。
番紅花醛 safranal	類胡蘿蔔素	抗氧化；可能具有抗憂鬱特性；可能有助於殺死癌細胞。
硒 selenium	礦物質	抗氧化；幫助調節血液凝固；可能降低癌症風險；有助於促進體內的排毒路徑；支持並修復膠原蛋白，幫助皮膚保持彈性；可能有助於增強對感染的抵抗力。
矽 silicon	礦物質	改善膠原蛋白、彈性蛋白和結締組織的結構；幫助身體排出鋁；強健骨骼和關節。
超氧化物歧化酶（SOD）superoxide dismutase (SOD)	胺基酸	抗氧化；對抗自由基所造成的細胞損害；有助於預防疾病；有助於保持肌膚年輕。
茶黃素 theaflavins	類黃酮	可能有助於改善血液流動；幫助降低三酸甘油酯和壞膽固醇。
可可鹼 theobromine		有助於改善血液流動；擴張血管，進而降低血壓。
蘇胺酸 threonine	胺基酸	必需胺基酸；蛋白質的前驅。
色氨酸 tryptophan	胺基酸	有助於生成菸鹼酸，進而產生能量；是血清素的組成元素。
酪胺酸 tyrosine	胺基酸	多巴胺的建構要素，有助於促進大腦健康。
纈胺酸 valine	胺基酸	必需胺基酸；蛋白質的前驅。
維生素 A vitamin A	維生素	抗氧化；增強免疫力；強化肌膚和毛髮；保持眼睛健康；促進膠原蛋白生成。
維生素 B_1（硫胺或硫胺素）vitamin B_1 (aka thiamin or thiamine)	維生素	從細胞層次產生能量；提高身體的抗壓能力；可能降低白內障風險。
維生素 B_2（核黃素）vitamin B_2 (aka riboflavin)	維生素	從細胞層次產生能量；維持神經系統健康。
維生素 B_3（菸鹼酸）vitamin B_3 (niacin)	維生素	抗氧化、抗發炎；幫助體內 DNA 修復過程；可能支持健康的血脂水平；促進 NAD 生成，可能有助於預防神經退化性疾病。
維生素 B_6 vitamin B_6	維生素	是身體產生能量的必要元素，可以幫助大腦產生血清素。
維生素 B_7（生物素）vitamin B_7 (aka biotin)	維生素	幫助毛髮和指甲生長。
維生素 B_9（葉酸）vitamin B_9 (aka folic acid or folate)	維生素	保護細胞；支持肌膚、毛髮和眼睛健康；支持大腦和神經系統功能；預防某些先天性缺陷，可能有助於預防特定癌症。
維生素 B_{12} vitamin B_{12}	維生素	生成紅血球；幫助身體從細胞層次產生能量。
維生素 C vitamin C	維生素	抗氧化；幫助身體抵抗感染；有助於預防白內障；幫助組織再生；是膠原蛋白的前驅物；可能有助於降低癌症和中風的風險。
維生素 D vitamin D	維生素	促進鈣質吸收，強健骨骼、牙齒和指甲。
維生素 E（生育醇）vitamin E (tocopherol)	維生素	抗氧化；抗發炎；強健肌膚和毛髮；降低心臟病風險；增加對感染的抵抗力；支持健康的大腦功能。
維生素 K vitamin K	維生素	幫助血液正常凝固；促進骨骼生長。
醉茄內酯 withanolides		抗氧化、抗菌；有助於加速細胞再生；提振免疫系統活力。
鋅 zinc	礦物質	抗氧化；支持免疫系統；降低黃斑病變風險；維持膠原蛋白和彈性蛋白，打造強健的肌膚。

食物	益處分類
克菲爾發酵乳、韓國泡菜、康普茶、醃菜、德國酸菜、優格（全部未經巴氏滅菌）	抗發炎、預防疾病、增強免疫力
動物製品（畜肉、魚、乳製品、蛋、禽肉）、豆類、堅果、黃豆、菠菜、全穀物（全穀物在促進美容和增強體力的效果相對較少）	美容、體力
蘋果、青花菜、奇亞籽、柑橘、甜茴香、羽衣甘藍、洋蔥	抗發炎、預防疾病、增強免疫力
蔓越莓、醋栗、葡萄、葡萄乾、紅酒、紅酒醋	抗發炎、預防疾病、心智
孜然、番紅花、茶	抗氧化、預防疾病、心智
巴西堅果、肝臟、蕈菇、禽肉、貝類	抗氧化、美容、排毒、預防疾病、增強免疫力
苜蓿、蘋果、啤酒、咖啡、小黃瓜、硬水、蜂蜜、花生、洋蔥、南瓜、種籽、全穀物	美容、排毒、體力、預防疾病
大麥草、青花菜、球芽甘藍、高麗菜、玉米、瓜類（蜜瓜、洋香瓜）、黃豆、小麥草	抗發炎、抗氧化、美容、預防疾病
紅茶、綠茶	預防疾病
巧克力、瓜拿納果、茶	預防疾病
乾酪、蛋、魚、芝麻、扁豆、畜肉、禽肉	體力
酪梨、蕎麥、乾酪、黑巧克力、蛋、牛奶、燕麥、禽肉、全穀物、優格	心智、體力
乳製品、畜肉、燕麥、禽肉	心智
豆類、乳製品、蛋、豆類、畜肉、黃豆	體力
胡蘿蔔、羽衣甘藍、芒果、辣木葉、菠菜、冬季南瓜	抗氧化、美容、增強免疫力
啤酒酵母、魚、豆類、糖蜜、堅果、營養酵母、菠菜、全穀物	體力
青花菜、蕎麥、乳製品、蛋、畜肉、菠菜、蕈菇、杏仁	排毒、體力
豆類、強化麵粉、畜肉、堅果、禽肉、紅魚、種籽	抗發炎、抗氧化、預防疾病、心智
猴麵包果、辣椒、麵粉、豆類（如花生和扁豆）、馬鈴薯	心智、體力
玉米、糖蜜、莙薘菜	美容
牛肝、甜菜、啤酒酵母、柑橘、深綠色蔬菜（尤其是蘆筍）、根莖類蔬菜	美容、預防疾病、心智、體力
乳製品、魚、畜肉、禽肉、沙棘漿果	預防疾病、心智、體力
甜椒、莓果、辣椒、柑橘、深綠色蔬菜、瓜類、辣木葉、沙棘漿果	抗發炎、抗氧化、美容、預防疾病、增強免疫力、心智
奶油、蛋黃、魚油（鱈魚、鮭魚、鯡魚、沙丁魚）、強化牛奶、肝臟	美容、體力
奶油、堅果、植物油、沙棘漿果、種籽油、全穀物	抗發炎、抗氧化、美容、預防疾病、增強免疫力、心智
油菜、奶油、乳酪、蛋黃、綠色葉菜、青蔥	預防疾病
黏果酸漿	抗氧化、增強免疫力、體力
牛肉、乳酪、可可、小羊肉、肝臟、堅果、沙丁魚、種籽、貝類、全穀物	抗氧化、美容、增強免疫力

參考文獻

50 種長壽食物

Arya SS, Salve AR, Chauhan S. Peanuts as functional food: a review. *Journal of Food Science and Technology.* 2016 Jan 1;53(1):31-41.

Aune, D., Keum, N., Giovannucci, E., Fadnes, L.T., Boffetta P., Greenwood, D.C., Tonstad, S., Vatten, L.J., Riboli, E., Norat, T. Whole grain consumption and risk of cardiovascular disease, cancer, and all cause and cause specific mortality: systematic review and dose-response meta-analysis of prospective studies. *BMJ.* 2016 Jun 14;353:i2716.

Bao, Y., Han, J., Hu, F.B., Giovannucci, E.L., Stampfer, M.J., Willett, W.C., Fuchs, C.S. Association of nut consumption with total and cause-specific mortality. *New England Journal of Medicine.* 2013 Nov 21;369(21):2001-11.

Blumberg, J.B., Camesano, T.A., Cassidy, A., Kris-Etherton, P., Howell, A., Manach, C., Ostertag, L.M., Sies, H., Skulas-Ray, A., Vita, J.A. Cran¬berries and their bioactive constituents in human health. *Advances in Nutrition: An International Review Journal.* 2013;4(6):618-32.

Cho, H.J., Lee, K.W., Park, J.H. Erucin exerts anti-inflammatory prop¬erties in murine macrophages and mouse skin: Possible mediation through the inhibition of NFκB signaling. *InternationalJournal of Molecular Sciences.* 2013 Oct 15;14(10):20564-77.

Farzaneh-Far, R., Lin, J., Epel, E.S., Harris, W.S., Blackburn, E.H., Whooley, M.A. Association of marine omega-3 fatty acid levels with telomeric aging in patients with coronary heart disease. *JAMA.* 2010 Jan 20;303(3):250-7.

Guha, S., Natarajan, O., Murbach, C.G., Dinh, J., Wilson, E.C., Cao, M., Zou, S., Dong, Y. Supplement timing of cranberry extract plays a key role in promoting Caenorhabditis elegans healthspan. *Nutrients.* 2014 Feb 21;6(2):911-21.

Han, K.H., Sekikawa, M., Shimada, K.I., Hashimoto, M., Hashimoto, N., Noda, T., Tanaka, H., Fukushima, M. Anthocyanin-rich purple potato flake extract has antioxidant capacity and improves antioxidant potential in rats. *British Journal of Nutrition.* 2006 Dec;96(6):1125-34.

Kahn, H.A., Phillips, R.L., Snowdon, D.A., Choi, W. Association between reported diet and all-cause mortality: Twenty-one-year follow-up on 27,530 Adult Seventh-day Adventists. *American Journal of Epidemiology.* 1984 May 1;119(5):775-87.

Katz, D.L., Doughty, K., Ali, A. Cocoa and chocolate in human health and disease. *Antioxidants & Redox Signaling.* 2011 Nov 15;15(10):2779-811.

Kinae, N., Masuda, H., Shin, I.S., Furugori, M., Shimoi, K. Functional properties of wasabi and horseradish. *Biofactors.* 2000 Jan 1;13(1-4):265-9.

Krzyzanowska, J., Czubacka, A., Oleszek, W. Dietary phytochemicals and human health. *Bio-Farms for Nutraceuticals.* 2010:74-98.

Kuriyama, S., Shimazu, T., Ohmori, K., Kikuchi, N., Nakaya, N., Nishino, Y., Tsubono, Y., Tsuji, I. Green tea consumption and mortality due to cardiovascular disease, cancer, and all causes in Japan: the Ohsaki study. *JAMA.* 2006 Sep 13;296(10):1255-65.

Lambein, F., Kuo, Y.H., Ikegami, F., Kusama-Eguchi, K., Enneking, D. Grain legumes and human health. In Fourth International Food Legumes Research Conference (IFLRC-IV) 2009 (Vol. 1, pp. 422-432). Indian Society of Genetics and Plant Breeding.

Rasul, A., Akhtar, N. Formulation and in vivo evaluation for anti-aging effects of an emulsion containing basil extract using non-invasive biophysical techniques. DARU: *Journal of Faculty of Pharmacy*, Tehran University of Medical Sciences. 2011;19(5):344.

Roberts, R.L., Green, J., Lewis, B. Lutein and zeaxanthin in eye and skin health. *Clin Dermatol.* 2009;27(2):195-201.

Sho, H. History and characteristics of Okinawan longevity food. *Asia Pacific Journal of Clinical Nutrition.* 2001 Jun 15;10(2):159-64.

Slavin, J. Fiber and prebiotics: mechanisms and health benefits. *Nutrients.* 2013 Apr 22;5(4):1417-35.

Streppel, M.T., Ocké, M.C., Boshuizen, H.C., Kok, F.J., Kromhout, D. Long-term wine consumption is related to cardiovascular mortality and life expectancy independently of moderate alcohol intake: the Zutphen Study. *Journal of Epidemiology & Community Health.* 2009 Jul 1;63(7):534-40.

Wilson, M.A., Shukitt-Hale, B., Kalt, W., Ingram, D.K., Joseph, J.A., Wolkow, C.A. Blueberry polyphenols increase lifespan and thermotolerance in Caenorhabditis elegans. *Aging Cell.* 2006 Feb 1;5(1):59-68.

Worlds Healthiest Foods. Garbanzo Beans. http://www.whfoods.com/genpage.php?tname=foodspice&dbid=58. Accessed 2/20/18.

Worlds Healthiest Foods. Grapes. http://www.whfoods.com/genpage.php?tname=foodspice&dbid=40. Accessed 2/20/18.

茶的各種功效

緩解壓力、焦慮和鎮靜茶飲

Andrade, C. Ashwagandha for anxiety disorders. *The World Journal of Biological Psychiatry.* 2009 Jan 1;10(4-2):686-7.

Barati, F., Nasiri, A., Akbari, N., Sharifzadeh, G. The effect of aroma¬therapy on anxiety in patients. *Nephrourol Mon.* 2016;8(5):e38347. Published 2016 Jul 31. doi:10.5812/numonthly.38347

Bhatt, C., Kanaki, N., Nayak, R., Shah, G. Synergistic potentiation of anti-anxiety activity of valerian and alprazolam by liquorice. *Indian J Pharmacol.* 2013;45(2):202-3.

Daneshpajooh, L., Ghezeljeh, T.N., Haghani, H. Comparison of the ef¬fects of inhalation aromatherapy using Damask Rose aroma and the Benson relaxation technique in burn patients: A randomized clinical trial. *Burns.* 2019 Aug 1;45(5):1205-14.

Forster, H.B., Niklas, H., Lutz S. Antispasmodic effects of some medicinal plants. *Planta Med.* 1980;40:309-319.

Goel, N., Kim, H., Lao, R.P. An olfactory stimulus modifies nighttime sleep in young men and women. *Chronobiology international.* 2005 Jan 1;22(5):889-904.

Haybar, H., Javid, A.Z., Haghighizadeh, M.H., Valizadeh, E., Moha¬ghegh, S.M., Mohammadzadeh, A. The effects of Melissa officinalis supplementation on depression, anxiety, stress, and sleep disorder in patients with chronic stable angina. *Clinical nutrition ESPEN.* 2018 Aug 1;26:47-52.

Kenia, N.M., Taviyanda, D. Influence of relaxation therapy (rose aro¬matherapy) towards blood pressure change of the elderly with hy¬pertension. *Jurnal Penelitian STIKES Kediri.* 2013 Nov 25;6(1):84-98.

Leathwood, P.D., Chauffard, F., Heck, E., Munoz-Box, R. Aqueous extract of valerian root (Valeriana officinalis L.) improves sleep quality in man. *Pharmacology Biochemistry and Behavior.* 1982 Jul 1;17(1):65-71.

Mohan, L., Amberkar, M.V., Kumari, M. Ocimum sanctum Linn (Tulsi)—an overview. *Int J Pharm Sci Rev Res.* 2011 Mar 1;7(1):51-3.

Ngan, A., Conduit, R. A double-blind, placebo-controlled investiga¬tion of the effects of Passiflora incarnata (Passionflower) herbal tea on subjective sleep quality. *Phytotherapy research.* 2011;25(8):1153-9.

Srivastava, J.K., Shankar, E., Gupta, S. Chamomile: A herbal medicine of the past with bright future. *Mol Med Rep.* 2010;3(6):895-901. doi:10.3892/mmr.2010.377

Tseng, Y.F., Chen, C.H., Yang, Y.H. Rose tea for relief of primary dysmenorrhea in adolescents: a randomized controlled trial. *Journal of Midwifery & Women's Health.* 2005 Sep 10;50(5):e51-7.

提振能量茶飲

Bryan, J. Psychological effects of dietary components of tea: caffeine and L-theanine, *Nutrition Reviews*, Volume 66, Issue 2, 1 February 2008, Pages 82-90.

Fox, M., Krueger, E., Putterman, L., Schroeder, R. The effect of pep¬permint on memory performance. *Journal of Advanced Student Science.* 2012;1:1-7.

Gaeini, Z., Bahadoran, Z., Mirmiran, P., Azizi, F. Tea, coffee, caffeine intake and the risk of cardio-metabolic outcomes: findings from a population with low coffee and high tea consumption. *Nutr Metab (Lond).* 2019;16:28. Published 2019 May 3.

Meredith, S.E., Juliano, L.M., Hughes, J.R., Griffiths, R.R. Caffeine use disorder: A comprehensive review and research agenda. *J Caffeine Res.* 2013;3(3):114-130.

Mix, J.A. and David Crews Jr., W. (2002), A double-blind, placebo-controlled, randomized trial of Ginkgo biloba extract EGb 761® in a sample of cognitively intact older adults: neuropsychological findings. *Hum Psychopharmacol Clin.* Exp., 17: 267-77.

Ravikumar, C. Review on herbal teas. *Journal of Pharmaceutical Sciences and Research.* 2014 1;6(5):236.

Smith, S.C. Multiple risk factors for cardiovascular disease and diabetes mellitus. *Am J Med.* 2007.

美膚茶飲

Katiyar, S.K. Green tea prevents non-melanoma skin cancer by enhancing DNA repair. *Arch Biochem Biophys.* 2011;508(2):152-158. doi:10.1016/j.abb.2010.11.015.

Magcwebeba, T., Swart, P., Swanevelder, S., Joubert, E., Gelderblom, W. Anti-inflammatory effects of Aspalathus linearis and Cyclopia spp. Extracts in a UVB/Keratinocyte (HaCaT) Model Utilising Interleukin-1α Accumulation as Biomarker. *Molecules.* 2016; 21(10):1323.

Pringle, N.A., Koekemoer, T.C., Holzer, A., Young, C., Venables, L., van de Venter, M. Potential therapeutic benefits of green and fermented rooibos (Aspalathus linearis) in dermal wound healing. *Planta Medica.* 2018 Jul;84(09/10):645-52.

Vaughn, A.R., Branum, A., Sivamani, R.K. Effects of turmeric (Curcuma longa) on skin health: a systematic review of the clinical evidence. *Phytotherapy Research.* 2016 Aug;30(8):1243-64.

Widowati, W., Rani, A.P., Hamzah, R.A., Arumwardana, S., Afifah, E., Kusuma, H.S., Rihibiha, D.D., Nufus, H., Amalia, A. Antioxidant and antiaging assays of Hibiscus sabdariffa extract and its compounds. *Natural Product Sciences.* 2017 Sep 1;23(3):192-200.

抗感冒流感茶飲

Balakrishnan, A. Therapeutic uses of peppermint—A review. *J Pharm Sci Res.* 2015;7(7):474-76.

Friedman, M. Overview of antibacterial, antitoxin, antiviral, and antifungal activities of tea flavonoids and teas. *Molecular Nutrition & Food Research.* 2007 Jan;51(1):116-34.

Lee, H.J., Lee, Y.N., Youn, H.N., et al. Anti-influenza virus activity of green tea by-products in vitro and efficacy against influenza virus infection in chickens. *Poult Sci.* 2012;91(1):66-73.

Rauš, K., Pleschka,. S, Klein, P., Schoop, R., Fisher, P. Effect of an echi¬nacea-based hot drink versus oseltamivir in influenza treatment: A randomized, double-blind, double-dummy, multicenter, noninferi¬ority clinical trial. *Curr Ther Res Clin Exp.* 2015;77:66-72. 2015.

Roschek Jr., B., Fink, R.C., McMichael, M.D., Li, D., Alberte, R.S. Elderberry flavonoids bind to and prevent H1N1 infection in vitro. *Phytochemistry.* 2009 Jul 1;70(10):1255-61.

Srivastava, J.K., Shankar, E., Gupta, S. Chamomile: A herbal medicine of the past with bright future. *Mol Med Rep.* 2010;3(6):895-901.

Wu, D., Wang, J., Pae, M., Meydani, S.N. Green tea EGCG, T cells, and T cell-mediated autoimmune diseases. *Molecular Aspects of Medicine.* 2012 Feb 1;33(1):107-18.

Zakay-Rones, Z., Varsano, N., Zlotnik, M., Manor, O., Regev, L., Schlesinger, M., Mumcuoglu, M. Inhibition of several strains of influenza virus in vitro and reduction of symptoms by an elderberry extract (Sambucus nigra L.) during an outbreak of influenza B Panama. *The Journal of Alternative and Complementary Medicine.* 1995 1;1(4):361-9.

益生元和益生菌

益生元

Academy of Nutrition and Dietetics. Prebiotics and Probiotics: Creating a Healthier You. http://www.eatright.org/resource/food/vitamins-and-supplements/nutrient-rich-foods/prebiotics-and-pro¬biotics-the-dynamic-duo. Updated 10/10/16. Accessed 12/24/16.

Natural Medicines database by TRC Healthcare by TRC Healthcare. Prebiotics. https://naturalmedicines.therapeuticresearch.com/data-bases/food,-herbs-supplements/professional.aspx?productid=450. Updated 5/27/2015. Accessed 12/24/16.

Slavin, J. Fiber and prebiotics: mechanisms and health benefits. Nutrients. 2013;5(4):1417-35.

益生菌

Academy of Nutrition and Dietetics. Prebiotics and Probiotics: Creating a Healthier You. http://www.eatright.org/resource/food/vitamins-and-supplements/nutrient-rich-foods/prebiotics-and-pro¬biotics-the-dynamic-duo. Updated 10/10/16. Accessed 12/24/16.

Natural Medicines database by TRC Healthcare. Bacillus coagulans. https://naturalmedicines.therapeuticresearch.com/databases/food,-herbs-supplements/professional.aspx?productid=1185. Updated 6/15/2016. Accessed 12/26/16.

Natural Medicines database by TRC Healthcare. Bifidobacteria. https://naturalmedicines.therapeuticresearch.com/databases/food,-herbs-supplements/professional.aspx?productid=891. Updated 2/13/2015. Accessed 12/26/16.

Natural Medicines database by TRC Healthcare. Lactobacillus. https://naturalmedicines.therapeuticresearch.com/databases/food,-herbs-supplements/professional.aspx?productid=790. Updated 6/27/2016. Accessed 12/26/16.

Natural Medicines database by TRC Healthcare. Saccharomyces. https://naturalmedicines.therapeuticresearch.com/databases/food,-herbs-supplements/professional.aspx?productid=332. Updated 2/16/2015. Accessed 12/26/16.

Natural Medicines database by TRC Healthcare. Yogurt. https://naturalmedicines.therapeuticresearch.com/databases/food,-herbs-supplements/professional.aspx?productid=829. Updated 2/16/2015. Accessed 10/21/2015.

關於作者

二十九年來，葛蕾絲・歐（Grace O）在加州經營事業、參與社區建設、推動慈善事業和社區服務，取得亮眼的成績。具有創業精神的她，以家族所樹立的慷慨大方為榜樣，窮盡畢生之力透過食物和醫學來幫助人們恢復健康。

葛蕾絲出生於菲律賓馬尼拉。她在家族經營的廚藝學校跟著母親學習烹飪的藝術。她一邊攻讀企業管理學士學位，一邊在這所廚藝學校任教。一九七六年母親過世後，十九歲的她成為該校校長。她將學校經營得有聲有色，不久之後就開了三家自己的餐廳。葛蕾絲是推廣甘蔗蝦和引領西班牙塔帕斯（Tapas）小菜全球風潮的功臣，廣受人們的推崇。她曾為執政家族和皇室烹調料理。

受到醫師父親的啟發，葛蕾絲於一九九一年移居美國，開啟她在醫療照護領域的職涯。從一九九二年開始，她一路往上晉升，從員工做到加州多家專業護理機構的負責人和經營者。

二〇一一年，葛蕾絲結合她的創業技巧、對烹飪藝術的熱愛和對健康的承諾，推出一個全新烹飪品牌「食養」®（FoodTrients®）。她架設網站、製作食譜書，專門介紹有助於預防老化相關疾病的食物營養成分。葛蕾絲使用最好的食材努力做出味道豐富、又能達到良好健康效果的料理。雖然她的食譜標榜低飽和脂肪和少鹽少糖，但卻風味十足。葛蕾絲利用世界各地的香料來豐富她的料理，創造出與眾不同的美味食物。她相信食物的抗老化效果跟最昂貴的保養品一樣好。

葛蕾絲每週在 FoodTrients.com 上更新她的「優雅老化」（Age Gracefully）部落格，每雙週在《亞洲日報》（*Asian Journal*）刊載文章。她

撰有兩本獲獎的食譜書，分別是：《優雅老化食譜書：促進健康福祉、實現快樂永續人生的強大食物營食》（*The Age Gracefully Cookboo: The Power of FoodTrients to Promote Health and Well-being for a Joyful and Sustainable Life*，暫譯）和《美麗老化食譜書：世界各地簡單奇趣的長壽祕訣》（The *Age Beautifully Cookbook: Easy and Exotic Longevity Secrets from Around the World*，暫譯）。兩本都榮獲獨立出版商的「活在當下圖書獎」（Independent Publisher's Living Now Book Award）。《美麗老化食譜書》榮獲「國際圖書獎」（International Book Awards）「國際食譜書類組」（International Cookbook Category）入圍者，另也打敗來自兩百多國的食譜書，贏得「世界美食家圖書獎」（Gourmand World Cookbook Award）的「世界最佳創新獎」（Best in the World for Innovation）。這兩本食譜書在亞馬遜和巴諾書店（Barnes & Noble）均有販售。

近年，葛蕾絲結合她的慈善目標和對所有烹飪的愛，成立「葛蕾絲・歐基金會」（Grace O Foundation），該非營利組織致力推廣營養和長壽研究、健康教育、食物倡議等慈善事業。她鼓勵其他人加入她的行業，一起教育全體人類健康和長壽飲食的重要性。請上 FoodTrients. com 訂閱週報。